岩土工程光纤监测理论与实践

裴华富　朱鸿鹄　殷建华　施　斌　著

科学出版社

北京

内 容 简 介

本书全面介绍光纤传感技术的基本原理、基于光纤传感技术的各种传感器的研发及其在岩土工程健康监测中的应用，阐述岩土工程监测的目的和意义、传统监测技术的局限性，系统总结光纤传感技术的发展历程、基本原理，详细介绍光纤传感技术在边坡工程监测、桩基工程监测、能量桩工程监测、隧道工程监测中的应用现状，最后介绍监测数据的预处理方法、相关性分析、数据分析模型及相关工程应用。

本书可作为从事土木工程专业岩土工程监测方向的研究和设计人员，以及高等院校的教师、研究生及高年级本科生的参考书。

图书在版编目（CIP）数据

岩土工程光纤监测理论与实践 / 裴华富等著. -- 北京 ： 科学出版社，2024. 11. -- ISBN 978-7-03-079596-0

I. TU4

中国国家版本馆 CIP 数据核字第 20248YS053 号

责任编辑：孙寓明　刘　畅/责任校对：高　嵘
责任印制：彭　超/封面设计：苏　波

科 学 出 版 社 出版

北京东黄城根北街 16 号
邮政编码：100717
http://www.sciencep.com

武汉市首壹印务有限公司印刷
科学出版社发行　各地新华书店经销
*

开本：787×1092　1/16
2024 年 11 月第 一 版　印张：16
2024 年 11 月第一次印刷　字数：407 000
定价：**158.00 元**
（如有印装质量问题，我社负责调换）

前　言

我国幅员辽阔、地形复杂、气候多样，是世界上岩土工程问题和地质灾害十分严重的国家之一。基础设施建设的不断推进，加剧了对施工区附近岩土体的扰动，导致岩土工程问题频发。据统计，2023 年我国共发生地质灾害 3 668 起，对人民的生命和财产安全造成了严重的威胁。因此，对岩土工程进行科学合理的监测符合国家重大发展战略的迫切需求。

岩土体材料由土颗粒-孔隙水-土中气体三相组成，其宏观力学特性具有高度非线性、空间变异性、时变性的特点，而且在岩土体自重和地质构造运动的影响下具有预应力结构特征，此外，流体和固体的耦合效应使岩土体的性质更为多变，这也导致了岩土工程的复杂性和不确定性。目前，由于相关理论滞后于工程实践，为了保证岩土工程在施工期及服役期内的安全性，对岩土工程的重要参数进行监测是十分必要的，通过分析测试数据能够验证岩土工程设计的合理性，进一步指导后续设计和施工。自"十二五"和"十三五"《国家综合防灾减灾规划》实施以来，我国在重大岩土工程监测预警领域取得了显著的进展，有力地支撑了从国家到地方各级政府应对岩土工程问题和地质灾害的能力。但是，目前常用的电式、机械式传统传感器，普遍存在精度低、耐久性差等不足，难以满足现阶段岩土工程的监测要求。20 世纪 70 年代，世界上第一根真正意义上的光纤问世，光纤传感技术随之进入了飞速发展的阶段。光纤传感技术是一种以光为载体，以光纤为介质的新型传感技术，具有分布式、远距离和抗干扰能力强等优势，能够对光纤几何路径上的相关物理信息进行连续分布式监测，为岩土工程监测提供了新方法、新技术。

本书是裴华富教授团队在岩土工程光纤监测领域科研成果的系统总结，共 8 章。第 1 章绪论：主要介绍岩土工程监测的目的、意义和基本理论，传统监测技术与方法，以及岩土工程光纤监测的研究进展；第 2 章光纤传感技术概述：介绍光纤传感技术的发展历程和技术原理，常用的温度补偿技术，以及光纤光栅和分布式光纤传感技术的原理及技术特点；第 3 章光纤传感技术在滑坡监测中的应用：介绍应力场光纤监测技术、变形场光纤监测技术，基于 LabVIEW 的监测数据采集系统的开发，以及重庆市奉节县新铺滑坡监测工程应用；第 4 章光纤传感技术在桩基工程中的应用：主要介绍光纤传感技术在静压管桩、钻孔灌注桩施工中的监测内容、监测方法及工程应用；第 5 章光纤传感技术在能量桩工程中的应用：主要介绍能量桩的监测内容及方法，相变能量桩和珊瑚砂混凝土能量桩的研发，能量桩光纤监测模型试验，竖向循环荷载-温度耦合作用下能量桩承载特性研究；第 6 章光纤传感技术在隧道工程中的应用：主要介绍隧道工程的监测内容和方法，隧道开挖模型试验及工程应用；第 7 章光纤传感技术在其他工程中的应用：包括大坝工程、基坑工程、海洋工程和管道工程；第 8 章数据处理与分析：主要介绍数据预处理、数据相关性分析、基于数据驱动的数据分析模型及工程应用。

本书作者为大连理工大学裴华富教授、南京大学朱鸿鹄教授、香港理工大学殷建华教授、南京大学施斌教授。本书中的研究成果凝聚了团队中博士研究生和硕士研究生的辛勤付出，张思奇、宋怀博、张峰、孟繁华、应昊晨、钟玉文、高博洋、陈维、肖达、赵熠、张钊、杜宇彪参与了本书的内容撰写，张培龙、景俊豪、白丽丽、李晴文、张朝参与了本书的资料整理，马加骁参与了本书的整理和校对，尤娜、高帆、佟昊燃、邱逸夫参与了本书的修正。此外，本书的合作者提供的资料进一步完善了本书的内容，他们在不同时期为相关传感器研发、成果的形成及推广应用作出了重要贡献，在此表示感谢。本书核心内容得到国家自然科学基金优秀青年基金项目"岩土工程监测与防灾"（52122805）的资助。在开展相关研究工作时，相继获得国家自然科学基金面上项目"热力耦合作用下新型相变混凝土能量桩传热机制及承载性能研究"（51778107）、"考虑水化效应的超长钻孔灌注桩桩土界面强度形成机理及承载性能研究"（52078103）的资助。辽宁省"兴辽英才"计划项目青年拔尖人才项目"基于物联网大数据的滑坡灾害灾变机理研究"（XLYC1807263）也为研究工作和本书内容提供了有力支持。此外，研究过程中有幸得到国内外多位同行专家的帮助和支持，在此一并表示衷心感谢。

希望本书的出版能够给从事岩土工程监测的科研工作者和工程技术人员、高校相关专业的师生提供一定的参考。鉴于作者水平有限，书中疏漏之处在所难免，恳请读者批评指正。

裴华富

2024 年 3 月

目　录

第 1 章

绪　论

1.1 岩土工程监测目的与意义

21 世纪以来，随着我国社会与经济的迅速发展，各类基础工程设施建设在数量和规模上都得到了飞速发展。工程建设离不开地质结构，或将面临的是一系列地质与岩土工程的安全问题，如隧道垮塌、山体滑坡和矿坑塌陷等岩土工程事故的频繁发生，导致了重大的人员伤亡与巨大的财产损失，这一系列的安全问题引起了国家的广泛关注[1]。

中国作为一个多山的国家，山地面积约占全国面积的 2/3。山地地形复杂，滑坡等地质灾害易发。根据国家统计局数据：2022 年我国共发生地质灾害 5 659 起，造成直接经济损失 15 亿元，其中滑坡占地质灾害总数的 69.25%；2023 年我国共发生地质灾害 3 668起，其中以滑坡灾害最为严重。滑坡是具有一定斜面的岩土体失稳的一种表现形式，即一部分岩土体相对于另一部分岩土体发生滑动的现象，给农业生产和人民生活造成巨大损失，甚至会造成毁灭性的灾害[2-3]。因此，在事故发生前，监测岩土结构的变形情况，确保岩土工程结构的安全稳定和险情的及时预警是非常重要的。

除此之外，建筑物或构筑物建造在地质构造复杂、岩土特性不均匀的地基上，在各种荷载的作用和自然因素的影响下，无法保证其在施工期和服役期的安全性能，如不能及时掌握工程的异常变化，任其险情发展，最终会造成严重的工程问题[4]。如果能在岩土体或工程结构上安装埋设必要的监测仪器，可以根据监测数据，及时发现数据异常并对岩土体或工程结构采取补强加固措施，有效避免工程事故的发生，减少人民的生命和财产的损失[5]。

事实上，岩土结构受人为因素（加固、开挖等）或自然因素影响所反映的各种信息，是可以通过相关仪器进行量测的，通过对这些信息的分析处理，可以预测岩土结构的状态及可能的变化趋势，从而采取相应的工程措施。岩土工程监测可以反演岩土体的物理力学特征参数，作为工程加固或地质灾害预报的依据。

岩土工程监测是采用专门的仪器，监测岩土体或建筑物的变形、应力、水位等相关影响因素随时间的变化规律，根据监测数据分析其发展变化趋势，预测和评价相关数据变化对工程和地质环境的影响[6]。岩土工程监测必须在查明工程地质条件的基础上进行，其目的一是正确判定岩土工程的稳定状态，预测位移和变形的发展趋势，及时做出灾前预报；二是为解决工程地质问题提供科学依据，以及检验加固等工程措施的效果。

1.2 岩土工程监测基本理论

长期以来，岩土工程的安全性主要依靠结构物的可靠度设计来保证，但是工程结构在服役期间受到多种因素的共同影响，其安全性和稳定性是一个动态变化的过程，因此对岩土工程进行监测是十分必要的。国外最早的工程监测工作始于 20 世纪 20 年代，我国的工程监测工作起步较晚,始于 20 世纪 50 年代,主要是针对大坝的安全性进行监测,在监测实践中逐步认识到大坝和上部结构的失稳大多是由地基失稳引起的[7]。如果能够在事故发生前对相关信息进行监测和分析,及时采取有效的防范措施,可以最大程度上避免工程事故的发生,因此岩土工程监测工作逐步受到重视。我国从 20 世纪 80 年代初才开始监测仪器的研制工作,并在露天矿和水电工程中开展了系统的岩土工程监测研究,在国家"六五""七五"科技攻关计划的支持下,监测仪器、监测方法和工程设计、施工及监测成果应用等方面得到迅速发展,先进监测技术在岩土工程研究中的应用越来越受到重视,并在实际工程中取得了明显的成效。

岩土工程监测是一门综合性很强的应用技术,它是以工程地质学、土力学、岩石力学、结构力学及土木工程等学科为理论基础,以仪器仪表、传感器技术、计算机与通信技术、大地测量技术、测试技术、信息科学等为技术支持,同时还融合土木工程施工工艺和工程实践经验,以岩土体及工程结构的稳定性动态评估为主要目的的综合性应用技术[8]。监测内容涵盖许多方面,涉及温度、变形、应力应变等多种物理力学参数。据此将岩土工程监测项目简单总结在表 1.1 中。

表 1.1 岩土工程监测项目

监测项目	具体内容	测点布置	工具与方法
应力监测	地应力、内部应力、支护结构应力和锚杆(索)预应力等	岩土结构内部、外锚头、锚杆主筋、结构应力最大处	压力传感器、锚索测力计、压力盒、钢筋计等
变形监测	地表大地变形、地表裂缝位错、地面倾斜、裂缝多点位移、边坡深部位移等	岩土体表面、裂缝、滑带、支护结构顶部	经纬仪、全站仪、GPS、伸缩仪、位错计、钻孔倾斜仪、多点位移计、应变仪等
地下水监测	孔隙水压力,动水压力,地下水水质,地下水、渗水与降雨关系,以及降雨、洪水与时间关系等	出水点、钻孔处、滑体与滑面	简易水位计、孔隙水压力仪、抽水试验、水化学分析等

岩土体应力监测是岩土工程监测的一大主要内容,其中又包括地应力监测、内部应力监测、支护结构应力监测和锚杆(索)预应力监测等[9]。内部应力监测可通过压力盒量测滑带承重阻滑受力和支挡结构(如抗滑桩等)的受力,以了解岩土体传递给支挡工程的压力及支护结构的可靠性。地应力是岩土体变形破坏的根本作用力,地应力监测主要是针对大型岩土(石)工程,为了了解地应力或在施工过程中地应力变化而进行的一项重要监测工作,根据监测目的,地应力监测可分为绝对应力测量和地应力变化监测。对于绝对应力测量,目前国内外使用的方法均是在钻孔、地下开挖或露头面上刻槽而引起岩体中应力的扰动,然后用各种探头量测由应力扰动而产生的各种物理量变化的方法来实现;对于地应力变化监测,由于要在整个施工过程中实施连续量测,所以量测传感器长期埋设在量测点上。在应力监测中除内部应力、地应力监测外,对锚固力的监测也是一项极其重要的监测内容。锚杆、锚索的拉力的变化是外部荷载变化的直接反映,通常采用锚索测力计进行应力测量。土体应力监测是判断土体或支护结构破坏的一大依据,

可以用于破坏位置的预估，便于提前做好预防措施[10]。

岩土体的破坏，一般不是突然发生的，破坏前总是有相当长时间的变形发展期[11]。变形监测作为岩土工程监测的内容之一，包括地表大地变形监测、地表裂缝位错监测、地面倾斜监测、裂缝多点位移监测、边坡深部位移监测等多种项目内容。地表大地变形监测是变形监测中常用的方法。地表位移监测则是在稳定的地段测量标准（基准点），在被测量的地段上设置若干个监测点（观测标桩）或设置有传感器的监测点，用仪器定期监测测点和基准点的位移变化或用无线边坡监测系统进行监测[12]。地表位移监测通常应用的仪器有两类。一类是大地测量仪器，如红外仪、经纬仪、水准仪、全站仪、全球定位系统（global positioning system，GPS）等，这类仪器只能定期监测地表位移，不能连续监测地表位移变化。当地表明显出现裂隙及地表位移速度加快时，使用大地测量仪器定期测量显然满足不了工程需要，这时应采用能连续监测的设备，如全自动全天候的无线监测系统等。另一类是专门用于边坡变形监测的设备，如裂缝计、钢带和标桩、地表位移伸长计和全自动无线监测系统等。结构表面裂缝的出现和发展，往往是岩土体即将失稳破坏的前兆信号，因此这种裂缝一旦出现，必须对其进行监测[13]。监测的内容包括裂缝的拉开速度和两端扩展情况，如果速度突然增大或裂缝外侧岩土体出现显著的垂直下降位移或转动，预示着即将失稳破坏。地表裂缝位错监测可采用伸缩仪或位错计直接量测。边坡深部位移监测是监测边坡整体变形的重要方法，是指导防治工程的实施和效果检验的重要手段[14]。边坡深部位移监测手段较多，目前国内使用较多的主要为钻孔引伸仪和钻孔倾斜仪两大类。对于实际工程应根据具体情况设计位移监测项目和测点。在边坡工程中，通过对岩土体的变形量测，不但可以预测预报边坡的失稳滑动，同时可以运用变形的动态变化规律检验边坡的整治设计的正确性[15]。

地下水是滑坡、沉降和结构失稳的主要诱发因素。对岩土工程而言，地下水动态监测也是一项重要的监测内容，特别是对高水位、多水源的山地区域，更加应该引起重视。地下水动态监测以水位监测为主，根据工程要求，可进行孔隙水压力、动水压力、地下水水质监测等。近十几年来，国内不少单位研制过压力传感式水位仪，均因各自的不足或缺陷而未能在地下水监测方面得到广泛采用。目前在地下水监测工作中，几乎都是用简易水位计或万用表进行人工观测。孔隙水压力是评价和预测边坡稳定性的一个重要指标，因此需要在现场埋设仪器进行观测，目前主要采用孔隙水压力仪监测孔隙水压力[16]。通过对岩土体孔隙水压力的监测可以了解土体应力状态的变化，从而推断岩土结构的稳定状态，考虑是否采用相应的加固措施以保证工程安全。

1.3 传统监测技术与方法

我国从 20 世纪 80 年代初开始，科技攻关和工程实践对岩土工程中所存在的问题进行了广泛而深入的研究，监测技术和监测方法不断改进，一些考虑地质地貌条件、岩土体工程技术性质、监测空间和时间连续性要求等因素的测点布置原则和方法也相继被提出。尤其自 20 世纪 90 年代以来，岩土工程监测的硬件和软件条件迅速发展，监测范围不断扩大，监测自动化系统、数据处理和资料分析系统、安全预报系统等相关配套系统也在不断地完善，监测技术及水平不断提高。

传统的岩土工程监测方法大致可以分为三大类，分别是巡视观察法、外观法和内观法[17]。

1. 巡视观察法

巡视观察法是通过定期安排技术人员在工程范围内进行巡视观察并记录，从宏观和定性上了解岩土体是否存在异常变化。

2. 外观法

外观法是以被观测物体的表面变形为观测对象的一类方法。其中，精密大地测量技术是最为成熟、精度较高、目前应用最广泛的外观观测方法。外观法监测具有以下几个特点：观测点在被观测物体的表面，测点或仪器具有可接触、可更换、非完全埋入等特点。

精密大地测量技术可以确定地球形状和外部重力场及其随时间的变化，建立统一的大地测量坐标系，研究地壳形变（包括地壳垂直升降及水平位移），测定海洋水面地形及其变化等。该方法理论成熟，花费成本低，量程不受限制，能确定地表变形范围，观测到岩土体的绝对位移量，但容易受到地形条件和气候条件的影响，且工作量大，不适合连续监测。常用仪器设备有水准仪、光学经纬仪、电子经纬仪、全站仪等[18]。

与大地测量技术不同，近景摄影测量法是通过在多个不同测点获取监测对象的图像，经过数据处理可以得到监测对象的大小、形状、坐标等全面的三维信息，要求周期性重复摄影，该方法相对省时省力，同时能测定多点在某一瞬间的空间位置，但是在观测的绝对精度方面还稍显不足。常用仪器有量测摄影机、半量测摄影机和非量测摄影机。

对于大坝、高边坡等直线型的建筑物或构筑物变形，通常采用基准线法来测定其水平位移。基准线法，又称准直法，是应用两端工作基点固定一条基准线原理来测量两端基点之间一系列点的偏移值。常用仪器主要有引张线仪、视准线仪、激光准直仪、遥测垂线坐标仪等[19]。

测量机器人监测技术是在全站仪的基础上发展出来的一项自动化监测技术。测量机器人集成了电子驱动、激光扫描等多项技术，具备目标识别、自动校准、自动测量、跟踪记录等多种功能，完全可以替代人工完成监测工作。该技术精度高，不受气候限制，存在两种工作模式：固定式连续监测和移动式周期性监测。

GPS 监测技术随着 GPS 在大地测量学中的应用逐步推广到岩土工程变形监测领域。GPS 监测技术克服了传统方法监测时间长、劳动强度大、受外界影响大的难题，实现了从数据采集到结果分析的连续自动化。GPS 监测技术不需要通视，具有监测精度高，并且可以实现全天候的实时动态观测等优点[20]，被广泛用于滑坡变形、高层建筑物及大型构筑物沉降等的实时监测。监测需要用到 GPS 接收机及相应的处理软件。

干涉合成孔径雷达（interferometric synthetic aperture radar，InSAR）监测技术是一种以微波为介质的高性能雷达监测技术。干涉合成孔径雷达测量法采集的数据可用于地球表面三维地形信息的生成。该技术具有全时、全天候、覆盖范围广、空间分辨率高等优点。InSAR 监测技术原则上可以测量小的地震动，且测量范围覆盖了一个连续的大面积区域，是研究岩土工程变形的理想技术之一。另外，InSAR 监测技术可以有效捕捉滑坡发生前的地表变形，尤其是滑坡失稳前的大面积变形和加速变形信号，这为提前识别和发现滑坡蠕变变形中的隐患提供了非常有效的手段[21]。

除此之外，将两种甚至多种监测技术有机结合达到互补效果的组合监测技术也渐渐产生，如 GPS-InSAR 合成监测技术、GPS-测量机器人监测技术、自动化监测网（3S 监测技术）等[22]。

3. 内观法

内观法是将仪器埋入岩土体内部，监测岩土体相关物理量随时间变化的规律。内观法一般以最直观的物理量变形（位移）作为主要的监测对象。

传统的内观法监测通常对不同的监测内容选用对应的监测仪器和方法。对于岩土结构相对位移的监测，振弦式位移传感器是应用最广泛的仪器，当位移计两端伸长或压缩时，传动弹簧使传感器钢弦处于张拉或松弛状态，此时钢弦频率产生变化，受拉时频率升高，受压时频率降低。位移与频率的平方差呈线性关系，可以根据关系式得到相对位移。多点位移计通过在同一钻孔中沿其长度方向设置不同深度的测点，得到各测点沿钻孔轴线方向的位移。滑动测微计用于确定在岩石、混凝土和土中沿一测线的应变和轴向位移的全部分布情况。测缝计则是测量结构接缝开度或岩体裂缝两侧块体间相对移动的观测仪器。

监测岩土工程倾斜变形的仪器统称为测斜类仪器，通常分为测斜仪和倾斜仪两类：用于钻孔中测斜管内的仪器，称为测斜仪；而设置在基岩或建筑物表面，用于测定某一点转动或某一点相对于另一点垂直位移量的仪器，称为倾斜仪。测斜仪是通过测量测斜管轴线与铅垂线之间的夹角变化量，来监测土、岩石和建筑物的侧向位移的高精度仪器。测斜仪的传感器形式有很多种，如电阻应变片式、伺服加速度计式、振动线式、微电子力学式等[23]。国内多采用伺服加速度计式和电阻应变片式。为了消除传统测斜仪中存在的精度低、寿命短、测量范围小、传输信号弱等缺陷，近几年，一些新技术被应用于测斜仪中，如微电子机械系统（micro-electro mechanical systems，MEMS）测斜仪、时域反射法（time domain reflectometry，TDR）和基于霍尔元件的霍尔式测斜仪。

垂直位移观测是岩土工程变形观测的一项重要内容。岩土体沉降监测仪器的目的是测定建筑物及其基础、边坡、开挖和填方在铅垂方向的升降变化。监测方法分为两类：一类是用几何水准方法对标石、标杆或规标等监测对象，进行垂直位移连续的周期性观测；另一类是在岩土结构内、外表面安装埋设监测仪器，来监测其垂直位移，并结合水平位移、转动位移的观测对岩土体的变形情况做全面分析[24]。常用沉降仪有横梁管式沉降仪、电磁式沉降仪、水管式沉降仪和钢弦式沉降仪等。

土压力的监测对研究土体内各点应力状态的变化是非常重要的[25]。监测仪器有边界式土压力计和埋入式土压力计两类。土压力计测得的土压力均为总压力，要求得土体有效应力，在埋设土压力计的同时，应埋设孔隙水压力计。孔隙水压力计又称渗压计，在土石坝和各种土工结构物中埋设渗压计，可以了解土体孔隙水压力分布和消散过程。用于岩土工程的荷载或集中力观测的传感器，称为测力计。在岩土工程中采用预应力锚杆加固时，为了观测预应力锚固效果和预应力荷载的形成与变化，采用锚杆（锚索）测力计。

除以上传统仪器的监测技术和方法之外，许多其他领域的新技术也渐渐应用到岩土工程监测实践中。声波/超声波监测技术是通过探测声波/超声波在岩体内的传播特征（波速或振幅变化）来研究岩体性质和完整性的一种物探方法，多用于确定围岩开挖的损伤程度及形态。

材料在外界应力作用下会引起微裂隙的产生与扩展，在这个过程中伴有弹性波或应力波的传播产生声发射。对于岩体，这种波在地质上也称为微震，能够在周围岩体中快速释放和传播。微震监测技术就是通过观测、分析生产活动中所产生的微小地震事件来监测围岩稳定状态的地球物理监测技术[26]。

地质雷达（ground penetrating radar，GPR）法是一种利用电磁波在不同介质中产生透射、反射的特性来进行监测预报的光谱电磁技术，主要用于建筑物地基勘察、边坡稳定性调查、基岩面探测、冻土层探测、地基夯实加固检测、地质结构灾害监测、地下水监测等。

在监测技术不断发展与进步的过程中，我国渐渐从以前单纯依靠外观法进行岩土工程或边坡监测发展为内观法、外观法结合与优势互补；为及时发现岩土结构的稳定性异常迹象，在施工初期更多地采用了内观法；而当岩土结构位移较大、稳定性异常时，通常以外观法为监控与临滑预报的主要手段[27]。同时，巡视观察方法也作为岩土工程监测的重要手段。

尽管如此，传统的岩土工程监测方法中仍不可避免地存在电磁干扰、长距离传输信号丢失、可靠性低等问题，需要科研人员不断地采取新方法新思路去优化、发展新的监测技术，使岩土工程监测在实际工程中发挥更大的作用。

1.4　岩土工程光纤监测研究进展

自从 20 世纪 70 年代，世界上第一根真正意义上的光纤问世，光纤技术的发展便进入了飞速发展的阶段。光纤最初作为光波信息传输的媒介，具有低损耗、高速度、抗干扰和低成本等优势。随着我国经济和技术的发展以及人们对光纤的不断研究与应用，光纤的应用领域已经从最初的通信领域拓展到军事国防、医疗卫生、建筑测绘等诸多领域[28]。

光纤传感技术是一种以光为载体，以光纤为介质的新型传感技术。该技术具有分布式、远距离和长寿命周期的优势，能够测量光纤中的可变信息。光纤传感技术分为全分布式和准分布式。全分布式是利用光散射原理进行测量的传感技术，可分为基于瑞利散射、拉曼散射、布里渊散射的全分布式光纤传感技术。准分布式是使用传感网络系统进行测量的，其光纤不作为传感元件，只作为传输元件，它们采用串联或各种网络结构形式连接起来，利用波分复用、时分复用或频分复用等技术形成分布式网络系统，进而可以较精确地分时或同时得到被测对象的信息，最典型的是光纤布拉格光栅（fiber Bragg gratings，FBG）传感器[29]。

我国光纤监测技术在岩土工程领域的应用和研究工作主要集中在一些重点高校和研究所，随着研究的不断推进，相关理论和试验研究成果不断向产品化、工程化迈进，目前已取得了多项工程应用成果。1994 年开始，光纤传感技术在岩土工程中的应用已经取得了诸多成果，1995 年研究成功的变形传感器，属于光强调剂型的光纤传感器，采用控制光纤曲率变化的方法调制光的强度，双环式的光纤位移计及传感元件已于 1997 年获得国家专利。首届地质工程光电传感监测国际专题讨论会于 2005 年 11 月 23～24 日在南京大学科技馆成功举办，内容涉及地质工程结构健康监测、智能传感器研发、分布式光纤铺设工艺、光纤采集数据挖掘及处理等方面。与国际上的一些发达国家相比，我国在地质和岩土工程光电传感监测的应用技术方面的差距不明显，但在光电传感监测仪器的核心技术和制造工艺方面，还需要继续开展相应的研究[30]。

在以往的研究中，光纤传感器综合显示了其体积小、信号稳定、可复用等优点，是开发各种新型岩土监测仪器的良好选择。光纤监测技术也成功应用于岩土工程实践中[31]。然而，现有的光纤监测技术仍有许多不足，如 FBG 位移传感器是由 FBG 应变传感器测得的应变值来计算的，没有考虑传统 FBG 测量范围小的限制。对于布里渊光时域分析（Brillouin optical time-domain analysis，BOTDA）技术来说，它是一种相对较新的全分布式光纤监测技术，为长距离应变和温度监测提供了理想的选择，但从技术成熟到工程应用还有很长的路要走，其精度和采集频率不能完全满足岩土工程的要求。岩土结构非线性问题是岩土工程研究中的一个关键问题，但该问题在恶劣地质条件下的性能监测与实际有很大的差异[32]。

研究人员为促进光纤监测技术的发展作出了巨大的贡献，目前相关传感器仍存在优化和开发空间，利用光纤传感器测得的数据来研究岩土结构的性能也存在许多障碍，岩土工程领域的光纤监测技术发展还有很长的路要走。

1.5 本书主要内容

第 1 章为绪论，主要介绍岩土工程监测的目的和意义，岩土工程监测基本理论，传统监测技术与方法的缺点和不足，以及岩土工程光纤监测的研究进展。

第 2 章主要内容为光纤传感技术概述，首先对光纤传感技术的发展历程进行回顾，然后对光纤传感技术的基本工作原理，基于光纤传感技术应变监测中常用的温度补偿方法进行介绍。在此基础上，对岩土工程中常用的光纤传感技术进行总结，主要为常用光纤光栅传感技术的种类、原理和复用技术，以及常用的全分布式传感技术，包括基于瑞利散射的光纤传感技术[光时域反射（optical time domain reflectometry，OTDR）、相干光时域反射（coherent optical time-domain reflectometry，COTDR）、偏振光时域反射（polarization optical time-domain reflectometry，POTDR）、光频域反射（optical frequency-domain reflectometery，OFDR）]、基于拉曼散射的光纤传感技术[拉曼光时域反射（Raman optical time-domain reflectometery，ROTDR）、拉曼光频域反射（Raman optical-fiber frequency-domain reflectometry，ROFDR）]，以及基于布里渊散射的光纤传感技术[布里渊光时域反射技术（Brillouin optical time-domain reflectometry，BOTDR）、布里渊光时域分析技术（Brillouin optical time-domain reflectometry，BOTDA）、布里渊光频域分析技术（Brillouin optical frequency domain analysis，BOFDA）]的原理和技术特点进行了归纳总结。

第 3 章主要内容为光纤传感技术在滑坡监测中的应用。首先基于光纤技术开展了应力场和变形场监测设备的研发，介绍传感器的研发过程、监测原理、标定试验，并对实验室标定试验结果进行分析。结果表明，标定结果与理论结果吻合较好，传感器具有较好的性能。此外基于 LabVIEW 开发了监测数据采集系统。最后以重庆市奉节县新铺滑坡监测工程为例，列举光纤传感技术在应力监测、动力测量、深部变形监测方面的成功应用。

第 4 章主要内容为光纤传感技术在桩基工程中的应用。首先对桩基监测的必要性、传统监测方法的不足及光纤传感技术的优势进行总结。然后对基于光纤传感技术的桩基应力监测、桩基弯矩和挠度监测、桩基完整性监测的方法和原理进行介绍。在此基础上总结光纤传感技术在静压管桩施工监测、钻孔灌注桩施工监测中的常用方法，并且分别介绍基于光纤光栅（FBG）传感技术的静压管桩施工监测实例和基于受激布里渊光时域分析技术（BOTDA）的钻孔灌注桩施工监测实例。

第 5 章首先对能量桩的研究历程和光纤测桩技术进行简单介绍；结合光纤感测基本原理，推导桩身应变、应力、侧摩阻力计算公式；然后对能量桩的监测内容和方法进行介绍。给出新型相变能量桩和珊瑚砂混凝土能量桩的研发过程，并采用光纤光栅传感技术对其基本热物理性能进行试验研究，探究其水化性能和传热性能。然后介绍能量桩光纤监测模型试验；最后开展竖向循环荷载-温度耦合作用下能量桩承载特性研究，并对结果进行分析讨论。

第 6 章将光纤布拉格光栅传感技术引入隧道建设。为了监测周围土体的变形，开发了一种基于共轭光束法的 FBG 测斜仪，再通过实验室校准进行验证。然后根据相邻桩的实际隧道开挖情况进行室内模型试验。模型试验中使用基于 FBG 的测斜仪测量周围土体的变形，并在桩上安装 FBG 传感器以监测开挖引起的桩扰动。此外，还介绍光纤光栅传感技术在隧道工程中的现场应用。

第 7 章关注光纤传感技术在其他工程领域中的应用现状，重点介绍大坝工程、基坑工程、管道工程和海洋工程中所采取的光纤监测技术。针对大坝的变形和渗漏问题总结光纤监测的准确性和可靠性；对于基坑工程，聚焦支护结构的变形监测和玻璃纤维增强塑料（glass fibre reinforced plastics，GFRP）锚的性能监测，概述已有研究的光纤监测措施；然后强调海洋工程健康监测的重点是海水侵蚀监测，突出光纤传感技术在获取相应参数方面的优越性。最后简要介绍光纤监测技术对于解决管道变形、振动和渗漏等问题的应用前景。

第8章介绍岩土工程监测中常用的数据处理与分析算法，主要包括监测原始数据的降噪方法、多源数据相关性分析算法、基于灰色理论与统计理论的灰色模型算法、基于数据驱动的无监督聚类算法、支持向量机算法及常规深度学习算法。最后依托两个滑坡监测工程详细介绍数据处理与分析的流程及结果，包括降噪模型的阈值选择，如何利用无监督算法提高监测数据回归精度、增强灰色模型预测优势、构建深度学习建模流程等内容，为岩土工程监测数据提供完整的分析框架，为后续工程决策或灾害防治等提供指导。

参 考 文 献

[1] 裴华富, 殷建华, 朱鸿鹄, 等. 基于光纤光栅传感技术的边坡原位测斜及稳定性评估方法[J]. 岩石力学与工程学报, 2010, 29(8): 1570-1576.

[2] 李晴文. 基于智能算法组合模型的边坡位移预测研究[D]. 大连: 大连理工大学, 2021.

[3] Chen Z, Zhang C C, Shi B, et al. Detecting gas pipeline leaks in sandy soil with fiber-optic distributed acoustic sensing[J]. Tunnelling and Underground Space Technology, 2023, 141: 105367.

[4] Gao Y X, Zhu H H, Qiao L, et al. Feasibility study on sinkhole monitoring with fiber optic strain sensing nerves[J]. Journal of Rock Mechanics and Geotechnical Engineering, 2023, 15(11): 3059-3070.

[5] Zhu H H, Shi B, Zhang C C. FBG-based monitoring of geohazards: Current status and trends[J]. Sensors, 2017, 17(3): 452.

[6] Sun M Y, Shi B, Zhang C C, et al. Quasi-distributed fiber-optic in-situ monitoring technology for large-scale measurement of soil water content and its application[J]. Engineering Geology, 2021, 294: 106373.

[7] 蒋亚东, 谢光忠, 杨邦朝. 先进传感器技术[M]. 成都: 电子科技大学出版社, 2012.

[8] 徐国权, 熊代余. 光纤光栅传感技术在工程中的应用[J]. 中国光学, 2013, 6(3): 306-317.

[9] 龚晓南, 杨仲轩. 岩土工程测试技术[M]. 北京: 中国建筑工业出版社, 2017.

[10] Liu J, Shi B, Cui Y J, et al. Predicting the deformation of compacted loess used for land creation based on the field monitoring with fiber-optic technology[J]. Engineering Geology, 2024, 336: 107542.

[11] 施斌, 朱鸿鹄, 张丹, 等. 从岩土体原位检测、探测、监测到感知[J]. 工程地质学报, 2022, 30(6): 1811-1818.

[12] 任建喜. 岩土工程测试技术[M]. 武汉: 武汉理工大学出版社, 2009.

[13] Sang H W, Shi B, Zhang D, et al. Monitoring land subsidence with the combination of persistent scatterer interferometry techniques and distributed fiber optic sensing techniques: A case study in Suzhou, China[J]. Natural Hazards, 2023, 116(2): 2135-2156.

[14] Sun C, Tang C S, Vahedifard F, et al. High-resolution monitoring of soil infiltration using distributed fiber optic[J]. Journal of Hydrology, 2024, 640: 131691.

[15] 张诚成, 施斌, 朱鸿鹄, 等. 地面沉降分布式光纤监测土–缆耦合性分析[J].岩土工程学报, 2019,

41(9): 1670-1678.

[16] Wu B, Zhu H H, Liu T X, et al. Experimental investigation of interfacial behavior of fiber optic cables embedded in frozen soil for in-situ deformation monitoring[J]. Measurement, 2023, 215: 112843.

[17] 施斌, 张丹, 朱鸿鹄. 地质与岩土工程分布式光纤监测技术[M]. 北京: 科学出版社, 2019.

[18] Zhu H H, Wu B, Cao D F, et al. Characterizing thermo-hydraulic behaviors of seasonally frozen loess via a combined opto-electronic sensing system: Field monitoring and assessment[J]. Journal of Hydrology, 2023, 622: 129647.

[19] Zhu H H, Yin J H, Pei H F, et al. Fiber optic displacement monitoring in laboratory physical model testing[J]. Advanced Materials Research, 2011, 143: 1081-1085.

[20] Lin S Q, Tan D Y, Yin J H, et al. A novel approach to surface strain measurement for cylindrical rock specimens under uniaxial compression using distributed fibre optic sensor technology[J]. Rock Mechanics and Rock Engineering, 2021, 54: 6605-6619.

[21] Shi B, Zhang D, Zhu H H, et al. DFOS applications to geo-engineering monitoring[J]. Photonic Sensors, 2021, 11: 158-186.

[22] 朱鸿鹄, 殷建华, 靳伟, 等. 基于光纤光栅传感技术的地基基础健康监测研究[J]. 土木工程学报, 2010, 43(6): 109-115.

[23] Pei H F, Teng J, Yin J H, et al. A review of previous studies on the applications of optical fiber sensors in geotechnical health monitoring[J]. Measurement, 2014, 58: 207-214.

[24] Hong C Y, Yin J H, J W, et al. Comparative study on the elongation measurement of a soil nail using optical lower coherence interferometry method and FBG method[J]. Advances in Structural Engineering, 2010, 13(2): 309-319.

[25] Pei H H, Zhang B, Li Z J, et al. Measurement of early-age strains in mortar specimens subjected to cyclic temperature[J]. Materials Letters, 2015, 142: 150-152.

[26] 施斌, 朱鸿鹄, 张诚成, 等. 岩土体灾变感知与应用[J]. 中国科学: 技术科学, 2023, 53(10): 1639-1651.

[27] Zhang T, Zhang C C, Shi B, et al. Artificial intelligence-based distributed acoustic sensing enables automated identification of wire breaks in prestressed concrete cylinder pipe[J]. Journal of Applied Geophysics, 2024, 224: 105378.

[28] 王复明. 岩土工程测试技术[M]. 郑州: 黄河水利出版社, 2012.

[29] Liu S P, Shi B, Gu K, et al. Fiber-optic wireless sensor network using ultra-weak fiber Bragg gratings for vertical subsurface deformation monitoring[J]. Natural Hazards, 2021, 109: 2557-2573.

[30] 夏才初, 潘国荣. 岩土与地下工程监测[M]. 北京: 中国建筑工业出版社, 2017.

[31] Ma J X, Pei H F, Zhu H H, et al. A review of previous studies on the applications of fiber optic sensing technologies in geotechnical monitoring[J]. Rock Mechanics Bulletin, 2023, 2(1): 100021.

[32] 徐科军. 传感器与检测技术[M]. 2 版. 北京: 电子工业出版社, 2008.

第 2 章

光纤传感技术概述

2.1 光纤传感技术发展历程

光纤的发展起源于 20 世纪 70 年代，低损耗石英光纤被成功研制，在此后的短短几十年时间里，在各行各业建立起了一个四通八达、安全智能、性能可靠的光纤网络。而且光纤的成就远不止于此，光纤的迅速发展也拉开了光纤传感技术发展和应用的序幕。光纤传感技术是以光纤为媒介，以光为载体，用于感知和传输外界信号。目前，光纤传感技术已成功应用于各领域中，具有广阔的市场和发展前景。

光纤传感技术的发展与光纤通信几乎是同时起步，从光纤问世与激光器得到应用的那一天起，研究人员就提出了光纤传感的构想，并开始着手相关研究。回顾光纤传感技术发展的历程，大致可以归结为以下三个阶段。

（1）技术原理论证阶段。这一阶段主要在 20 世纪 70～80 年代中期，此时研究人员在对光纤特性研究与了解的基础上，提出了各种类型的光纤传感原理模型，并不断从理论和试验上加以论证。可以说这一阶段是光纤传感技术发展的百花齐放阶段，从最简单的利用光强调制原理进行位移与振动检测的传感器，发展到利用各种光干涉原理的高精度传感器。研究的种类之多、发表的文章之广前所未有，各种报告会与会议经常召开，这是一个研究十分活跃的时期。

（2）技术稳定成熟阶段。20 世纪 80 年代末起，随着光纤与光电子元器件性能的提高以及光纤传感技术研究的深入，光纤传感技术进入了逐渐稳定成熟阶段。这一阶段最明显的特点是一些结构简单的传感器（如点式光纤温度传感器、液位计等）逐步以产品的形式开始进入市场，而且具有高灵敏特点的一类光纤传感器（如干涉式光纤传感器）经过多年的努力其性能与稳定性也得到很大提高，并开始转入应用阶段，如最具应用前景的光纤陀螺就是这一时期的典型代表。

（3）应用推广与新技术发展阶段。近十年来，一些性能高、技术成熟的光纤传感器（如光纤陀螺、光纤速度传感器、光纤电压电流传感器等）陆续进入市场，并在包括军事的一些领域得到应用。与此同时，随着科学技术发展与应用的迫切需求，光纤传感器组网及一些新技术原理的光纤传感器的研究与开发成为这段时间光纤传感技术发展的亮点，受到高度重视。例如以布里渊散射原理发展的分布式光纤应力（压力）传感器、以拉曼散射为基础的分布式光纤温度传感器，以及阵列式光纤水听器等的发展与应用，都是这一时期的代表。光纤光栅的出现为光纤传感技术发展增添了新的活力。由光纤光栅阵列构成的光纤传感器在建筑、水利、石油、桥梁、地质工程等领域的应用中取得了显著成绩，并将取得越来越多的成就。

2.2　光纤传感技术原理

2.2.1　基本工作原理

光纤对一些特定的物理量具有敏感性，通过一定的转换能够对这些特定的物理量进行监测。仪器仪表领域中，光纤最早用于传光及传像，随着光纤技术的发展，逐渐用于多领域中[1]。光纤不仅可以用作光波的传输媒质，在一些特定物理量如温度、应力、应变、位移等的影响下，光波的波长、振幅、相位等参量也随之发生一定有规律的变化，利用两者之间的变化规律，即可用光纤对这些特定的物理量进行监测[2]，其基本原理如图 2.1 所示。

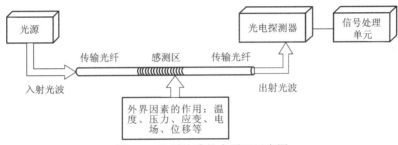

图 2.1　光纤传感基本原理示意图

光通信技术的发展形成了多种类的光纤传感技术，但是其基本工作原理是一致的，光纤传感器的基本工作原理为：由光源发出入射光波，光波通过传输光纤传至感测区或传感元件处，感测区受到外界因素的作用，将待测信息叠加到光波上，出射光波传至光电探测器，经信号处理单元处理后即可得到待测外界信息。光纤传感系统由光源、光电探测器、传输光纤、感测区、信号处理单元组成[3]。

光源是光纤传感系统的重要组成部分，常用光源有光纤激光器和半导体激光器，两种激光器各具特点，且存在一定的区别：光纤激光器使用的增益介质是光纤；半导体激光器使用的增益介质是半导体材料，一般是砷化镓、铟镓砷等。半导体激光器的发光机理是粒子在导带和价带之间跃迁产生光子，因为是半导体，所以使用电激励即可，是直接的电光转换。但光纤不能直接实现电光转换，需要用光来泵浦增益介质，一般用激光二极管泵浦，从而实现光光转换。光纤激光器散热好，一般风冷即可。半导体激光器受温度影响非常大，当功率较大时，需要水冷。因此，在应用时应根据具体监测项目的特点，选择合适的激光器。

传输光纤用于信号传输，光纤种类较多，应根据监测需求选择适用的光纤。光纤按工作波长可分为短波长光纤、长波长光纤和超长波长光纤，按光纤套塑结构可分为紧套光纤和松套光纤等。

感测区是感测外界信息的区域，按照感测区的不同，光纤传感器主要可以分为功能型、非功能型、拾光型三类。功能型的光纤传感器不仅是导光媒质，也是传感元件，光在光纤内受被测量调制，能够作为传感元件用于探测被测物理量，具有尺寸小、灵敏度较高等优点，但必须用特殊光纤和先进的检测技术，因此成本高。非功能型的光纤传感器是光纤仅起导光作用，因其仅作为导光媒质，无须特殊的监测技术，具有易实现、成本低的优点，但受灵敏度的限制，常用于灵敏度要求不太高的监测项目，目前工程监测所用大多是非功能型的。拾光型的光纤传感器是利用光纤作为接收装置，对被测的辐射或反射光进行监测。

光电探测器和信号处理单元组成解调器，其中光电探测器主要作用是进行光电转换，将出射光波的光信号转换为电信号，信号处理单元能够将转换的电信号进一步还原为感测区的外界信息。

2.2.2 应变测量的温度补偿技术

在实际监测项目中，光纤传感技术常用于应变测量，但是由于光纤的密度、折射率受温度的影响，光纤的弹性模量、剪切模量、泊松比等物理性质也随之改变[4]。因此，当应变测量过程中存在明显的温度变化时，应采取必要的温度补偿措施，以提高应变测量的准确性。光纤传感技术的温度补偿方法可分为：光纤光栅传感技术的温度补偿方法和分布式光纤传感技术的温度补偿方法。

1. 光纤光栅传感技术的温度补偿方法

光纤光栅传感技术的温度补偿方法主要为加装温度传感器和采用温度自补偿光纤光栅传感器两种。

1）加装温度传感器

光纤光栅传感器为准分布式监测，当测量过程中温度变化明显时，在被测物或被测环境中加装一测温准确的光纤光栅温度传感器，该传感器既可串联进入系统，又可并联进入系统，根据项目的实际情况也可采用其他的温度传感器。由于光纤光栅与温度传感器处于同一温度下，温度传感器所测试出来的温度也为光纤光栅应变传感器处的温度，此时可扣除温度对反射波长的影响，从而得到准确的应变值。此温度补偿方法虽然原理简单，但是当应变测点较多时，需安装较多的温度传感器，成本较高，且当被测位置的安装空间较为狭小时，温度传感器的安装也存在一定的难度。

2）采用温度自补偿光纤光栅传感器

为了改善加装温度传感器的缺点，一系列的温度自补偿光纤光栅传感器逐渐应用于应变监测中，按照补偿原理的不同，常用的温度自补偿光纤光栅传感器可分为以下两种。

（1）串联式光纤光栅传感器。

串联式温度自补偿光纤光栅传感器由一个光纤光栅应变传感器和一个光纤光栅温度传感器串联封装而成[4-5]，其结构如图 2.2 所示。由图可见，其主要结构由封装外管、封装内管、封装细管、黏结剂、铠装光纤及光纤光栅温度和应变传感器组成。其中封装外管用于保护传感器在测试过程中免受破坏,封装细管和封装外管之间通过黏结剂连接。左侧为光纤光栅温度传感器,为了避免温度传感器在监测过程中受到力的作用,通过封装细管和封装内管使其悬空于封装外管中,且此处光纤呈松弛状态。右侧为光纤光栅应变传感器,通过左侧的温度传感器即可测得温度的变化,从而进行温度补偿[6]。

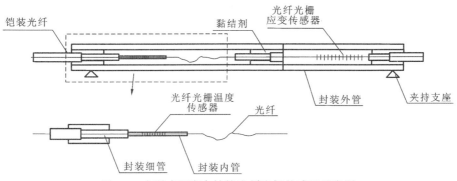

图 2.2 串联式温度自补偿光纤光栅传感器示意图

（2）低温敏式光纤光栅传感器。

低温敏式温度自补偿光纤光栅传感器的温度补偿原理:传感器的内管、外管采用热膨胀系数不同的材料制成,当传感器所处环境温度升高时,内管、外管均受热膨胀。外管沿轴向向外膨胀,施加给光栅拉应力,而内管具有较高的热膨胀系数,向内膨胀产生轴向收缩,能够抵消外管变形对光栅的影响,避免温度变化对中心波长的影响,从而实现温度补偿[7]。低温敏式温度自补偿光纤光栅传感器如图 2.3 所示。

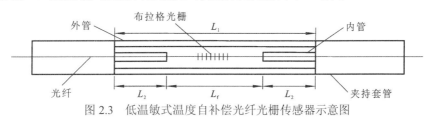

图 2.3 低温敏式温度自补偿光纤光栅传感器示意图

光纤光栅中心波长变化量为

$$\frac{\Delta\lambda_{\mathrm{B}}}{\lambda_{\mathrm{B}}} = S_\varepsilon\Delta\varepsilon + S_T\Delta T \qquad (2\text{-}1)$$

式中:$\Delta\lambda_{\mathrm{B}}$ 为光栅中心波长的变化量;λ_{B} 为光栅中心波长;$\Delta\varepsilon$、ΔT 分别为应变、温度的变化量;S_ε 和 S_T 分别为应变敏感系数和温度敏感系数。

低温敏式 FBG 应变传感器在进行温度补偿时,内管、外管的形变对光栅的应变状态存在一定的影响,根据材料力学的基本原理,可得传感器中心波长的变化为

$$\frac{\Delta\lambda_{\mathrm{B}}}{\lambda_{\mathrm{B}}} = S_\varepsilon\left(\Delta\varepsilon + \frac{-2\alpha_2 L_2 + \alpha_1 L_1}{L_{\mathrm{f}}}\Delta T\right) + S_T\Delta T \qquad (2\text{-}2)$$

式中:α_1、α_2 分别为外管、内管的热膨胀系数;L_1、L_2 分别为封装外管、封装内管的长度;L_{f} 为光纤光栅长度。

选取合适的材料、封装内管长度、封装外管长度及光纤光栅长度，并将各参数代入式（2-2），可得

$$S_\varepsilon \frac{-2\alpha_2 L_2 + \alpha_1 L_1}{L_{\mathrm{f}}} + S_T = 0 \tag{2-3}$$

当式（2-3）为 0 时，传感器的中心波长漂移不受温度变化的影响，只与其应变状态有关，由此可得

$$\frac{\Delta \lambda_{\mathrm{B}}}{\lambda_{\mathrm{B}}} = (1 - P_{\mathrm{e}})\Delta \varepsilon = S_\varepsilon \Delta \varepsilon \tag{2-4}$$

式中：P_{e} 为有效弹光系数。

可见，在理想状态下，此类传感器的中心波长不受温度的影响，但是由于内外管的材质无法做到完全均质，在温度变化时内外管产生的变形与理想条件存在一定的差异，而且传感器的安装工艺同样会影响传感器的温度灵敏度。虽然传感器实际温度灵敏度与理论计算所得结果存在一定的差距，但是此传感器温度灵敏度系数已较低，具有较好的温度补偿效果。

2. 分布式光纤传感技术的温度补偿方法

分布式光纤传感技术的温度补偿方法主要有加装光纤法、朗道-普拉蔡克比率法、基于布里渊散射谱的双参量法、双布里渊频移法、联合拉曼散射和布里渊散射效应法等。

1）加装光纤法

加装光纤法是分布式光纤传感技术中最为常用的温度补偿方法，该方法与光纤光栅加装温度传感器的补偿方法类似，在实际测量工程中广泛应用[8]。应变测量光纤粘贴于被测结构上，在测量过程中温度变化较大时，测量光纤受到温度应变的双重影响，会影响测量结果的准确性。通过在应变测量光纤附近平行加装一根光纤用于温度补偿，能够剔除温度对应变信息测量的影响，为了避免加装的光纤受应变的影响，通常对其进行套管处理。由于在部分工程中，光纤的安装空间较小，加装光纤进行温度补偿存在一定的困难。而且测量光纤的温度敏感系数在环氧树脂等黏结剂的影响下，会发生改变。因此，将测量光纤和温度补偿的加装光纤封装于同一光缆中，加装的温度补偿光纤在光缆中处于不受力的自由状态，能够较好地解决上述问题。

2）朗道-普拉蔡克比率法

朗道-普拉蔡克比率（Landau-Placzek ratio，LPR）法，可用于光纤应变测量过程中的温度补偿。瑞利散射的强度与瑞利散射精细结构谱的强度比，称为朗道-普拉蔡克比率。朗道-普拉蔡克方程为

$$\frac{I_{\mathrm{R}}}{I_{\mathrm{B}}} = \frac{c_{\mathrm{p}} - c_{\mathrm{v}}}{c_{\mathrm{v}}} \tag{2-5}$$

式中：I_{R} 为布里渊组分积分强度之和；I_{B} 为瑞利中心组分光谱积分强度；c_{p} 为比定压热容；c_{v} 为比定容热容；$I_{\mathrm{R}}/I_{\mathrm{B}}$ 为朗道-普拉蔡克比率。

单一成分玻璃的朗道-普拉蔡克比率为

$$R_{\mathrm{LP}} = \frac{I_{\mathrm{R}}}{I_{\mathrm{B}}} = \frac{T_{\mathrm{f}}}{T}(\rho V_{\mathrm{a}} \beta_{\mathrm{T}} - 1) \tag{2-6}$$

式中：ρ 为密度；V_{a} 为声速；β_{T} 为虚温度 T_{f} 下的熔化等温压缩率；T 为温度；T_{f} 为玻璃从融化到固化热力学波动时的温度。

多组分玻璃的朗道-普拉蔡克比率为

$$R'_{\mathrm{LP}} = \frac{I_{\mathrm{R}}}{I_{\mathrm{B}}} = \frac{I_{\mathrm{R}}^{\rho} + I_{\mathrm{R}}^{\mathrm{c}}}{I_{\mathrm{B}}} \tag{2-7}$$

式中：I_{R}^{ρ} 为密度波动引起的初始散射；$I_{\mathrm{R}}^{\mathrm{c}}$ 为附加组分引起的散射。可见朗道-普拉蔡克比率与温度成反比。

声波速度 V_{a} 可以表示为

$$V_{\mathrm{a}} = \sqrt{\frac{(1-\mu)E}{(1+\mu)(1-2\mu)\rho}} \tag{2-8}$$

式中：E 为光纤的杨氏模量；μ 为光纤的泊松比；ρ 为光纤的密度。

由于光纤密度对温度的变化不敏感，在温度变化下，声波速度受到光纤的杨氏模量和泊松比的影响。因此，通过光纤的瑞利散射光即可实现应变测量过程中的温度补偿。

3）基于布里渊散射谱的双参量法

当温度和应变变化时，布里渊散射谱的相关参量也随之发生改变，因此通过布里渊散射谱相关参量与温度、应变之间的相关关系，即可对温度和应变进行同步测量，实现温度补偿。在测量中，通常采用布里渊频移 ν_{B} 和强度 P_{B} 作为参量，布里渊频移 ν_{B}、强度 P_{B}、温度、应变之间的关系为

$$\begin{cases} \Delta \nu_{\mathrm{B}} = C_{\nu T} \Delta T + C_{\nu \varepsilon} \Delta \varepsilon \\ \dfrac{\Delta P_{\mathrm{B}}}{P_{\mathrm{B}}} = C_{PT} \Delta T + C_{P\varepsilon} \Delta \varepsilon \end{cases} \tag{2-9}$$

式中：$\Delta \nu_{\mathrm{B}}$ 为布里渊频移的变化量；$\Delta P_{\mathrm{B}}/P_{\mathrm{B}}$ 为布里渊强度的相对变化量；ΔT 为光纤处的温度变化量；$\Delta \varepsilon$ 为光纤的应变变化量；$C_{\nu T}$ 为布里渊频移的温度系数；$C_{\nu \varepsilon}$ 为布里渊频移的应变系数；C_{PT} 为布里渊强度的温度系数；$C_{P\varepsilon}$ 为布里渊强度的应变系数。通过式（2-9），可以得到待测场的温度信息和应变信息，从而实现温度补偿。

4）双布里渊频移法

大有效面积光纤不同于普通单模光纤，其布里渊散射谱具有多个布里渊散射峰，每个峰值的温度和应变系数也存在差异。根据这一特性，通过在监测过程中对主峰附近两个峰值的频率进行测量，并且测量出两个布里渊峰值对应的频率和温度系数，即可构建两个布里渊峰值频率和温度、应变系数的关系：

$$\begin{pmatrix} \Delta \nu_1 \\ \Delta \nu_2 \end{pmatrix} = \begin{pmatrix} C_{\nu T1} & C_{\nu \varepsilon 1} \\ C_{\nu T2} & C_{\nu \varepsilon 2} \end{pmatrix} \begin{pmatrix} \Delta T \\ \Delta \varepsilon \end{pmatrix} \tag{2-10}$$

式中：$\Delta \nu_1$ 和 $\Delta \nu_2$ 分别为布里渊峰 1 和布里渊峰 2 的频移变化量；$C_{\nu T1}$ 和 $C_{\nu \varepsilon 1}$ 分别为布里渊峰 1 的温度系数和应变系数；$C_{\nu T2}$ 和 $C_{\nu \varepsilon 2}$ 分别为布里渊峰 2 的温度系数和应变系数；

ΔT 为光纤处的温度变化量；$\Delta\varepsilon$ 为光纤的应变变化量。通过式（2-10）即可得到 ΔT 和 $\Delta\varepsilon$，实现温度补偿。

5）联合拉曼散射和布里渊散射效应法

通过拉曼散射对感测区的温度变化进行测量，布里渊散射对感测区的温度信息和应变信息进行监测，因此联合使用两种方法能够对感测区的温度和应变进行监测。温度测量时为了消除损耗对测量精度的影响，需要对瑞利光强和拉曼信号光强进行归一化处理。

$$\Delta T_{\mathrm{R}}(l) = \Delta I_{\mathrm{R}}(l)C_{\mathrm{R}T} \tag{2-11}$$

式中：$\Delta T_{\mathrm{R}}(l)$ 为 l 位置处的温度变化；$\Delta I_{\mathrm{R}}(l)$ 为 l 位置处的拉曼光强变化；$C_{\mathrm{R}T}$ 为拉曼光强的温度系数。

通过式（2-11）得到温度的变化，剔除温度变化对应变监测的影响，可得 l 处的应变量为

$$\Delta\varepsilon(l) = \frac{\Delta v_{\mathrm{B}}(l) - C_{\mathrm{VB}T}\Delta T_{\mathrm{R}}(l)}{C_{\mathrm{VB}\varepsilon}} \tag{2-12}$$

式中：$\Delta v_{\mathrm{B}}(l)$ 为光纤在 l 位置处的布里渊频移变化；$C_{\mathrm{VB}T}$ 为温度系数；$C_{\mathrm{VB}\varepsilon}$ 为应变系数。

2.3 岩土工程常用光纤传感技术

随着光纤和光通信技术的发展，光纤传感技术已在军事国防、航空航天、医疗卫生、管道运输、海洋工程及岩土工程等领域中广泛应用[9-28]，常用的分布式光纤传感技术包括准分布式和全分布式两种，可以根据具体项目的测量要求选择合适的传感技术。本节对岩土工程中常用的光纤传感技术（光纤光栅传感技术和分布式光纤传感技术）的工作原理进行介绍，并且对其技术特点进行归纳总结。

2.3.1 光纤光栅传感技术

1. 光纤布拉格光栅传感技术

当入射光从一端注入光栅时，满足条件的光被光栅反射，当感测区相关物理量改变时，会引起光栅反射光中心波长的漂移，分析中心波长与感测物理量之间的关系，即可得到所需监测信息[29]。光纤光栅传感技术原理如图 2.4 所示。

光纤光栅的各参数之间满足如下关系：

$$\lambda_{\mathrm{B}} = 2n_{\mathrm{eff}}\varLambda \tag{2-13}$$

式中：λ_{B} 为光栅所反射的中心波长；n_{eff} 为折射率；$\varLambda$ 为光栅栅距。

温度和应变的变化均会引起中心波长的漂移，当感测区的温度或应变发生变化时，光栅的栅距和有效折射率都会发生变化[30-31]，则中心波长发生漂移，波长漂移量与温度、应变的关系为

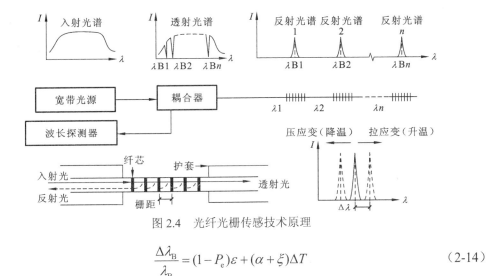

图 2.4　光纤光栅传感技术原理

$$\frac{\Delta\lambda_{\mathrm{B}}}{\lambda_{\mathrm{B}}} = (1-P_{\mathrm{e}})\varepsilon + (\alpha+\xi)\Delta T \tag{2-14}$$

式中：$\Delta\lambda_{\mathrm{B}}$ 为中心波长的变化量；P_{e} 为有效弹光系数；ε 为光纤轴向应变；ΔT 为温度变化量；α 为光纤的热膨胀系数；ξ 为光纤的热光系数。

由式（2-14）可知，通过测量光纤光栅中心波长的漂移量即可得到感测区的温度和应变信息。当测量环境温度变化较小时，温度变化对中心波长的变化影响较小，可以只考虑应变的影响：

$$\frac{\Delta\lambda_{\mathrm{B}}}{\lambda_{\mathrm{B}}} = K_{\varepsilon}\Delta\varepsilon \tag{2-15}$$

式中：K_{ε} 为光栅的应变灵敏度系数。

2. 长周期光纤光栅传感技术

光栅根据周期的长短，可分为短周期光栅和长周期光栅。光纤布拉格光栅为短周期光栅，属于反射型带通滤波器。长周期光栅无后向反射，为透射型带阻滤波器。光纤布拉格光栅和长周期光栅的光传播模式分别如图 2.5 和图 2.6 所示。

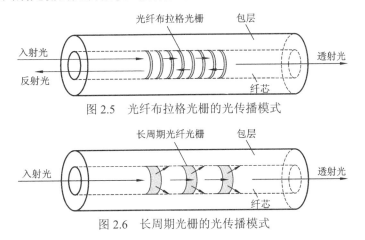

图 2.5　光纤布拉格光栅的光传播模式

图 2.6　长周期光栅的光传播模式

长周期光栅是一种透射光栅，带宽较宽，具有对温度、应力、折射率变化的灵敏度高等优点，常用于测量光纤传感、掺铒光纤放大器中的增益平坦，以及放大器自发辐射噪声的抑制[32]。但是，长周期光栅制作工艺较为复杂，制作方法主要有振幅掩模法、电弧感生微弯法、熔融拉锥法、机械感生法、逐点写入法（CO_2 激光写入和飞秒激光写入）等，且长周期光栅对温度、应力、折射率交叉敏感，在实际测量中通常需要与其他传感器配合使用。

长周期光纤光栅用作传感器对温度、应力变化灵敏度高，是一种比较理想的温度或应力敏感元件[33]。长周期光纤光栅的多个损耗峰可以同时进行多轴应力及温度测量，也可以将级联的长周期光纤光栅作为传感器阵列进行多参数分布式测量[34]。随着研究逐渐深入，长周期光纤光栅应用得越来越广。就目前所知，在通信领域中的带通滤波、光上下路复用、光纤光源、光纤耦合、偏振器件等方面都有相关的研究结果。在传感领域，其谱特性对温度、应力、微弯及外部折射率变化相当灵敏。目前，长周期光纤光栅在岩土工程中常用作温度传感、振动测量、磁场传感、载重传感器、液体气体传感器等。

3. 倾斜光纤光栅传感技术

1990 年，倾斜光纤光栅模型首次被提出，倾斜光纤光栅与普通光纤布拉格光栅传感技术的工作原理类似，不同之处在于光栅平面与轴向之间倾角的存在，导致倾斜光纤光栅中会有多种模式的耦合，主要包括纤芯导模间的耦合、纤芯导模与包层模式之间的耦合及纤芯导模与辐射模之间的耦合。

图 2.7 为倾斜光纤光栅的光传播模式，其中倾角为 θ，光纤轴线方向为 z，光栅的轴线方向为 z'，此时相位匹配条件为

$$\Lambda = \frac{\Lambda_g}{\cos \theta} \tag{2-16}$$

式中：Λ 为沿光纤轴线方向的光栅周期；Λ_g 为垂直于光栅平面方向的光栅周期。

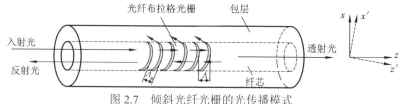
图 2.7　倾斜光纤光栅的光传播模式

倾斜光纤光栅的布拉格谐振表达式为

$$\lambda_B = 2 n_{\text{eff}}^{\text{co}} \frac{\Lambda_g}{\cos \theta} \tag{2-17}$$

式中：$n_{\text{eff}}^{\text{co}}$ 为纤芯导模的有效折射率。

部分前向传输的纤芯模耦合到反向传输的包层模中，此时谐振波长为

$$\lambda_{\text{cl},i} = (n_{\text{eff}}^{\text{co}} + n_{\text{eff},i}^{\text{cl}}) \frac{\Lambda_g}{\cos \theta} \tag{2-18}$$

式中：$\lambda_{\mathrm{cl},i}$ 为第 i 阶包层模中心波长；$n_{\mathrm{eff},i}^{\mathrm{cl}}$ 为第 i 阶包层模有效折射率。

倾斜光纤光栅的制作方法有双光束干涉法刻写和相位掩模法刻写，其中相位掩模法具有工艺简单、参数变化灵活等特点，应用较为广泛。倾斜光纤光栅在光通信领域可以用作波分复用器、滤波器及偏振相关器。因为倾斜光纤光栅的结构独特，对外界的温度、应变等物理量灵敏度较高，在岩土工程可用作温度传感器、微弯传感器、振动传感器等。

4. 复用技术与传感网络

复用技术为光纤传感所独有的特点，由于光纤光栅通过波长编码，采用复用技术能够将多个光栅通过一根光纤进行连接，在实际工程测量中能够减少引线的使用量，显著降低测量成本。这种复用技术在一些大型结构如水坝、桥梁、隧洞等工程的安全健康监测中应用十分广泛。

光纤光栅传感是直接测量中心波长的漂移量，最为常用的为波分复用（wavelength division multiplexing，WDM），其次是时分复用（time division multiplexing，TDM）和空分复用（spatial division multiplexing，SDM），利用一种或多种复用技术，能够构成传感网络。但是受带宽等因素的影响，每种复用技术对传感器的数量一般有限制。

1）波分复用技术

波分复用（WDM）技术是将多个不同波段的光栅串联于一根光纤上，每个波段的通道相互独立。通信系统的设计不同，每个波长之间的间隔宽度也有差别，按照通道间隔差异，WDM 可以细分为 W-WDM、M-WDM、D-WDM[35]。波分复用技术如图 2.8[36] 所示。

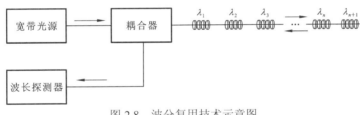

图 2.8　波分复用技术示意图

2）时分复用技术

波分复用技术将应用的波长划分为若干个波段，由于光源的带宽并非无限，一根光纤中复用的光纤光栅数目是有限的，为了提高传感器的复用数目，提出了时分复用技术。时分复用（TDM）技术是利用不同时间段对不同光栅信号进行传输，在接收端再对信号进行处理，得到不同光栅的原始信号[37]。根据脉冲在相邻光栅往返的延迟时间，对输出脉冲进行反射标记，用于区分不同光栅的波长信号。时分复用技术如图 2.9 所示。

3）空分复用技术

当多个光纤光栅采用波分复用和时分复用技术时，在实际测量过程中，光纤的某点断裂会使后面的传感元件失效，且串联于传感网络内的光纤光栅波长不能重复。空分复用（SDM）技术是将多根光纤组成支路，通过光开关矩阵对支路进行连接，因此各支路

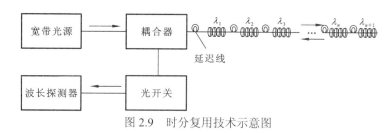

图 2.9　时分复用技术示意图

之间光栅的波段可以重复利用，能够显著提升传感器数量。但是当支路较多时，开关复杂，速度受限[38]。空分复用技术示意图如图 2.10 所示。

图 2.10　空分复用技术示意图

　　波分复用技术、时分复用技术和空分复用技术是最常用的三种复用技术，总结三种技术各自的优缺点如下：波分复用技术的拓扑结构为串联，其优点为无串音、信噪比高、光能利用率高；缺点为复用数量受带宽限制，常用于能量资源有限、传感器数目不多的测量项目。时分复用技术的拓扑结构为串联，其优点为复用数量不受带宽的限制，可串联传感器数量多于波分复用技术；缺点为随复用传感器数量的增加，输出信号的质量下降，此外还受光源输出功率和损耗的影响，常用于快速检测项目。空分复用技术的拓扑结构为并联，其优点为串扰小、信噪比高、取样速率高；缺点为调解不同步，常用于各测点独立工作或测量环境较为恶劣的项目。

　　可见三种基本的复用技术各具特点，对于复杂的测量项目，单一的复用技术无法满足其测量需求，此时需要采用混合复用技术。常见的混合复用技术有波分-时分混合复用、波分-空分混合复用、时分-空分混合复用、波分-时分-空分混合复用。

4）波分-时分混合复用技术

　　波分-时分复用技术允许对一根光纤上的多个传感器进行检测，由于光栅反射率一般低于 10 dBm，仍有大部分的光源能量。若结合波分复用和时分复用技术，则可在传感网络中增加传感器的数量。图 2.11 所示为波分-时分混合复用技术的两种拓扑结构。

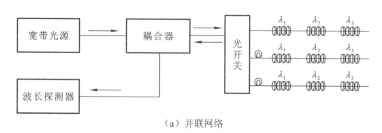

（a）并联网络

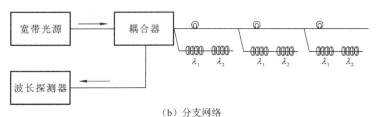

（b）分支网络

图 2.11　波分-时分混合复用技术示意图

5）波分-空分混合复用技术

波分-空分混合复用技术能够构成光纤光栅传感网络，即用波分复用技术构成串联网络，再使用空分复用技术构成并联网络，如图 2.12 所示。

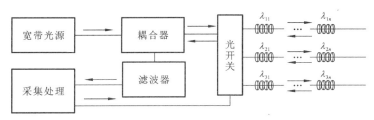

图 2.12　波分-空分混合复用技术示意图

6）波分-时分-空分混合复用技术

波分复用技术和时分复用技术串联能够有效提高光源功率，空分复用技术的并联拓扑结构允许传感器可以独立工作并且具有可交换性。利用波分复用、时分复用、空分复用的组合可以构成复杂的光纤传感网络，串联和并联复用的组合可提供一种二维准分布式传感网络。

2.3.2　分布式光纤传感技术

基于瑞利散射、拉曼散射及布里渊散射的全分布式光纤传感技术，在岩土工程中均有应用[39-53]，下面将分别对其基本原理及特点进行介绍。

1. 基于瑞利散射的全分布式光纤传感技术

基于瑞利散射的全分布式光纤传感技术主要可分为光时域反射（OTDR）技术、光频域反射（OFDR）技术，同时还有在光时域反射技术上改进而来的相干光时域反射（COTDR）技术、偏振光时域反射（POTDR）技术。

1）光时域反射

光脉冲在传播过程中会产生散射和反射，部分散射光和反射光通过光纤在一段时间间隔后返回光脉冲注入端，分析返回光与光脉冲之间的时间间隔，能够对监测点进行定位，其原理如图 2.13 所示。

入射光功率与背向散射光功率之间的关系为

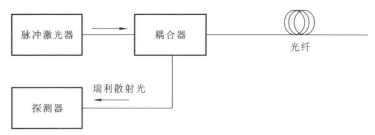

图 2.13　光时域反射技术原理示意图

$$P_{BS}(z_0) = kP(z_0)\exp(-2\alpha_z)$$ （2-19）

式中：$P(z_0)$ 为入射光功率；$P_{BS}(z_0)$ 为入射端散射光功率；k 为影响系数，与光纤端面的反射率、光学系统损耗等因素有关；α_z 为光在光纤中传播的衰减系数；z_0 为测点至入射端的距离。

式（2-19）中的 z_0 可由式（2-20）计算所得：

$$z_0 = \frac{c\Delta t}{2n}$$ （2-20）

式中：c 为光速；n 为光纤的折射率；Δt 为发出的脉冲光与背向散射光的时间间隔。

光时域反射测量曲线图如图 2.14 所示。通过分析后向散射光强度与距离的变化关系，可见，光纤接头处的后向散射光强度存在一个峰值，线性段表示入射光沿均匀损耗段光纤进行传播，非线性段则表示存在异常损耗，根据测量曲线即可得到感测区的有关信息。此传感技术也存在一定的缺点，即有盲区的存在，在菲涅耳反射的影响下，测量曲线无法反映盲区段的光纤状态。

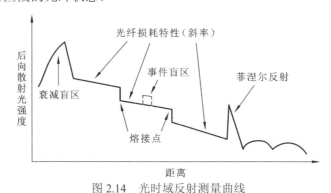

图 2.14　光时域反射测量曲线

基于此传感原理，光时域反射技术常用于岩土工程领域的裂缝监测中，如公路隧道混凝土裂缝监测、各工况下混凝土梁裂缝监测、桥梁裂缝监测、大坝裂缝监测及滑坡监测等。

2）相干光时域反射

相干光时域反射基于相干探测技术，通过在中频信号处设置一个带通滤波器，就可以滤除绝大部分的噪声功率，从而维持高的动态范围；外差探测使用的光源为单频窄线宽的激光光源，而对波长无特殊限制。因此，探测光波长可以远离通信波长，这有利于在线监测[54]。相干光时域反射技术的原理如图 2.15 所示。

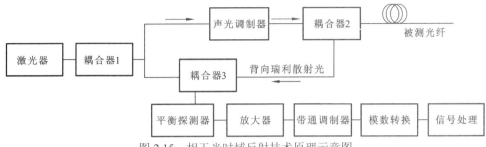

图 2.15　相干光时域反射技术原理示意图

传统的光时域反射不适用于海底光缆等长距离监测，这主要是因为海底光缆线路使用多个掺铒光纤放大器中继级联而成，掺铒光纤放大器产生的放大器自发辐射噪声混入信号功率之中，会严重降低光时域反射的动态范围，使其不适合超长距离海底光缆线路监测。而且传统光时域反射光源带宽有数十纳米，其必定覆盖部分通信波长，从而对通信信号产生严重的干扰。相干光时域反射技术能够解决上述问题，因此，在海底光缆等长距离监测项目中通常采用相干光时域反射技术。

3）偏振光时域反射

光时域反射中使用了后向散射光的强度信息，而偏振光时域反射技术是利用后向散射光的偏振态信息进行分布式测量的技术。散射点的偏振信息能够通过散射光传递到光纤的入射段，通过对散射光的信息进行分析，即可对感测区的相关物理量进行监测[55]。偏振光时域反射技术原理如图 2.16 所示。

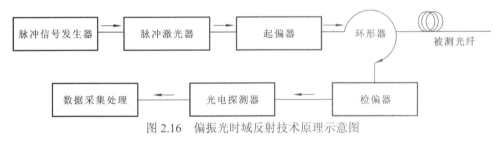

图 2.16　偏振光时域反射技术原理示意图

与光时域反射技术相比，偏振光时域反射技术对脉冲光的要求较高，并且对信号检测装置灵敏度的要求高。偏振态对相关物理量的灵敏度高，能够对传感光纤埋设处的微小变化进行监测，基于偏振光时域反射技术的光纤应力传感器非常适合用于岩土工程中的高精度应力监测。

由于光纤的弹光效应，偏振光时域反射技术同样可以对感测区的温度进行监测。在常规实心玻璃光纤中，瑞利后向散射系数对温度变化不敏感，限制了温度测量的范围，因此如何增大温度测量范围为偏振光时域反射技术的重点研究方向之一。

4）光频域反射

光频域反射技术也是基于瑞利散射的一种传感技术，光源发射入射光一部分通过耦合器注入光纤，在光纤感测区产生散射光，另一部分与参考光进行相干混频。由于感测光纤的感测位置与频率存在一定的相关关系，通过分析频率可得不同位置处的光强[56]，其技术原理如图 2.17 所示。

图 2.17　光频域反射技术原理示意图

由于散射信息中有光纤的损耗信息，利用此特性能够对光纤缺陷及传感光纤埋设沿线结构的熔接点、弯曲、断点等问题进行分析。光频域反射技术就是通过上述原理实现光纤线路状态的诊断。同样，也可根据散射光信号的频率对感测区的温度或应变进行监测。

光频域反射技术具有较高的灵敏度和分辨率，但是其测量距离较短，过高的精度和灵敏度会导致大量的噪声出现，因此在岩土工程中常用于室内模型试验的温度或应变测量。

2. 基于拉曼散射的全分布式光纤传感技术

半导体中的声子对散射光能量的改变有影响，光学声子参与的散射为拉曼散射，拉曼散射主要包括拉曼光时域反射技术和拉曼光频域反射技术。

1）拉曼光时域反射技术

拉曼光时域反射技术常用于温度感测，当激光脉冲在光纤中传播时，会发生一定的能量交换，这是由于激光脉冲光子和光纤分子之间发生热振动所致，从而产生拉曼散射[57]。当光能转换成热振动时，散射出比入射光波长更长的斯托克斯-拉曼散射光；反之，则散射出比入射光波长短的反斯托克斯-拉曼散射光。温度和斯托克斯-拉曼散射光与反斯托克斯-拉曼散射光的强度比的关系为

$$R(T) = \frac{I_{as}}{I_s} = \left(\frac{v_{as}}{v_s}\right)^4 \exp\left(-\frac{hcv_R}{kT}\right) \tag{2-21}$$

式中：$R(T)$ 为待测温度的函数；I_{as}、v_{as} 分别为反斯托克斯-拉曼散射光强度和频率；I_s、v_s 分别为斯托克斯-拉曼散射光强度和频率；c 为真空中的光速；v_R 为拉曼频率的漂移量；h 为普朗克常量；k 为玻尔兹曼常量；T 为绝对温度。

由于拉曼散射与温度有关，可以根据此原理构成 ROTDR 分布式温度传感器。通过监测后向散射光强度，结合式（2-18）和 OTDR 技术的定位原理，能够对传感光纤不同位置的温度场进行监测。拉曼光时域反射测温技术的应用最为成熟，可用于岩土工程中的温度监测。其原理如图 2.18 所示。

2）拉曼光频域反射技术

拉曼光频域反射技术与拉曼光时域反射技术不同在于：拉曼光频域反射采用的是连续频率调制光，然后分别测量出斯托克斯-拉曼散射光和反斯托克斯-拉曼散射光在不

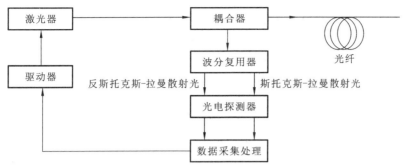

图 2.18　拉曼光时域反射技术原理示意图

同输入频率下的响应，通过反傅里叶变换计算出系统的脉冲响应，得到时域的斯托克斯-拉曼散射和反斯托克斯-拉曼散射，最后按照拉曼光时域反射的方法计算感测区的温度分布情况[58]。

拉曼光频域反射测试系统能够适用于超长距离的温度监测，最大感测长度可达70 km（单模纤芯），空间分辨率可达 0.5 m，精度水平与拉曼光时域反射相当。拉曼光频域反射设备研发慢的原因主要是拉曼光频域反射对激光器和调制器的要求比较高；测量传递函数的反傅里叶变换和信号处理系统比较复杂；随着高功率的脉冲激光器技术、高频率的数字信号采集卡等的性能不断得到改进，拉曼光频域反射技术的优势逐渐显现出来。

3. 基于布里渊散射的全分布式光纤传感技术

1）布里渊散射

布里渊散射分为自发布里渊散射和受激布里渊散射两种，下面分别对两种布里渊散射的原理及特点进行介绍。

（1）自发布里渊散射。

自发布里渊散射是光纤的光子和声学的声子之间非弹性碰撞产生的非线性散射过程，声波会引起光纤折射率的变化，使自发布里渊散射发生布里渊频移。其散射过程也可以从力学经典理论和量子物理学理论两个方面进行解释。

（2）受激布里渊散射。

入射光的功率较高时，光纤产生电致伸缩效应，在光纤中产生超声波，使入射光发生散射。当散射光的频率满足波场相位匹配时，光纤内的电致伸缩声波场和相应的散射光波场增强，产生受激布里渊散射过程。

2）布里渊光时域反射技术

布里渊光时域反射（BOTDR）是通过在光纤一端注入泵浦光脉冲，当感测区的温度或应变场发生变化时，在光纤中产生相应的背向散射光信号，通过具有滤波作用的仪器对背向散射光信号进行分析，即可得到被测物理量[59]。

BOTDR 应变监测原理为：当感测区段在外力的作用下产生应变时，布里渊频移也随之发生变化，通过频移与应变之间的关系，结合式（2-21）对散射位置进行定位，即可得到光纤沿线的应变值[60]，其原理如图 2.19 所示。

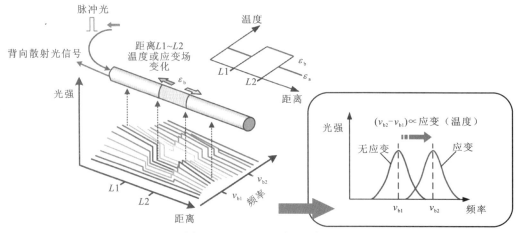

图 2.19　BOTDR 原理示意图

布里渊频移 v_B 可以表示为

$$v_B = 2nV_a / \lambda \tag{2-22}$$

式中：n 为折射率系数；λ 为入射波波长；V_a 为声波速度，其计算方法如式（2-8）所示。

应变会引起折射率和密度的变化，从而引起布里渊散射频移的变化，因此应变和频移有对应关系，由式（2-22）及声波速度计算公式，可得应变与布里渊频移的关系为

$$v_B(\varepsilon) = \frac{2n(\varepsilon)}{\lambda} \sqrt{\frac{(1-\mu(\varepsilon))E(\varepsilon)}{(1+\mu(\varepsilon))(1-2\mu(\varepsilon))\rho(\varepsilon)}} \tag{2-23}$$

式中：E 为光纤的杨氏模量；μ 为光纤的泊松比；ρ 为光纤的密度。

对式（2-23）泰勒展开（小应变情况下），经过变换，可得

$$v_B(\varepsilon) = v_{B0}\left[1+(\Delta n_\varepsilon+\Delta E_\varepsilon + \Delta \mu_\varepsilon+\Delta \rho_\varepsilon)\varepsilon\right] \tag{2-24}$$

式中：v_{B0} 为初始布里渊频移，对某一确定的光纤 Δn_ε、ΔE_ε、$\Delta \mu_\varepsilon$、$\Delta \rho_\varepsilon$ 均为常数。令频移-应变系数为 $C_\varepsilon = \Delta n_\varepsilon+\Delta E_\varepsilon + \Delta \mu_\varepsilon+\Delta \rho_\varepsilon$，则式（2-24）可记为

$$v_B(\varepsilon) = v_{B0}[1+\varepsilon C_\varepsilon] \tag{2-25}$$

温度与布里渊频移存在相关关系，温度变化引起光纤折射率、杨氏模量、泊松比、密度的变化。在不考虑应变影响的前提下，v_B、n、E、μ、ρ 为温度的函数，温度与布里渊频移的关系为

$$v_B(T) = \frac{2n(T)}{\lambda} \sqrt{\frac{[1-\mu(T)]E(T)}{[1+\mu(T)][1-2\mu(T)]\rho(T)}} \tag{2-26}$$

当温度变化不明显时，参考式（2-25）同理可得

$$v_B(T) = v_{B0}[1+TC_T] \tag{2-27}$$

式中：C_T 为频移-温度系数。

当同时考虑应变和温度的影响时，由式（2-25）、式（2-26）可得

$$v_B(\varepsilon, T) = v_{B0} + \frac{\partial v_B(\varepsilon)}{\partial \varepsilon}\varepsilon + \frac{\partial v_B(T)}{\partial T}T \tag{2-28}$$

式中：$\partial v_B / \partial \varepsilon$ 为布里渊频移-应变系数；$\partial v_B / \partial T$ 为布里渊频移-温度系数。

3）布里渊光时域分析技术

布里渊光时域分析技术（BOTDA）于 1989 年首次应用于光纤的无损监测，至今已发展三十余年，被广泛应用于各种工程监测中，BOTDA 的原理是通过分析背向散射光的频移，从而得到感测光纤处温度、应变的信息[61-62]。将预泵浦脉冲光注入光纤，通过近似洛伦兹型分布的布里渊增益谱分析得到应变信息，称为脉冲预泵浦 BOTDA，即 PPP-BOTDA（pulse-prepump Brillouin optical time domain analysis）[63]，其基本原理如图 2.20 所示。

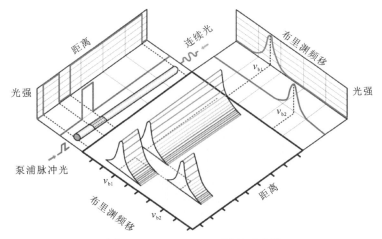

图 2.20　PPP-BOTDA 原理示意图

预泵浦脉冲描述公式为

$$A_P(t) = \begin{cases} A_P + C_P & (D_{pre} - D \leqslant t \leqslant D) \\ C_P & (0 \leqslant t \leqslant D_{pre}) \\ 0 & (其他) \end{cases} \tag{2-29}$$

式中：D 为传感脉冲光持续时间；D_{pre} 为预泵浦脉冲光持续时间；C_P 为预泵浦脉冲光功率；$A_P + C_P$ 为传感脉冲光功率。

通过设置消光系数 R_P，能够降低输出功率：

$$R_P = \left(\frac{A_P + C_P}{C_P}\right)^2 \tag{2-30}$$

通过摄动理论可得探测光受激布里渊散射的振幅式：

$$E_{CW}(0, t) = A_{CW}[1 + \beta H(t, \Omega)] \tag{2-31}$$

式中：β 为摄动参数；Ω 为声子的频率；t 为时间参数；$H(t, \Omega)$ 为受激布里渊散射光谱项。

受激布里渊散射光谱项为

$$H(t,\Omega)=\int_0^L A\left(t-\frac{2z}{v_g}\right)\int_0^\infty h(z,s)A\left(t-s-\frac{2z}{v_g}\right)\mathrm{d}s\mathrm{d}z \qquad （2-32）$$

当泵浦脉冲光的轮廓形状用阶梯函数表述，式（2-32）可划分为

$$H(t,\Omega)=H_1(t,\Omega)+H_2(t,\Omega)+H_3(t,\Omega)+H_4(t,\Omega) \qquad （2-33）$$

式中：$H_1(t,\Omega)$时间段为泵浦脉冲光；$H_2(t,\Omega)$时间段为脉冲光和脉冲预泵浦光交互作用；$H_3(t,\Omega)$时间段为脉冲预泵浦光和脉冲光交互作用；$H_4(t,\Omega)$时间段为脉冲预泵浦光。

4）布里渊光频域分析技术

受激布里渊光频域分析技术（BOFDA）是在光纤的一端注入连续泵浦光，在另一端注入调幅探测光，通过网络分析仪得到光纤基带传输函数，再利用转换即可得到频移与被测物理量的线性关系[64-66]，BOFDA 基本原理如图 2.21 所示。

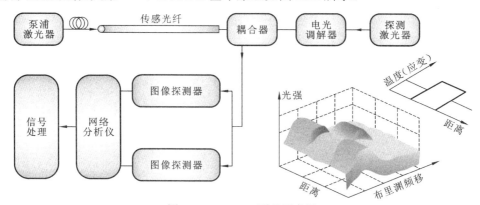

图 2.21　BOFDA 原理示意图

光在光纤中传播时间和空间距离之间的关系为

$$z=\frac{1}{2}\frac{c}{n}t \qquad （2-34）$$

式中：c 为光速；n 为光纤折射率；t 为光从发出到接收所用时间。

注入的连续泵浦光的频率为 f_m，与另一端注入光的频率偏移差为 Δf，两者会随着光纤中具体的空间位置变化。测量系统受注入光激发，通过比较原始光信号的振幅和相位得到基带传输函数 $H(jw,\Delta f)$，随经过快速傅里叶逆变换传递到时域，将其转换为脉冲响应数 $h(t,\Delta f)$。再根据式（2-34）得到光纤中空间位置 z 和频移量 Δf 的关系 $h(z,\Delta f)$：

$$H(jw,f_m)\rightarrow h(t,\Delta f)\rightarrow h(z,\Delta f) \qquad （2-35）$$

布里渊散射光的频移 v_B 与光纤应变 ε 之间的关系为

$$v_B(\varepsilon)=v_{B0}+\frac{\mathrm{d}v_B(\varepsilon)}{\mathrm{d}\varepsilon}\varepsilon \qquad （2-36）$$

式中：$v_B(\varepsilon)$ 为应变是 ε 时的频移量；v_{B0} 为测试环境不变的情况下光纤自由状态时频移；$\mathrm{d}v_B(\varepsilon)/\mathrm{d}\varepsilon$ 为光纤的应变系数；ε 为光纤的实际应变量。

5）联合型传感技术

由于上述传感技术各有优缺点，联合两种或两种以上传感技术，能够进行优势互补，

更好地进行工程监测。例如，与布里渊光时域分析技术相比，布里渊光频域分析技术具有较高的测试精度，而布里渊光时域分析技术具有较高的空间分辨率，联合使用这两种传感技术，能够兼顾测试精度和分辨率。

拉曼光时域反射能够对光纤布设区的温度分布进行监测，不受应变的影响。布里渊光时域反射技术在环境温度变化较大的应变监测中，需要消除温度的影响。由于这两种技术均具有全分布、长距离和单端测量的优势，将两种传感技术联合使用，能够较好地满足监测需求。

2.4　光纤传感技术特点

（1）准分布式光纤传感技术使用的主要为光纤布拉格光栅传感器，基本原理为相长干涉，通过直接感测波长变化，可以对应变和温度进行监测，利用研发的相关光纤光栅传感器也可以对位移、压强、加速度、频率、振动、土压力、孔隙水压力等参量进行监测[67-74]。其特点为体积小、重量轻、易安装、可靠性高、抗腐蚀、抗电磁干扰、灵敏度高、分辨率高等，通过一根光纤可以将多个光纤光栅传感器连接起来，利用一种或结合多种复用技术，能够对监测结构进行多点监测，避免安装大量的数据传输线，便于埋线安装，也提高了经济效益[74-77]。但是在高温下光纤光栅会消退，在受压情况下传感器易啁啾，准分布式监测容易造成漏检。

（2）全分布式光纤传感技术主要包括瑞利散射光时域反射技术、拉曼散射光时域反射技术，以及布里渊散射的布里渊光时域反射技术、布里渊光时域分析技术、受激布里渊光频域分析技术等。

瑞利散射光时域反射技术（OTDR），直接感测量为光损分布，可用于开裂、弯曲、断点、位移、压力等监测。该技术不需要布置回路、单端测量、直观便捷，能够对光纤的光损点和断点、弯曲位置，以及被测结构的开裂位置进行精确定位。但是，也有监测时受干扰因素多和测量精度较低等缺点。

拉曼散射光时域反射（ROTDR）技术，直接感测量为（反）斯托克斯-拉曼信号强度比值，可用于温度、含水率、渗流、水位等监测。具有不需要布置回路、单端测量、能够进行长距离监测，且仅对温度敏感，不受其他因素影响的优点，在长距离监测工程中较为常用，其缺点为空间分布率较低、监测精度有待进一步提高。

布里渊光时域反射（BOTDR）技术，直接感测量为自发布里渊散射光功率或频移变化量，可用于应变、温度、位移、变形、挠度等监测。该技术具有单端测量、可测断点、温度和应变的优点，其缺点为测量时间较长，空间分布率较低。

布里渊光时域分析（BOTDA）技术，直接感测量为受激布里渊散射光功率或频移变化量，可用于应变、温度、位移、变形、挠度等监测。该技术具有双端测量、动态范围大、精度高、空间分布率高、可测温度和应变等特点，其缺点为不可测断点和双端测量的监测风险较大。

布里渊光频域分析（BOFDA）技术，直接感测量为受激布里渊散射光功率或频移变化量，可用于应变、温度、位移、变形、挠度等监测。该技术具有动态范围大、信噪比高、精度高、空间分布率高等特点，其缺点为对光源相干性要求高，无法对断点进行测量，测量距离短，双端测量的监测风险较大。

参 考 文 献

[1] 娄辛灿, 郝凤欢, 刘鹏飞, 等. 一种光纤光栅阵列波长解调系统[J]. 激光与光电子学进展, 2019, 56(3): 50-55.

[2] Lee W, Lee W J, Lee S B, et al. Measurement of pile load transfer using the Fiber Bragg Grating sensor system[J]. Canadian Geotechnical Journal, 2004, 41(6): 1222-1232.

[3] 曹后俊, 司金海, 陈涛, 等. 飞秒激光制备异质光纤光栅的温度应变双参数传感器[J]. 中国激光, 2018, 45(7): 116-122.

[4] 万里冰, 王殿富. 基于参考光栅的光纤光栅应变传感器温度补偿[J]. 光电子·激光, 2006, 17(1): 50-53.

[5] 郑建邦, 刘嘉, 任驹, 等. 一种免受温度影响的双光纤光栅应变传感器[J]. 传感技术学报, 2006, 19(6): 2411-2413.

[6] 王义平, 唐剑, 尹国路, 等. 光纤光栅制作方法及传感应用[J]. 振动、测试与诊断, 2015, 35(5): 809-819.

[7] 薛俊华, 李川, 陈富云, 等. 低温敏的双管式光纤 Bragg 光栅应变传感器的研究[J]. 传感技术学报, 2012, 25(10): 1387-1391.

[8] Inaudi D, Glisic B. Development of distributed strain and temperature sensing cables[C]//17th International Conference on Optical Fibre Sensors. SPIE, Bruges, Belgium, 2005: 222.

[9] Pei H F, Cui P, Yin J H, et al. Monitoring and warning of landslides and debris flows using an optical fiber sensor technology[J]. Journal of Mountain Science, 2011, 8(5): 728-738.

[10] Li G W, Ni C, Pei H F, et al. Stress relaxation of grouted entirely large diameter B-GFRP soil nail[J]. China Ocean Engineering, 2013, 27(4): 495-508.

[11] Pei H F, Yin J H, Jin W. Development of novel optical fiber sensors for measuring tilts and displacements of geotechnical structures[J]. Measurement Science and Technology, 2013, 24(9): 095202.

[12] Pei H F, Yin J H, Zhu H H, et al. Performance monitoring of a glass fiber-reinforced polymer bar soil nail during laboratory pullout test using FBG sensing technology[J]. International Journal of Geomechanics, 2013, 13(4): 467-472.

[13] Xu D S, Yin J H, Cao Z Z, et al. A new flexible FBG sensing beam for measuring dynamic lateral displacements of soil in a shaking table test[J]. Measurement, 2013, 46(1): 200-209.

[14] Xu D S, Borana L, Yin J H. Measurement of small strain behavior of a local soil by fiber Bragg grating-based local displacement transducers[J]. Acta Geotechnica, 2014, 9(6): 935-943.

[15] Hong C Y, Yin J H, Zhang Y F. Deformation monitoring of long GFRP bar soil nails using distributed optical fiber sensing technology[J]. Smart Material Structures, 2016, 25(8):085044.

[16] Pang C J, Pei H F, Li Z J. Performance investigation of cement-based laminated multifunctional

magnetoelectric composites[J]. Construction and Building Materials, 2017, 134: 585-593.

[17] Pei H F, Pang C J, Zhu B, et al. Magnetostrictive strain monitoring of cement-based magnetoelectric composites in a variable magnetic field by fiber Bragg grating[J]. Construction and Building Materials, 2017, 149: 904-910.

[18] Pei H F, Shao H Y, Li Z J. A novel early-age shrinkage measurement method based on non-contact electrical resistivity and FBG sensing techniques[J]. Construction and Building Materials, 2017, 156: 1158-1162.

[19] Wu J H, Shi B, Cao D F, et al. Model test of soil deformation response to draining-recharging conditions based on DFOS[J]. Engineering Geology, 2017, 226: 107-121.

[20] Cao D F, Shi B, Zhu H H, et al. A soil moisture estimation method using actively heated fiber Bragg grating sensors[J]. Engineering Geology, 2018, 242: 142-149.

[21] Cao D, Shi B, Loheide S P, et al. Investigation of the influence of soil moisture on thermal response tests using active distributed temperature sensing (A-DTS) technology[J]. Energy and Buildings, 2018, 173: 239-251.

[22] 汪云龙, 袁晓铭, 殷建华. 基于光纤光栅传感技术的测量模型土体侧向变形一维分布的方法[J]. 岩土工程学报, 2013, 35(10): 1908-1913.

[23] 房琦, 裴华富, 丁铸. 磷铝酸盐水泥水化早期体积变化与动态力学性能研究[J]. 科技通报, 2021, 37(5): 71-77.

[24] 殷建华. 从本构模型研究到试验和光纤监测技术研发[J]. 岩土工程学报, 2011, 33(1): 1-15.

[25] 张敏捷, 李佳康, 张峰, 等. 基于 OFDR 技术的分布式光纤-砂土界面耦合性试验与评价模型研究[J]. 岩石力学与工程学报, 2024, 43(S1): 3557-3567.

[26] 刘春, 施斌, 吴静红, 等. 排灌水条件下砂黏土层变形响应模型箱试验[J]. 岩土工程学报, 2017, 39(9): 1746-1752.

[27] 朱维申, 郑文华, 朱鸿鹄, 等. 棒式光纤传感器在地下洞群模型试验中的应用[J]. 岩土力学, 2010, 31(10): 3342-3347.

[28] 郭君仪, 孙梦雅, 施斌, 等. 不同环境温度下土体含水率主动加热光纤法监测试验研究[J]. 岩土力学, 2020, 41(12): 4137-4144.

[29] Rao Y J. Recent progress in applications of in-fibre Bragg grating sensors[J]. Optics and Lasers in Engineering, 1999, 31(4): 297-324.

[30] Li H N, Li D S, Song G B. Recent applications of fiber optic sensors to health monitoring in civil engineering[J]. Engineering Structures, 2004, 26(11): 1647-1657.

[31] Kister G, Winter D, Gebremichael Y M, et al. Methodology and integrity monitoring of foundation concrete piles using Bragg grating optical fibre sensors[J]. Engineering Structures, 2007, 29(9): 2048-2055.

[32] 廖延彪, 黎敏, 张敏, 等. 光纤传感技术与应用[M]. 北京: 清华大学出版社, 2009.

[33] 陈曦. 基于长周期光纤光栅的 NaCl 溶液浓度传感器研究[D]. 天津: 天津大学, 2013.

[34] Wang K, Klimov D, Kolber Z. Long period grating-based fiber-optic pH sensor for ocean monitoring[C]// Proceedings of SPIE-The International Society for Optical Engineering, 2007: 677019.

[35] 徐世中, 李乐民, 王晟. 多光纤波分复用网动态路由和波长分配算法[J]. 电子学报, 2000, 28(7): 23-27.

[36] 裴华富, 朱鸿鹄, 徐东升, 等. 地下工程测试技术[M]. 北京: 科学出版社, 2023.

[37] 王玉宝, 兰海军. 基于光纤布拉格光栅波/时分复用传感网络研究[J]. 光学学报, 2010, 30(8): 2196-2201.

[38] 余有龙, 谭华耀. 有源波、空分复用光纤光栅传感网络[J]. 中国激光, 2002, 29(2): 131-134.

[39] 倪玉婷, 吕辰刚, 葛春风, 等. 基于 OTDR 的分布式光纤传感器原理及其应用[J]. 光纤与电缆及其应用技术, 2006(1): 1-4.

[40] Zhang C, Shi B, Gu K, et al. Vertically distributed sensing of deformation using fiber optic sensing[J]. Geophysical Research Letters, 2018, 45(21): 11732-11741.

[41] Liu S P, Shi B, Gu K, et al. Land subsidence monitoring in sinking coastal areas using distributed fiber optic sensing: A case study[J]. Natural Hazards, 2020, 103(3): 3043-3061.

[42] Cao D F, Zhu H H, Guo C C, et al. Investigating the hydro-mechanical properties of calcareous sand foundations using distributed fiber optic sensing[J]. Engineering Geology, 2021, 295: 106440.

[43] Liu S P, Gu K, Zhang C C, et al. Experimental research on strain transfer behavior of fiber-optic cable embedded in soil using distributed strain sensing[J]. International Journal of Geomechanics, 2021, 21(10): 04021190.

[44] Zhang C C, Shi B, Zhang S, et al. Microanchored borehole fiber optics allows strain profiling of the shallow subsurface[J]. Scientific Reports, 2021, 11(1): 9173.

[45] Zheng X, Shi B, Zhang C C, et al. Strain transfer mechanism in surface-bonded distributed fiber-optic sensors subjected to linear strain gradients: Theoretical modeling and experimental validation[J]. Measurement, 2021, 179: 109510.

[46] Du W, Zheng X, Shi B, et al. Strain transfer mechanism in surface-bonded distributed fiber optic sensors under different strain fields[J]. Sensors, 2023, 23(15): 6863.

[47] Zhu H H, Gao Y X, Chen D D, et al. Interfacial behavior of soil-embedded fiber optic cables with micro-anchors for distributed strain sensing[J]. Acta Geotechnica, 2024, 19(4): 1787-1798.

[48] 韦超, 朱鸿鹄, 高宇新, 等. 地面塌陷分布式光纤感测模型试验研究[J]. 岩土力学, 2022, 43(9): 2443-2456.

[49] 刘天翔, 朱鸿鹄, 吴冰, 等. 埋入式应变感测光缆-冻土界面渐进破坏机制研究[J]. 岩土力学, 2024, 45(1): 131-140.

[50] 李科, 施斌, 唐朝生, 等. 黏性土体干缩变形分布式光纤监测试验研究[J]. 岩土力学, 2010, 31(6): 1781-1785.

[51] 李杰, 朱鸿鹄, 吴冰, 等. 下蜀土降雨入渗光纤感测及渗透系数估算研究[J]. 工程地质学报, 2024, 32(2): 601-611.

[52] 郝瑞, 施斌, 曹鼎峰, 等. 基于 AHFO 技术的毛细水运移模型验证试验研究[J]. 岩土工程学报, 2019, 41(2): 376-382.

[53] 刘威, 朱鸿鹄, 张汉羽, 等. 基于分布式声波传感阵列的地震动事件定位可行性研究[J]. 中南大学

学报(自然科学版), 2023, 54(5): 1804-1813.

[54] 张昕, 申雅峰, 薛景峰. 基于瑞利散射的分布式光纤传感器的研究现状[J].光学仪器, 2015, 37(2): 184-188.

[55] 钱铄, 代志勇, 张晓霞, 等. 基于偏振光时域反射技术的分布式光纤传感器[J]. 激光与红外, 2012, 42(11): 1205-1209.

[56] 刘琨, 冯博文, 刘铁根, 等. 基于光频域反射技术的光纤连续分布式定位应变传感[J]. 中国激光, 2015, 42(5): 187-193.

[57] 张在宣, 刘天夫, 张步新, 等. 激光拉曼型分布光纤温度传感器系统[J]. 光学学报, 1995, 15(11): 1585-1589.

[58] 王武芳. 基于 ROFDR 的分布式光纤测温系统模型分析[J]. 科技资讯, 2013, 11(5): 12-13.

[59] Kurashima T, Horiguchi T, Izumita H. Brillouin optical-fiber time domain reflectometry[J]. IEICE Transactions on Communications, 1993, E76-B(4): 382-390.

[60] Kee H H, Newson T P. Low-loss, low-cost spontaneous Brillouin-based system for simultaneous distributed strain and temperature[C]//Conference on Laser and Electro-Optics 2000, San Francisco, 2000.

[61] Horiguchi T, Kurashima T, Tateda M. Tensile strain dependence of Brillouin frequency shift in silica optical fibers[J]. IEEE Photonics Technology Letters, 1989(5): 107-108.

[62] Feng W Q, Yin J H, Borana L, et al. A network theory for BOTDA measurement of deformations of geotechnical structures and error analysis[J]. Measurement, 2019, 146: 618-627.

[63] 江宏. PPP-BOTDA 分布式光纤传感技术及其在试桩中应用[J]. 岩土力学, 2011, 32(10): 3190-3195.

[64] Garus D, Gogolla T, Krebber K, et al. Brillouin optical-fiber frequency-domain analysis for distributed temperature and strain measurements[J]. Journal of Lightwave Technology, 1997, 15(4): 654-662.

[65] Garus D, Krebber K, Schliep F, et al. Distributed sensing technique based on Brillouin optical-fiber frequency-domain analysis[J]. Optics Letters, 1996, 21(17): 1402-1404.

[66] Brown A W, Colpitts B G, Brown K. Dark-pulse Brillouin optical time-domain sensor with 20-mm spatial resolution[J]. Journal of Lightwave Technology, 2007, 25(1): 381-386.

[67] Sun M Y, Shi B, Zhang D, et al. Study on calibration model of soil water content based on actively heated fiber-optic FBG method in the in-situ test[J]. Measurement, 2020, 165: 108176.

[68] Yin J H, Qin J Q, Feng W Q. Novel FBG-based effective stress cell for direct measurement of effective stress in saturated soil[J]. International Journal of Geomechanics, 2020, 20(8): 04020107.

[69] Zhang B, Gu K, Shi B, et al. Actively heated fiber optics based thermal response test: A field demonstration[J]. Renewable and Sustainable Energy Reviews, 2020, 134: 110336.

[70] Chen W B, Feng W Q, Yin J H, et al. New fiber Bragg grating (FBG)-based device for measuring small and large radial strains in triaxial apparatus[J]. Canadian Geotechnical Journal, 2021, 58(7): 1059-1063.

[71] Liu J, Shi B, Sun M Y, et al. In-situ soil dry density estimation using actively heated fiber-optic FBG method[J]. Measurement, 2021, 185: 110037.

[72] Sun M, Shi B, Zhang C C, et al. Quantifying the spatio-temporal variability of total water content in

seasonally frozen soil using actively heated fiber Bragg grating sensing[J]. Journal of Hydrology, 2022, 606: 127386.

[73] 刘洁, 孙梦雅, 施斌, 等. 基于主动加热型 FBG 的土体干密度原位测量方法研究[J]. 岩土工程学报, 2021, 43(2): 390-396.

[74] Li J, Zhu H H, Wu B, et al. Study on actively heated fiber Bragg grating sensing technology for expansive soil moisture considering the influence of cracks[J]. Measurement, 2023, 218: 113087.

[75] Liu X F, Zhu H H, Wu B, et al. Artificial intelligence-based fiber optic sensing for soil moisture measurement with different cover conditions[J]. Measurement, 2023, 206: 112312.

[76] Wu B, Zhu H H, Cao D F, et al. Fiber optic sensing-based field investigation of thermo-hydraulic behaviors of loess for characterizing land–atmosphere interactions[J]. Engineering Geology, 2023, 315: 107019.

[77] Li G W, Pei H F, Hong C Y. Study on the Stress relaxation behavior of large diameter B-GFRP bars using FBG sensing technology[J]. International Journal of Distributed Sensor Networks, 2013, 10: 495-508.

第 3 章

光纤传感技术在滑坡监测中的应用

　　滑坡是发生在丘陵或山区的典型地质灾害。山体滑坡是一种严重的全球自然灾害，通常会破坏建筑和交通基础设施，并可能造成严重的伤亡和经济损失[1]。我国幅员辽阔，自然条件复杂，山区面积约占国土面积的2/3，由边坡变形失稳所引发滑坡灾害屡见不鲜，已成为全球滑坡地质灾害发生最为频繁的国家之一[2]。近年来，我国滑坡灾害频发，如2015年深圳市光明新区滑坡、2017年四川省茂县滑坡、2019年贵州省六盘水市"7·23"滑坡，这些滑坡灾害不仅严重危害了当地人民群众的生命财产安全，同时造成了非常严重的社会影响。

　　自20世纪50年代以来，许多科学家和工程师已经意识到边坡稳定性评估的重要性[3-9]。岩土仪器在滑坡的监测和预警中发挥着重要作用[10-20]。传统监测技术存在监测装备适应性差、精度低、成本高等问题，如振弦式、电阻式技术，易受电磁干扰，抗腐蚀能力弱，难以满足岩土监测的要求[21]。二十余年来，以分布式光纤传感、微机电系统（micro-electro-mechanical systems，MEMS）等为代表的一批高端光电感测技术得到了迅猛的发展，已成为地质灾害监测领域的一股新生力量[22-27]。这些技术颠覆性地突破了常规测试技术的瓶颈，兼具灵敏度高、抗干扰性强、传感器匹配性好、测点密集、集成性强等特点。基于这类技术，可构建高精度、低成本、覆盖面广的分布式传感网络，形成滑坡地区综合风险三维监测系统。

　　本章主要介绍用于滑坡应力场和变形场测量的传感监测系统、相关技术装备的研发、改进与标定试验，并展示部分传感设备在三峡现场的应用示范。

3.1 应力场光纤监测技术

3.1.1 传感器研发

1. 光纤光栅锚索测力计

锚索现已成为边坡等岩土工程领域首选支护方法，然而在瞬时滑动力作用下，锚索极易出现索体损伤、性能紊乱等问题，因此对锚索应力进行监测是十分必要的[28]。锚索测力计是测量锚索应力最常用的传感器，其中振弦式锚索测力计的应用最为广泛。相较于常用监测锚索应力状态的传感设备，光纤光栅锚索测力传感装备具有抗干扰能力强、稳定性好等优势，此外在经过二次加工后其能够达到较大量程，可及时识别锚索失效风险。

基于光纤光栅的滑坡滑动力感测装备结构设计如图 3.1～图 3.3 所示。测力计由 40Cr 合金钢筒、光纤光栅应变花及不锈钢保护罩三部分构成，其中 40Cr 合金钢筒作为传感器整体的外部保护装置，是锚索测力传感器的基体材料；40Cr 合金钢筒上预先刻有凹槽，植入光纤传感器，可保证基体与光纤协调变形；保护罩起防护作用，避免光纤受到破坏。光纤光栅应变花中的竖向粘贴光纤光栅、环向粘贴光纤光栅和斜向粘贴光纤光栅可测量滑动力感测装备上任意一点竖向、环向及斜向应变；通过光纤光栅应变花计算公式可推求主应变的大小和方向。基于光纤光栅的滑坡滑动力感测装备工作原理如下：当锚索索头受力后会将力传递给合金钢，并使其产生弹性变形，并进一步被光纤光栅应变花测得。根据光纤光栅波长可推出滑动力感测装备所受力大小，已知合金钢筒弹性模量为 27 GPa，根据材料力学可推算出所受力值。

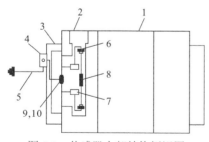

图 3.1 传感器内部结构侧视图

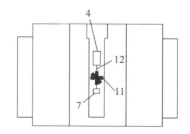

图 3.2 传感器内部结构主视图

图 3.1～图 3.3 中各标记含义为：1.合金钢承压筒；2.安装孔；3.保护罩；4.光缆引出座；5.引出光缆；6.加强光栅接头；7.光纤收束器；8.竖向光纤光栅；9.环向光纤光栅；10.斜向光纤光栅；11.应变花；12.单纤。

图 3.3　锚索测力计的立体结构图

2. 光纤光栅土压力盒

　　土体内部压力变化是评价滑坡等岩土体变形和强度的一项重要指标，受土压力盒传感器的尺寸大小、精度、数据传输信号稳定性及外部环境等诸多内外因素的影响，准确地测量土压力较为困难。在现场试验和模型试验中，采用的土压力盒种类主要为振弦式和电阻应变片式。振弦式和电阻应变片式的传感器采集的源数据分别为频率和电压，但电信号的自身局限性使其在传输使用过程中易受电磁干扰、水分影响，存在测试结果不稳定的问题。光纤光栅技术，其信号传输是光信号传输，受电磁干扰和水分影响较小，并且光纤主要为玻璃纤维材质，抗腐蚀能力强。光纤传感技术测量精度高，能够感应到微应变，被广泛应用于各类传感器的研发中。

　　光纤光栅土压力盒结构设计如图 3.4 所示：土压力传感器由承压膜片、Z 形传压杆、等强度悬臂梁、光纤光栅、壳体、底盖、出线孔等组成。将承压膜片与环壁做成一体，膜片的边界条件符合圆形薄板小变形理论[29]。土压力作用下膜片产生的变形通过 Z 形传压杆传至等强度悬臂梁，等强度悬臂梁采用钛合金材料制作，一端焊接在土压力盒环壁的内壁上。等强度悬臂梁端部通过金属垫块进一步固定在环壁的内壁上。在悬臂梁固定后，用环氧树脂胶将光纤光栅的栅区粘贴到等强度悬臂梁的中心线上。土压力盒的底部是带有中心钻孔的 3 mm 厚的圆板，圆板通过螺纹的方式与土压力盒环壁旋紧固定。光纤光栅通过圆板中心处的钻孔引出与解调仪连接进行数据采集。最后钻孔处的缝隙使用环氧树脂密封，杜绝水分、砂土细颗粒的进入，减少外界干扰[30]。

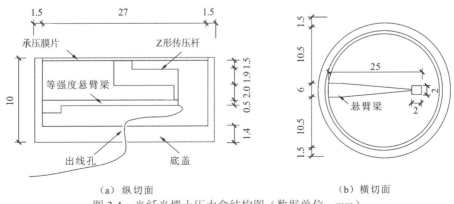

（a）纵切面　　　　　　　　　　　　　　　（b）横切面

图 3.4　光纤光栅土压力盒结构图（数据单位：mm）

待完成 6 个光纤光栅微型土压力盒的制作后，将其按照顺序固定于十二面体基体的各个孔槽内，即可完成微型三维土压力装备的制作，如图 3.5 所示。三维土压力测量装备在安装监测过程中存在旋转情况[31]。基于该三维土压力盒可获取土体的三维应力及主应力方向，结合内置的三维倾角测量系统可获得实时的应力方向偏转情况，更能够真实反映土体的应力状态，解决主应力轴旋转问题[32]。

（a）示意图　　　　　　　　　（b）实物图

图 3.5　微型三维土压力装备示意图和实物图

3.1.2　监测原理

1. 光纤光栅锚索测力计监测原理

求解某一点主应变时需要测出任意三个方向 α_1、α_2、α_3 的线应变 $\varepsilon_{\alpha1}$、$\varepsilon_{\alpha2}$、$\varepsilon_{\alpha3}$，将 $\varepsilon_{\alpha1}$、$\varepsilon_{\alpha2}$、$\varepsilon_{\alpha3}$ 代入一般公式，得

$$\varepsilon_\alpha = \frac{\varepsilon_x + \varepsilon_y}{2} + \frac{\varepsilon_x - \varepsilon_y}{2}\cos 2\alpha - \frac{\gamma_{xy}}{2}\sin 2\alpha \tag{3-1}$$

得到

$$\begin{cases} \varepsilon_{\alpha1} = \dfrac{\varepsilon_x + \varepsilon_y}{2} + \dfrac{\varepsilon_x - \varepsilon_y}{2}\cos 2\alpha_1 - \dfrac{\gamma_{xy}}{2}\sin 2\alpha_1 \\[2mm] \varepsilon_{\alpha2} = \dfrac{\varepsilon_x + \varepsilon_y}{2} + \dfrac{\varepsilon_x - \varepsilon_y}{2}\cos 2\alpha_2 - \dfrac{\gamma_{xy}}{2}\sin 2\alpha_2 \\[2mm] \varepsilon_{\alpha3} = \dfrac{\varepsilon_x + \varepsilon_y}{2} + \dfrac{\varepsilon_x - \varepsilon_y}{2}\cos 2\alpha_3 - \dfrac{\gamma_{xy}}{2}\sin 2\alpha_3 \end{cases} \tag{3-2}$$

式中：α 为主应变的角度；γ_{xy} 为切应变。

联立上述各式可得到 ε_x、ε_y 和 γ_{xy}，主应变方向和数值大小可进一步求出：

$$\tan 2\alpha_0 = -\frac{\gamma_{xy}}{\varepsilon_x - \varepsilon_y} \tag{3-3}$$

$$\begin{cases} \varepsilon_{\max} = \dfrac{\varepsilon_x + \varepsilon_y}{2} + \sqrt{\left(\dfrac{\varepsilon_x - \varepsilon_y}{2}\right)^2 + \left(\dfrac{\gamma_{xy}}{2}\right)^2} \\[4mm] \varepsilon_{\min} = \dfrac{\varepsilon_x + \varepsilon_y}{2} - \sqrt{\left(\dfrac{\varepsilon_x - \varepsilon_y}{2}\right)^2 + \left(\dfrac{\gamma_{xy}}{2}\right)^2} \end{cases} \tag{3-4}$$

2. 光纤光栅土压力盒监测原理

土压力作用在土压力盒承压膜片上，使膜片产生挠曲变形，基于圆形膜片挠曲变形理论，膜片中心产生挠度大小与所受应力呈线性关系，同时承压膜片推动与膜片连接的下方 Z 形传压杆向下移动，压迫传压杆下方的等强度悬臂梁发生相同的挠度变化，从而使等强度悬臂梁表面产生弯曲应变，将光纤光栅粘贴在等强度悬臂梁中心轴线上测量梁表面的应变，最终根据测得的应变值算出土压力盒承受土压力大小。

3.1.3　标定试验

1. 光纤光栅锚索测力计标定试验

使用万能加载试验机对滑动力感测装备进行室内标定试验，加载速率为 5 kN/s。标定试验结果如图 3.6 所示，由图可知，竖向光纤和环向光纤都显示出了与载荷良好的拟合线性度，竖向光纤灵敏度为 0.000 73 nm/kN，拟合线性度为 0.999 8；环向光纤灵敏度为 0.000 28 nm/kN，拟合线性度为 0.999 82。经过热处理的高强度钢制圆柱筒能适应各类条件和加载情况；应变花结构可以测得主应力滑动方向；位于测力计圆环上的多个FBG 可以测得作用于锚索上的平均荷载，消除偏心荷载的影响，从试验结果可知测量结果更加精确。

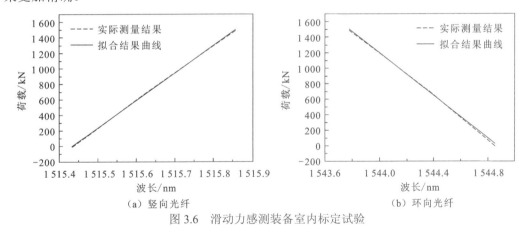

（a）竖向光纤　　　　　　　　　（b）环向光纤

图 3.6　滑动力感测装备室内标定试验

2. 光纤光栅土压力盒标定试验

使用 40Cr 钢设计并加工土压力盒标定装置，标定装置尺寸参数为：直径 20 cm，高8 cm，壁厚 1 cm。将高岭土和福建标准砂按 1∶9 的比例配合成砂土，分层铺筑在标定装置内至高度 4 cm 处，将底部砂土充分夯实，然后将土压力盒放置于标定装置中心位置，继续铺筑砂土，保证每次填筑砂土的密度一致制成 4 份土压力盒标定装置 a～d。将标定装置放置于 UTM-100 压力试验机上，先对标定系统进行预加载，使弹性元件的应力完全释放，待变形趋于稳定，发现中心波长稳定在λ=1 556.463 nm。经初步理论计算及预试验多次尝试，该光纤光栅微型土压力盒的有效测量范围为0～1 MPa，试验中每次加压5 kN 直到30 kN 结束，然后开始卸载，记录该过程中光纤光栅中心波长。标定系统如图3.7所示。

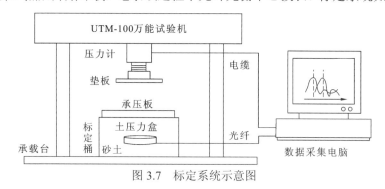

图3.7　标定系统示意图

经过多次试验后所得到的数据与拟合曲线的关系如图3.8所示。

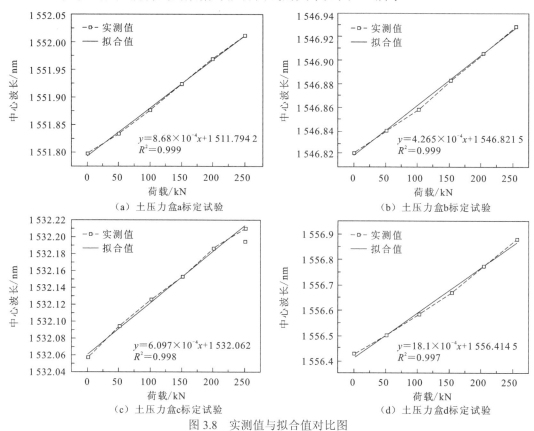

图3.8　实测值与拟合值对比图

由图3.8可知，光纤光栅土压力盒上部所受的压力与所测得的光纤光栅波长变化呈线性关系，对此类传感器而言，标定数据结果拟合直线的斜率即可视为光纤光栅土压力盒传感器的灵敏度。从标定结果图可以看出，光纤光栅土压力盒的灵敏度为857.6 pm/MPa，相较于理论计算的结果有一定差距，考虑可能是因为膜片受压后产生的中心挠度并不能通过传压杆完全无损耗地传递给下部的悬臂梁结构，土压力盒加工过程中存在一定尺寸误差，以及在制作传感器时粘贴光纤的工艺技术误差等。

3.2 变形场光纤监测技术

3.2.1 传感器研发

1. 基于共轭梁原理的 OFDR 测斜仪研发

OFDR 基本传感原理[33-34]：光源所发出的线性扫描的连续光被耦合器分为两束，其中一束作为参考光，另一束则作为探测光发射到待测光纤中。探测光在光纤中向前传播时会不断产生瑞利散射信号，这些信号光与反射回的参考光经过耦合器时发生拍频干涉，并被光电探测器所检测，如图 3.9 所示。

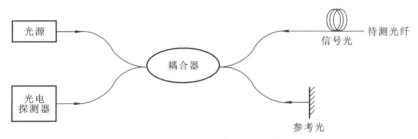

图 3.9　OFDR 传感原理示意图

光电探测器检测到的光电流可以表示为

$$I(t) = \beta I_S(t) + \beta I_L(t) + \beta A_S A_L \cos(\omega_L + \omega_S)t + \beta A_S A_L \cos\left[(\omega_L - \omega_S)t + (\varphi_L - \varphi_S)\right] \quad (3\text{-}5)$$

式中：β 为光电转换系数；$I_S(t)$ 为 t 时刻的参考光电流；$I_L(t)$ 为 t 时刻的信号光电流；A_S 为参考光转换为电信号的幅值；A_L 为信号光转换为电信号的幅值；$\omega_L + \omega_S$ 为高频频率；$\varphi_L - \varphi_S$ 为相位噪声。上述表达式中前三项均被滤除（两项为直流项，一项为高频项），只剩最后的拍频项。$\omega_L - \omega_S$ 为拍频频率 f_b，光纤上 z 位置的拍频频率可以表示为

$$f_b = \gamma \tau = \frac{2n\gamma z}{c} \quad (3\text{-}6)$$

式中：γ 为线性扫频光的扫频速度；τ 为 z 位置参考光与探测光时延差；n 为光纤的有效折射率；c 为真空中光的传播速度。

根据上述公式，待测光纤上每点的物理位置与该点的拍频频率呈线性关系，由此可以实现光纤沿线的定位。每点反射回来信号的强度可以映射为该点的反射率，从而形成 OFDR 拍频-时间关系曲线，如图 3.10 所示。

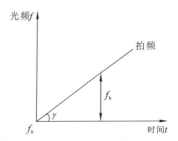

图 3.10　OFDR 拍频-时间关系曲线

在进行应变或温度传感时，分别将参考状态及测量状态得到的瑞利散射信号按传感空间分辨率大小划分为多个信号窗口，通过互相关运算计算每个信号窗口的频谱移动，结合温度/应变频移系数，得到该处的温度/应变变化。

OFDR 测斜仪采集设备采用武汉昊衡科技有限公司开发出的一款高精度分布式光纤传感监测系统 OSI-v2.0（图 3.11），它具备以下优势：可对普通光纤进行温度应变测量；工作原理先进，空间分辨率可达到 1 mm，传感精度可达到 ±0.1 ℃/±1 με；分布式测量，传感器结构简单，测试性能稳定，精确度高，其参数及设备配置见表 3.1。

图 3.11　OSI-v2.0 分布式光纤传感监测系统

表 3.1　OSI-v2.0 分布式光纤传感监测系统技术参数及设备配置

指标	参数	标准配置	图片
传感长度/m	100		
引纤长度/km	0.1	OSI-v2.0	
空间分辨率/mm	1～10		
支持类型	各类光纤		
测量精度（应变）/με	±1.0	笔记本电脑	
测量范围（应变）/με	$\pm12\,000$		
测量精度（温度）/℃	±0.1		
测量范围（温度）/℃	-200～$1\,200$	Type-C 传输线	
输入电压/V	AC220/110，DC12		
通信接口	USB		
光纤接口	FC/APC	移动电源	
机箱尺寸/mm	352×330×158		
机箱重量/kg	7.5	U 盘	
工作温度/℃	0～90		

测斜仪是一种测定钻孔倾角和方位角的原位监测仪器。在国外，20 世纪 50 年代就利用测斜仪对土石坝、路基、边坡及其隧道等岩土工程进行原位监测，测斜仪可分为便

携式测斜仪和固定式测斜仪两种。

便携式测斜仪是由监测人员将活动式测斜仪放入测斜管底部，每隔一定时间，利用人工提拉测斜仪，在测斜管导轨上下定长定点测量钻孔内部倾斜位移，并人工记录数据，然后对数据进行处理，通过长期人工监测获得被测物体的内部位移数据，从而掌握钻孔内部的形变情况。固定式测斜仪则是将测斜仪安装固定在测斜管内，不需要采用人工提拉的方式即可对倾斜位移进行监测，与便携式测斜仪相比，固定式测斜仪安装和维修比较方便，属于自动化监测设备，实现 24 h 自动化数据采集，无须人工现场采集数据，数据更具时效性、准确性，且能较大程度上保障监测人员安全。

固定式测斜仪应用于边坡位移监测时需协同测斜管工作[35]，测斜管内有互成 90°供测斜仪探头滑入的滑槽，测斜管安装在穿过不稳定土层直至稳定基岩层的竖直钻孔内，测斜管和周围土体间埋入回填土以保证测斜管同坡体协调变形，测斜管中的测斜仪通过竖直垂直活动测斜探头、控制电缆、滑轮装置及读数仪来观测测斜管变形，测斜仪工作原理如图 3.12 所示。

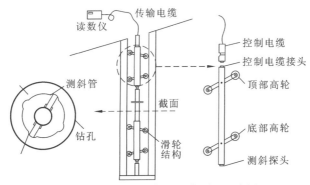

图 3.12　固定式测斜仪工作原理示意图

这种节理式测斜仪采用单点测量方式，相较于分布式位移传感器具有较大测量误差，且当测点数量较多时，测斜管内无法放入众多测斜仪及电缆，因而具有一定的局限性。光纤可以直接获取一系列应变信息实现连续测量，且与土体间有着更好的协同变形性，因而可以大大提高测量精确度。但光纤传感测斜仪依旧存在累积变形误差大的问题，采用传统积分方式，位移测量误差会随着距离固定端长度的增加而变大。基于以上，应选择更高精度的分布式光纤传感方法来提高变形测量精度，因此基于 OFDR 传感技术，应用共轭梁变形理论，研发出一款低成本、高精度的变形监测传感装备。

OFDR 测斜仪结构设计如图 3.13[36]所示。光纤基底采用聚氯乙烯（polyvinyl chloride，PVC）材料，PVC 材料具有可塑性好、易成型的力学特性，能保存较长时间，且价格低廉[37]。预先在 PVC 棒侧壁沿其轴向对称开槽，开槽深度略大于光纤直径，使其能够与PVC 达到协同变形效果，粘贴时使用环氧树脂将预拉后的光纤粘贴于槽内，完成测斜仪的制作。

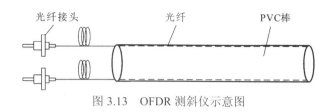

图 3.13　OFDR 测斜仪示意图

2. 基于 FBG 原理的准分布式倾角测斜仪研发

基于 FBG 原理的准分布式倾角测斜单元（FBG 测斜单元）结构设计如图 3.14[38]所示。测斜单元由铝合金管节和等应变梁结构组成，转动节与固定节间通过法兰轴承连接，两管节间嵌入两块等应变片形成等应变梁结构，对称粘贴 FBG 形成光纤光栅监测单元。当测斜仪发生转动时，FBG 等应变梁可近似等同于悬臂梁受一点集中荷载，一侧光纤光栅中心波长增大，另一侧光纤光栅中心波长减小，通过温度补偿方法即可剔除温度作用影响获得真实应变值。通过标定试验可得到 FBG 中心波长随偏转角度改变量的标定结果曲线，计算出的标定系数反算出测斜仪旋转角度，进而计算出位移值。

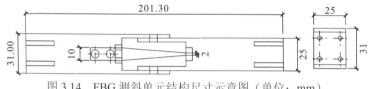

图 3.14　FBG 测斜单元结构尺寸示意图（单位：mm）

FBG 测斜单元与滑轮段共同组成 FBG 倾角测斜仪，其中滑轮段与测斜段间采用转动螺母相连接，下放测斜仪时应使滑轮对齐测斜管滑槽，如图 3.15 所示。

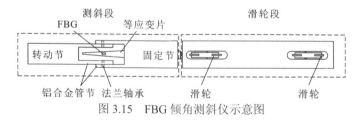

图 3.15　FBG 倾角测斜仪示意图

3. 基于 FBG 原理的磁致伸缩测斜仪研发

基于 FBG 原理的磁致伸缩测斜仪如图 3.16[39]所示。永磁体会在磁致伸缩材料处产生恒定的磁场，当基于 FBG 原理的磁致伸缩测斜仪在土中受力形变时，连接处的磁致伸缩材料会发生转动，由永磁体产生的初始磁场会沿磁致伸缩材料的轴向和径向正交分解，而轴向变化的应变可由光纤光栅测量[38]。通过磁场强度与磁致伸缩系数之间的关系曲线推算出磁致伸缩材料轴向的磁场强度，进一步由磁致伸缩材料初始磁场与轴向磁场的三角函数关系可推算出磁致伸缩材料转动的角度。

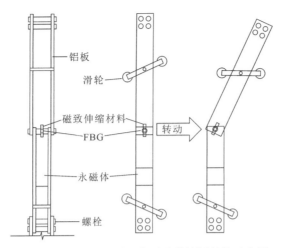

图 3.16　基于 FBG 原理的磁致伸缩测斜仪示意图

4. 基于 Frenet 方程的 OFDR 测斜仪研发

基于 Frenet 方程的 OFDR 测斜仪的结构如图 3.17 所示。主体变形结构采用圆截面聚氯乙烯（PVC）材料[40]，该材料是氯乙烯单体（vinyl chloride monomer，VCM）在过氧化物、偶氮化合物等引发剂或在光、热作用下按自由基聚合反应机理聚合而成的聚合物。实验室所制作的用于试验的测斜仪的长度为 800 mm，截面半径为 10 mm，沿 PVC 杆长度方向进行轻微开槽处理，所处理的凹槽的深度为 1 cm 左右，将光纤在预拉的状态下放置于凹槽中，使用环氧树脂进行封装处理，作为实验室所用的版本即制作完成，该设备仅用于室内实验研究，相对于应用于现场的实际版本在尺寸及包装上均有一定的出入和简化。

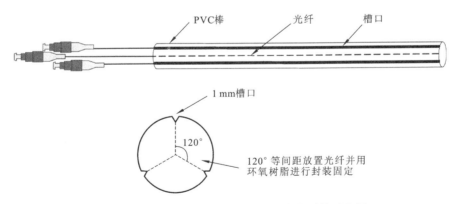

图 3.17　基于 Frenet 方程的 OFDR 测斜仪结构示意图

3.2.2　监测原理

1. 基于共轭梁原理的 OFDR 测斜仪监测原理

OFDR 测斜仪应用于边坡工程位移监测的原理[41]如图 3.18 所示，将测斜仪置于边坡监测钻孔内直至稳定土层固定，初始状态下测斜仪保持竖直，光纤未感测到变形；当边坡受到外部荷载产生滑动变形后，测斜仪受土体挤压而变形弯曲，不同深度滑坡体产生滑动力大小不同，导致 PVC 棒产生不同的变形，粘贴于其上不同位置处的光纤的中心波长也发生变化；运用 OFDR 传感原理可提取测斜棒上不同深度的光纤测点应变，运用共轭梁原理可将光纤应变转化为测斜仪水平位移，绘制测斜仪水平位移-竖直深度关系曲线可反映边坡位移结果，分析边坡变形监测结果即可对边坡稳定性进行评估。

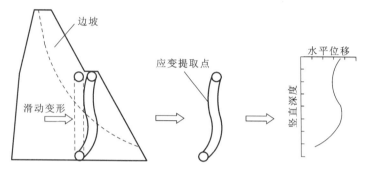

图 3.18　OFDR 测斜仪边坡位移监测原理示意图

　　光纤传感测斜仪若要将光纤感测到的应变信息转化为结构位移，还需要提出一种更高精度的分布式光纤传感方法。共轭梁法最早由 Hibbeler[42]提出，应用于求解结构偏转曲线表达式；沈圣等[43]提出了适用于连续梁和简支梁变形分布监测的改进共轭梁法。共轭梁法计算结构变形时不考虑边界点处参数，能很大程度上减少任一积分点前所有积分点的应变测量累加误差。由于光纤测斜仪应用计算时可等效为下端固定、上端自由的悬臂梁结构，提出一种基于悬臂梁结构和 OFDR 传感技术的共轭梁位移算法。

　　假定测斜仪和土体间保持良好的变形协调性，则土体滑动时测斜仪中心轴线为一条平滑曲线，由于测斜仪最大监测位移值远小于测斜仪总长度，在忽略剪力对弯矩的影响下，测斜仪可看作小变形欧拉梁，对应满足弯矩-曲率物理关系表达式：

$$k(x) = \frac{M(x)}{EI} \tag{3-7}$$

式中：k 为梁的曲率；M 为梁所受弯矩；E 为梁的弹性模量；I 为梁的惯性矩。

　　共轭梁基本原理[44]：假想一虚梁与所研究实梁对应，它们的长度相同，x 轴方向及原点位置也相同，虚梁上任意一点处的荷载密度在数值上等同于实梁在对应点处截面的弯矩，因此可将实梁的弯矩图看作虚梁的荷载分布图。结合材料力学理论可得

$$k(x) = \frac{\varepsilon(x)}{y} = \overline{q_x} \tag{3-8}$$

式中：y 为梁上所求应力点距中性轴的距离，也是测斜仪的外半径；$\overline{q_x}$ 为作用在虚梁上的荷载密度。

　　如图 3.19 所示，假定共轭梁全长为 L，分成 n 个单元，则每个小段长度为 L/n；光纤传感测斜仪抗弯刚度为 EI，以此可推出每一段的平均应变，第一段荷载分布可表示为

$$k(x_1) = \frac{M(x_1)}{EI} = \frac{\varepsilon(x_1)}{y} = \overline{q_{x1}} \tag{3-9}$$

第二段荷载分布可表示为

$$k(x_2) = \frac{M(x_2)}{EI} = \frac{\varepsilon(x_2)}{y} = \overline{q_{x2}} \tag{3-10}$$

以此类推：

$$k(x_n) = \frac{M(x_n)}{EI} = \frac{\varepsilon(x_n)}{y} = \overline{q_{xn}} \tag{3-11}$$

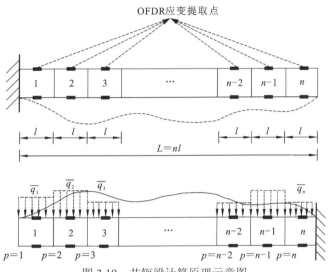

图 3.19　共轭梁计算原理示意图

第 n 个单元的均布荷载大小可表示为

$$k(\overline{x}_n) = \frac{1}{2y}\big[k(x_n) + k(x_{n-1})\big] \tag{3-12}$$

已知每一段荷载分布，可推出共轭梁上任意一点的弯矩：

$$M_p = k(\overline{x}_1) \cdot l \cdot \frac{1}{2}l + \cdots + k(\overline{x}_p) \cdot \frac{2p-1}{2} \cdot l \cdot l = \frac{1}{2}l^2 \sum_{i=1}^{p} k(\overline{x}_p)(2i-1) \tag{3-13}$$

代入应变计算公式，由共轭梁弯矩对应实梁位移，得到实梁位移计算公式：

$$
\begin{bmatrix} x_1 \\ \vdots \\ x_n \end{bmatrix} = \overline{M_p} = \frac{L^2}{2yn^2}
\begin{bmatrix}
1 & 0 & 0 & \cdots & \cdots & 0 \\
3 & 1 & 0 & \cdots & \cdots & 0 \\
5 & 3 & 1 & \cdots & \cdots & \vdots \\
\vdots & \vdots & \vdots & & & \vdots \\
2n-1 & 2n-3 & \cdots & \cdots & \cdots & 1
\end{bmatrix}
\begin{bmatrix} \varepsilon_1 \\ \vdots \\ \varepsilon_n \end{bmatrix} \tag{3-14}
$$

由上述计算公式可知，光纤传感测斜仪的位移与测斜仪长度、截面尺寸、应变传感单元划分数量及应变值大小有关。通过选取传感效果更好的光纤、合理选择 PVC 棒的尺寸、提高应变传感单元划分数量，利用 OFDR 高精度的优势，即可获得更高精度的测斜仪位移采集结果。

2. 基于 FBG 原理的磁致伸缩测斜仪监测原理

基于 FBG 原理研制而成的磁致伸缩测斜仪采用非接触式传感方法,扩大了测斜仪的角度变化与测量的范围。由磁致伸缩效应理论可知:铁磁性材料受外部磁场变化的影响,在尺寸上会缩短或者伸长。通常用磁致伸缩系数来表示磁致伸缩效应的程度:

$$\gamma = \frac{L_H - L_0}{L_0} \tag{3-15}$$

式中:γ 为磁致伸缩系数;L_H 为经过磁场强度变化后的长度;L_0 则为磁致伸缩材料原长度。

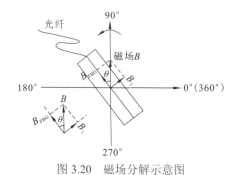

图 3.20　磁场分解示意图

对磁致伸缩材料而言,磁致伸缩系数在数值上近似等同于磁致伸缩材料处粘贴 FBG 的轴向应变,且与该处的磁场强度有以下关系:

$$\varepsilon_{FBG} = \lambda = kB_{FBG} \tag{3-16}$$

式中:k 为拟合系数。当刚性单元产生相对转角 θ 后,初始磁场沿磁致伸缩材料的轴向和径向方向分解,与此同时磁致伸缩材料产生对应轴向应变变化,进而可获得 FBG 传感器测得的应变与转角的关系。磁场分解如图 3.20 所示。

$$\varepsilon_{FBG} = kB\cos\theta \tag{3-17}$$

3. 基于 Frenet 方程的 OFDR 测斜仪监测原理

由上一小节的介绍可知,由一条曲线的曲率连续函数 $\kappa(s)$ 和挠率连续函数 $\tau(s)$ 结合曲线的初值通过 Frenet 方程可反解得到曲线的连续函数。

将抽象空间中的曲线与实际测斜仪的变形相联系,同时认为此结构在变形时光纤始终不会发生自扭转,测斜仪杆体的扭转弯曲只会造成光纤的弯曲变形,在测斜仪杆体发生的任意弯曲扭转变形的条件下,假设测斜仪的一端为固定端,将杆体沿长度方向均匀地分为 n 段,取任意长度为 d_s 的测斜仪杆体,其横截面如图 3.21[45] 所示。三根应变光纤 A、B、C 在截面中以 120° 的间隔均匀分布,产生变形后其应变分别为 ε_A、ε_B、ε_C,光纤

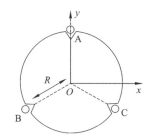

图 3.21　测斜仪横截面示意图

中心到截面中心的距离为 R。在截面固定一个平面坐标系,n 段长度为 d_s 的杆体的坐标系的正方向指向均保持一致且平面保持平行。由截面中心（即坐标原点 O）指向三根光纤纤芯的三条射线作顺时针旋转与 x 轴正方向重合的所需最小角度分别为 θ_A、θ_B、θ_C,同理弯曲方向的夹角为 θ_{bend}。

由材料力学知识可知,截面任意一点的应变与截面的曲率及其和中性轴的距离相关,即

$$\begin{cases} \varepsilon_{\mathrm{A}} = \kappa d_{\mathrm{A}} = \kappa R \cos(\theta_{\mathrm{bend}} - \theta_{\mathrm{A}}) \\ \varepsilon_{\mathrm{B}} = \kappa d_{\mathrm{B}} = \kappa R \cos(\theta_{\mathrm{bend}} - \theta_{\mathrm{B}}) \\ \varepsilon_{\mathrm{C}} = \kappa d_{\mathrm{C}} = \kappa R \cos(\theta_{\mathrm{bend}} - \theta_{\mathrm{C}}) \end{cases} \tag{3-18}$$

已知光纤 A、B、C 在平面内是以 120° 的间隔均匀布设的，通常默认光纤 A 的夹角是最小的，则有

$$\theta_{\mathrm{C}} = \theta_{\mathrm{B}} + \frac{2}{3}\pi = \theta_{\mathrm{A}} + \frac{4}{3}\pi \tag{3-19}$$

进一步存在如下关系：

$$\sum_{i=1}^{3}(\cos\theta_{\mathrm{bend}}\cos 2\theta_i + \sin\theta_{\mathrm{bend}}\sin 2\theta_i) = 0 \tag{3-20}$$

即

$$\sum_{i=1}^{3}\cos(\theta_{\mathrm{bend}} - 2\theta_i) = 0 \tag{3-21}$$

对式（3-21）换一种形式进行分解可得

$$\frac{2}{3}\sum_{i=1}^{3}\left[\cos(\theta_{\mathrm{bend}} - \theta_i)\cos\theta_i\right] = \cos\theta_{\mathrm{bend}} \tag{3-22}$$

将式（3-22）代入可得到

$$\kappa \cos\theta_{\mathrm{bend}} = -\frac{2}{3}\sum_{i=1}^{3}\frac{\varepsilon_i}{R}\cos\theta_i \tag{3-23}$$

同理可得

$$\kappa \sin\theta_{\mathrm{bend}} = -\frac{2}{3}\sum_{i=1}^{3}\frac{\varepsilon_i}{R}\sin\theta_i \tag{3-24}$$

当光纤在定义一个由截面中心指向光纤中心的曲率向量，该曲率向量可由分别指向 x 轴和 y 轴正方向的单位向量 $\boldsymbol{i}$、$\boldsymbol{j}$ 表示出来：

$$k = \frac{\varepsilon}{R}(\cos\theta \cdot \boldsymbol{i} + \sin\theta \cdot \boldsymbol{j}) \tag{3-25}$$

式中：R 为光纤中心到截面中心的距离；ε 为光纤产生的应变；θ 为该曲率向量作顺时针旋转与 x 轴重合所需的最小角度，由于测斜仪的半径远大于光纤的半径，这里直接取测斜仪杆体的半径即可。图 3.22 所示为向量叠加示意图。由此可得到关于光纤 A、B、C 的三个曲率向量：

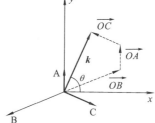

图 3.22　向量叠加示意图

$$\begin{cases} \boldsymbol{k}_{\mathrm{A}} = \frac{\varepsilon_{\mathrm{A}}}{R}(\cos\theta_{\mathrm{A}}\boldsymbol{i} + \sin\theta_{\mathrm{A}}\boldsymbol{j}) \\[2mm] \boldsymbol{k}_{\mathrm{B}} = \frac{\varepsilon_{\mathrm{B}}}{R}(\cos\theta_{\mathrm{B}}\boldsymbol{i} + \sin\theta_{\mathrm{B}}\boldsymbol{j}) \\[2mm] \boldsymbol{k}_{\mathrm{C}} = \frac{\varepsilon_{\mathrm{C}}}{R}(\cos\theta_{\mathrm{C}}\boldsymbol{i} + \sin\theta_{\mathrm{C}}\boldsymbol{j}) \end{cases} \tag{3-26}$$

进一步的矢量叠加得到三个曲率向量的合向量 $\boldsymbol{k}_{\mathrm{overall}}$。

需要的曲率可表示为

$$\kappa = \frac{2}{3}\left|\boldsymbol{k}_{\text{overall}}\right| = \frac{2\sqrt{\left(\sum_{i=1}^{3}\varepsilon_i\cos\theta_i\right)^2 + \left(\sum_{i=1}^{3}\varepsilon_i\sin\theta_i\right)^2}}{3R} \qquad (3\text{-}27)$$

弯曲方向与固定坐标系 x 轴的夹角 θ_{bend} 为合向量 $\boldsymbol{k}_{\text{overall}}$ 与固定坐标系 x 轴的夹角。由 OFDR 所测得的分布式光纤应变所得到 n 个 κ 与 θ_b 通过多项式拟合的方法拟合成连续函数 $\kappa(s)$ 与 $\theta_b(s)$，所求的曲率连续函数即为 $\kappa(s)$，所求的挠率函数为 $\tau(s)=\theta_b(s)$。结合上节可知，代入 Frenet 方程结合初值条件即可反解出曲线函数，进一步得到位移值。所求解的微分方程组通过 Mathematica 科学计算软件进行计算。

3.2.3 标定试验

1. 基于共轭梁原理的 OFDR 测斜仪标定试验

OFDR 测斜仪的标定试验装置主要由以下几部分组成：PVC 杆、固定夹具、钢支架、位移计、加载螺母及光纤。钢支架整体采用 Q235 合金钢材料，起固定支撑作用；固定夹具可用于夹持 PVC 棒，使其形成固定端；钢架侧壁的滑动槽安装有滑动臂，加载螺母在其上滑动可满足不同的边界条件要求；位移计固定于加载螺母对侧，用于测量 PVC 变形；粘贴在 PVC 内侧的光纤通过尾部的接头连接至解调仪完成读数采集。

分别对 OFDR 测斜仪自由端施加 20 mm、30 mm 及 40 mm 的位移，在距离测斜仪固定端底部 0.16 m、0.33 m、0.49 m、0.66 m、0.83 m 及 1.00 m 高度处布设位移计测量每一组加载试验 PVC 棒的位移变形值，每组试验重复 3 次，共计 9 组。对比位移计和 OFDR 测斜仪标定试验结果，随着测斜仪施加位移的增大以及距离固定端高度的增加，得到的位移平均误差整体呈递增趋势，精度误差可控制在 8% 以内，基于共轭梁原理推导出的测斜仪位移结果与真实结果具有较好的吻合性，标定试验结果如图 3.23 所示。

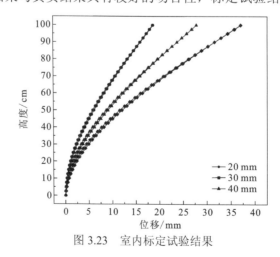

图 3.23 室内标定试验结果

2. 基于 FBG 原理的准分布式倾角测斜仪标定试验

标定装置由以下几部分构成：支撑结构、光学平台板、铝合金角钢-环箍结构及 FBG 测斜仪。其中支撑结构和光学平台板起固定支撑作用；FBG 测斜仪上端固定于支撑结构座，下端处于无约束自由状态；铝合金角钢加工为 U 形环箍，可卡住测斜仪一同变形。

测斜仪上下部分结构产生相对旋转，粘贴于等应变片上的 FBG 可感测到关节位置处的应变变化。通过应变-位移转化关系即可得到测斜仪偏转位移，与标定台读数对比完成标定试验，标定装置如图 3.24 所示。

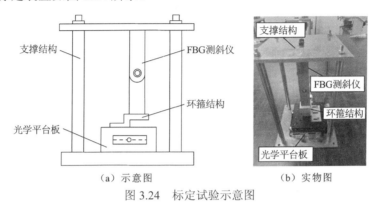

（a）示意图　　　　　　　　　（b）实物图

图 3.24　标定试验示意图

标定试验结果如图 3.25 所示，试验结果证明 FBG 倾角测斜仪具有极高的测试精度。

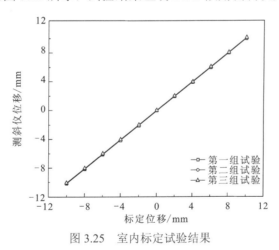

图 3.25　室内标定试验结果

3. 基于 FBG 原理的磁致伸缩测斜仪标定试验

通过一种无磁特殊标定平台对磁致伸缩测斜仪敏感元件及磁致伸缩材料的性能进行测试。图 3.26 展示了其结构，包括计算机、永磁体、磁致伸缩材料、解调仪、高斯计、光学平台、多层铝板、铝合金滑块平台、永磁体夹具等部分。铝合金材料不会对磁致伸缩材料产生磁场上的扰动；磁场发射装置位于光学平台的左侧，主要包括永磁体和夹具。

将磁致伸缩材料置于可移动或旋转铝合金滑块上，在标定过程中保持磁致伸缩材料与永磁体的轴线重合，通过移动滑块的位置来改变磁致伸缩材料表面的磁场，而这种改变会使磁致伸缩材料表面发生微小的变形，磁致伸缩材料的应变和磁场可分别通过光纤光栅解调仪和高斯计测量。

将磁致伸缩单元从 0° 开始，每次变化 3°，调整到 90°，经过 5 个周期试验获得磁致伸缩的应变与夹角余弦值之间的变化关系曲线，计算 5 次试验结果平均值得到循环标定试验结果，如图 3.27 所示：试验结果表明磁致伸缩应变与夹角之间的线性关系较好，灵敏度平均值为 0.286°/με，测量量程可达到 0°～90°。

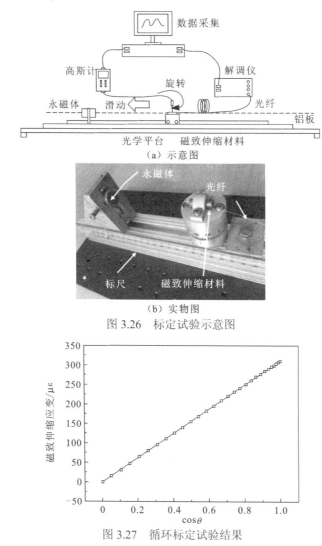

（a）示意图

（b）实物图

图 3.26　标定试验示意图

图 3.27　循环标定试验结果

4. 基于 Frenet 方程的 OFDR 测斜仪标定试验

基于 Frenet 方程的 OFDR 测斜仪标定装置主要包括：主体钢支架结构、滑动钢架槽、数显位移计、磁吸表座、位移加载螺母、固定基座、夹具等。主体钢支架有前后两列，材料为 Q235 钢，对整个装置起固定支撑的作用，同时直立钢架部分中心开孔，方便位移螺母固定及上下移动调整位置以适应不同长度的测斜仪标定；滑动钢架槽套在直立钢架部分，可自由调整高度并固定以适应不同高度的设备，中间部分开口用于进行测斜仪的变形，同时可限制两边的位移；数显位移计架设于磁吸表座上，磁吸表座可根据试验需要自由调整吸附于主体钢架上的合适位置；位移加载螺母通过螺丝固定于直立钢架上，可以自由调整高度，其一端为 V 形，另一端固定于直立钢架开孔部分，试验时旋动端部的螺母就可对测斜仪施加固定位移。

试验时，测斜仪底部的一端固定，通过位移加载螺母的装置对测斜仪顶部的自由端进行加载，在加载螺母的另一端通过磁吸表座提前固定好数显位移计，沿长度方向等间距共设置 4 个数显位移计，用于测量测斜仪在顶部受力作用下杆身由上至下一定位置处的位移变化，采用逐级加载的方式，加载完待位移计示数稳定后再读数并记录，同时用上位机软件实时记录 OFDR 解调仪所监测到的光纤的变化，最后通过前面所述的位移重构算法算出分布式位移结果，并与位移计所测的实际结果比较。

如图 3.28 所示，在一维单向弯曲的工况下，通过基于 Frenet 方程和 OFDR 传感原理的位移重构算法计算所得的位移结果与线性可变差动变压器（linear variable differential transformer，LVDT）位移计所测结果在全长下均吻合良好，最大位移误差值均发生在端部，在端部位移 20 mm、40 mm、60 mm、80 mm 时最大位移误差值分别为 0.49 mm、1.84 mm、3.58 mm、5.57 mm，相对误差分别为 2.45%、4.60%、5.97%、6.96%。随着端部施加位移的增大及距离固定端高度的增加，得到的位移误差整体呈现递增趋势，但整体相对误差保持在 7%之内，说明在此工况下该测斜仪具有较好的监测效果。

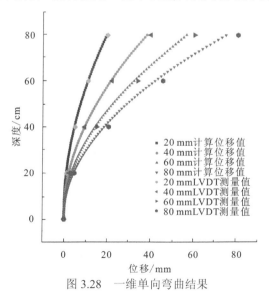

图 3.28　一维单向弯曲结果

在一维 S 形弯曲的工况下，由图 3.29 可见，本节所述的计算方法仍可以较好地重构位移值，与实际位移计所测量的结果在全长趋势下均呈现较好的吻合效果。在此工况下，在端部位移 10 mm、20 mm、30 mm 时，端部的位移误差分别为 0.47 mm、1.03 mm、1.98 mm，在反弯点的最大位移误差分别为 0.37 mm、1.70 mm、2.86 mm，最大绝对位移误差发生在端部或者反弯点，但仍在可以接受的范围内，仍然具有较好的计算结果，说明在此工况下该测斜仪具有较好的监测效果。

在二维单向弯曲的工况下，由图 3.30 可见，通过基于 Frenet 方程和 OFDR 传感原理的位移重构算法计算所得的位移结果具有较好的精确性，与位移计所测得的结果在整体上吻合较好，本节计算方法在出现空间内弯曲的情况下能够考虑到其弯曲角度，体现了该方法的优越性。在逐级加载的四组试验下两个方向的位移误差分别为 0.22 mm、1.28 mm、2.68 mm、3.07 mm 和 0.91 mm、2.62 mm、3.68 mm、5.70 mm，考虑其空间内

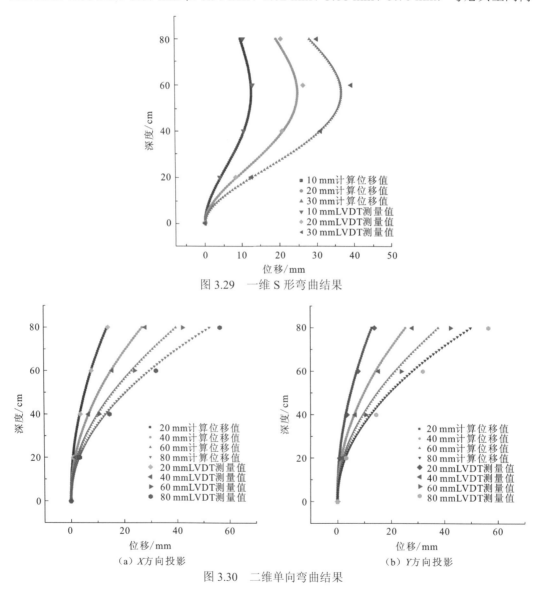

图 3.29　一维 S 形弯曲结果

（a）X 方向投影　　　　　　　　　　（b）Y 方向投影

图 3.30　二维单向弯曲结果

弯曲的特性，整体仍在可以接受的范围之内，说明在此工况下该测斜仪也具有较好的监测效果。

在弯曲扭转组合变形的工况下，由图 3.31 可见，通过基于 Frenet 方程和 OFDR 传感原理的位移重构算法计算所得的位移结果整体上仍然可以较好地还原实际的测斜仪位移，位移误差相较于纯弯曲时有所增大，在三组试验的工况下最大位移误差分别为 1.48 mm、2.73 mm 和 4.94 mm，但从整体曲线趋势来看还是能够较好地计算位移值，误差也在能够接受的范围之内，说明本节计算方法能够较好地考虑由扭转带来的干扰，进行修正得到更为精确的位移值，也说明在此工况下该测斜仪具有较好的监测效果。

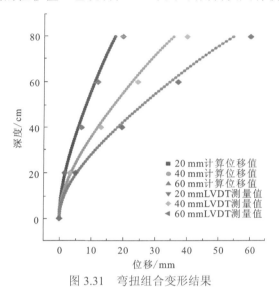

图 3.31　弯扭组合变形结果

3.2.4　室内试验

1. 边坡模型箱及加载系统设计

试验用模型箱为长方体结构，尺寸为 1.5 m×0.8 m×0.8 m（长×宽×高），由横肋、纵肋、钢化玻璃板、工字钢反力架及液位计组成。模型箱主体采用 Q345 合金钢材料，底部和侧壁密封起到保护箱体的作用；上部敞开以便于安装反力架施加静载；侧壁外部焊接纵肋和横肋进行加强，纵肋和横肋宽度均为 100 mm；其中一面侧壁嵌有钢化玻璃板，能够承受静力荷载，也能在加载过程中观察到边坡土体的破坏情况。反力架为一块 0.8 m 长的工字钢，四周留有螺栓孔方便围护方钢固定于箱体螺栓上；反力架上下方均套有紧固螺栓，可以调解反力架高度以方便施加千斤顶作用力；反力架中部留有千斤顶安装位置。一面安装液位计，箱体下端留有入水孔，可以调节坡体的水位变化。模型箱设计结构如图 3.32 所示，通过在模型箱内构筑边坡，埋设不同种类的位移监测传感器即可对传感装备的实际工程应用价值进行评定。

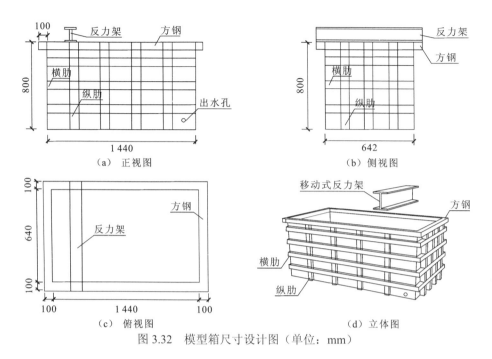

图 3.32 模型箱尺寸设计图（单位：mm）

边坡静力加载系统由 DYG 型超高压液压千斤顶、zB 型高压电动泵及油压示数表组成。液压千斤顶是通过柱塞或液压缸作为刚性举件的千斤顶，顶撑撑力可达到 50 t，千斤顶可通过紧固螺栓和垫板固定于反力架上，其具体性能参数见表 3.2。高压电动泵由三相异步电机、低压油泵及油箱组成，公称压力可达到 63 MPa，额定流量高压可达到 0.4 L/min，功率为 0.55 kW，电动泵可配合液压千斤顶完成顶升、推进、拉伸、弯曲、挤压等功能。油压示数表安装于电动泵上，可用于油压示数的采集和显示。此外在加载试验前还需在千斤顶活塞杆底部加装一个压力传感器，用于监测超载作用力，压力传感器采用的是鹏力达 PH30G 测力仪表。

表 3.2 液压千斤顶性能参数

型号	参数名称	技术参数
	起重量/t	50
	行程/mm	160
	本体高度/mm	335
DYG50-16	油缸外径/mm	128
	油缸内径/mm	100
	活塞杆外径/mm	70
	公称压力/MPa	63

2. 边坡模型设计

现有模型试验大多采用砂土和高岭土按照一定比例填筑而成的边坡模型，经过调研后试验模型土采用砂土与高岭土 9∶1 的配比，其中砂土采用厦门 ISO 标准砂，其化学成分（SiO₂ 含量）、烧失量和物理性质均符合规定指标；高岭土采用标准琚丰牌煅烧高岭土，具有良好的水稳定性、吸附性和可塑性，化学成分含量配比见表 3.3。

表 3.3　高岭土化学成分含量配比

化学成分	质量分数/%
二氧化硅	51.93
三氧化二铝	44.54
三氧化二铁	0.41
三氧化二铝	44.54

按照《土工试验方法标准》（GB/T 50123—2019）[46]，取部分土样进行颗粒筛分试验和土工试验，得到颗粒筛分曲线（图 3.33）和混合土样物理力学性质指标（表 3.4）：混合土样的不均匀系数和曲率系数分别为 5.62 和 1.14，属级配良好。

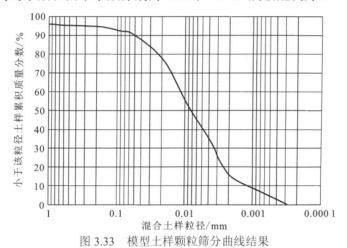

图 3.33　模型土样颗粒筛分曲线结果

表 3.4　混合土样物理力学性质指标

指标	数值
黏聚力/kPa	12
内摩擦角/（°）	23.6
比重	2.66
干重度/（kN/m³）	17.1
饱和重度/（kN/m³）	21.2

3. 滑坡模型加载试验方案设计

滑坡模型加载试验共分 3 组进行，坡角均设置为 45°，坡顶长 0.4 m，坡底长 0.7 m，坡高 0.4 m，整体边坡宽度设置为 0.7 m，略小于模型箱宽度的 0.8 m，计算实际总填土方量约为 0.6 m³，总重量约为 1.4 t。提前标记出边坡轮廓以方便模型砌筑，在砌筑前为了尽可能满足模型试验边界的条件要求，减小边界效应和材料性质对试验的影响，在模型箱内壁贴上 1 mm 的聚乙烯泡沫，模型箱底部预先铺设 20 mm 试验土作为垫层。砌筑土坡所用模型土严格按照配比现场搅拌并采用分层法砌筑，共分 7 层，每层砌筑完成后采用电动平板夯压成型，随后静待一段时间，待土体稳定后砌筑下层。在砌筑模型过程中按照布设方案埋设传感器，砌筑完成后在坡顶上缘安装一块 15 cm×70 cm×4 cm 的承压板，反力架上安装液压千斤顶，调整压力计位置使其中心与千斤顶中心线位于同一竖直线上。完成砌筑后静置一天，记录各传感器初始读数。试验过程中千斤顶采用逐级加载，每级施加 30 kPa 直至产生滑坡，透过侧面钢化玻璃板可观察边坡变形破坏情况；构建 FBG-MEMS-Hall-LVDT 边坡变形监测网络，设置监测频率，记录原始数据。滑坡模型试验加载过程如图 3.34 所示。

（a）PVC测斜仪固定方式

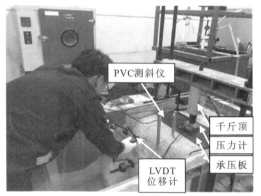

（b）第一组模型加载试验

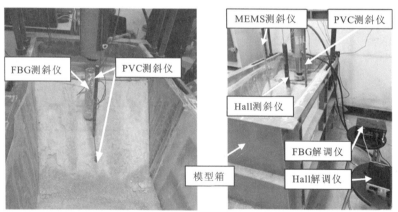

（c）第二组模型加载试验   （d）第三组模型加载试验

图 3.34　滑坡模型试验过程

1）第一组模型加载试验

第一组模型加载试验传感器布设方案如图 3.35 所示：分别设置 V_1、V_2、V_3 三个断面进行深部位移监测，且均采用 PVC 测斜仪，参数如表 3.5 所示。预先对 PVC 棒两端进行开槽，将特制 4 栅 FBG 粘贴于槽内，布设间距符合设计要求，采用环氧树脂胶对

FBG 进行封装，在光纤-PVC 交界面脆弱处采用透明胶带固定。PVC 测斜仪底部采用固定支座，起到固定夹具和支持的作用，保证测斜仪底部固定，且只发生沿坡面的二维变形。监测断面连线剖面布设三个 LVDT 高精度位移计，对 0.6 m、0.5 m、0.4 m 高度坡体表面位移进行监测，其监测位置对应三个 PVC 测斜仪的最高监测栅区高度，监测结果可与 PVC 测斜仪测得转化位移结果比对，验证测斜仪的监测准确性。

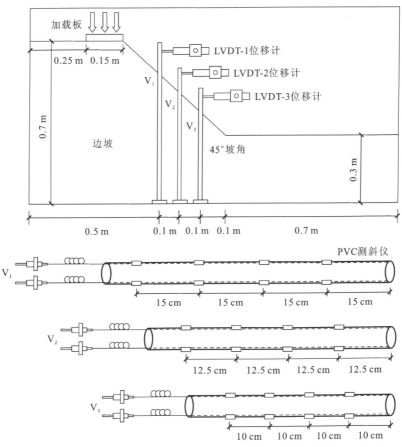

图 3.35　第一组模型加载试验传感器布设示意图

表 3.5　第一组模型加载试验测斜仪参数

编号	监测断面	测斜仪高度/cm	FBG 中心波长/nm	FBG 间距/cm	FBG 数量/个
1	V_1	70.0	1 515，1 530，1 545，1 560	15.0	4
2	V_2	60.0	1 520，1 535，1 550，1 565	12.5	4
3	V_3	50.0	1 525，1 540，1 555，1 570	10.0	4

2）第二组模型加载试验

第二组模型加载试验传感器布设方案如图 3.36 所示：保持模型尺寸与第一组相同，设置 V_1 断面为 FBG 测斜仪，V_2 及 V_3 断面为 PVC 测斜仪，V_1 与 V_2 断面紧贴，其表面坡面布设 LVDT 位移计；PVC 测斜仪与第一组试验所用编号 2 及编号 3 相同，测斜仪参数见表 3.6，设置逐级荷载加载直至破坏。

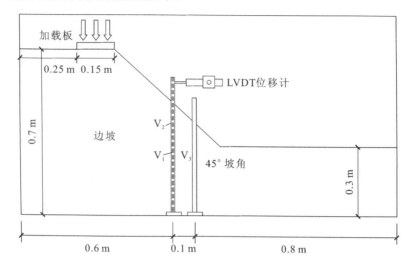

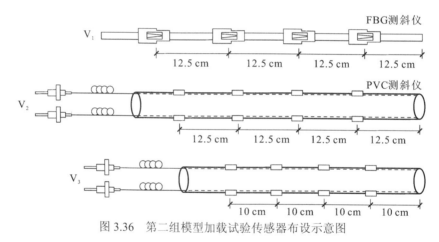

图 3.36　第二组模型加载试验传感器布设示意图

表 3.6　第二组模型加载试验测斜仪参数

编号	监测断面	测斜仪高度/cm	FBG 中心波长/nm	FBG 间距/cm	FBG 数量
2	V_2	60.0	1 520，1 535，1 550，1 565	12.5	4
3	V_3	50.0	1 525，1 540，1 555，1 570	10.0	4
4	V_1	60.0	1 520，1 535，1 550，1 565	12.5	4

3）第三组模型加载试验

第三组模型加载试验传感器布设方案如图 3.37 所示：保持模型尺寸与第一组相同，设置 V_1 断面为 MEMS 测斜仪，V_2 断面为 Hall 测斜仪，V_3 断面为 PVC 测斜仪，V_1、V_2 与 V_3 位于同一纵剖面。PVC 测斜仪为第一组模型试验 1 号测斜仪，测斜仪参数见表 3.7、表 3.8 和表 3.9。

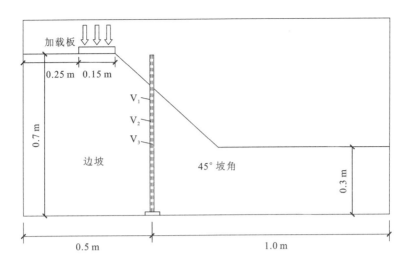

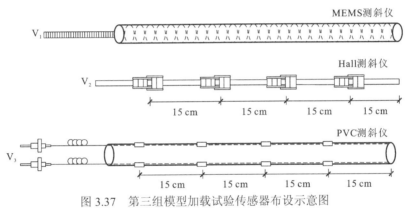

图 3.37　第三组模型加载试验传感器布设示意图

表 3.7　PVC 测斜仪参数

编号	监测断面	测斜仪高度/cm	FBG 中心波长/nm	FBG 间距/cm	布设 FBG 数/个
1	V₃	70.0	1 515，1 530，1 545，1 560	15.0	4

表 3.8　MEMS 测斜仪参数

编号	监测断面	测斜仪高度/cm	有效监测长度/cm	角度/位移分辨率	测量精度
5	V₁	70.0	60.0	±0.000 005 rad 0.005 mm/500 mm	0.000 6%F.S. 0.02 mm/500 mm

表 3.9　Hall 测斜仪参数

编号	监测断面	测斜仪高度/cm	磁场强度误差/%	Hall 间距/cm	Hall 数量/个
6	V₂	70	±0.02	15.0	4

4. 滑坡模型加载试验结果及分析

1）第一组模型加载试验

第一组模型加载试验结果如图 3.38 所示，PVC 测斜仪上的 FBG 记录了滑坡变形过程中产生的应变，根据共轭梁法可将应变转化为位移结果：测斜仪位移自底部向上有逐渐递增的趋势，其中 V_1 断面在 45 cm 高度处位移发生反弯，此处有该截面深部最大位移，也是潜在的滑裂面位置，而 V_2 和 V_3 断面的最大位移则位于坡面位置；随着荷载的逐渐增大，测斜仪深部变形也随之增加，V_1 断面由于靠近加载面受到荷载影响最大，最大深部位移达到 14.10 mm，坡面位移达到 12.52 mm；V_2 和 V_3 断面位移变化幅度依次减小，其中 V_2 断面最大深部位移达到 9.08 mm，V_3 断面最大深部位移为 3.54 mm；试验结果表明当外荷载增大至 150 kPa 时，边坡深部位移显著增加，变形速率加快，可认为此时边坡已经失稳。

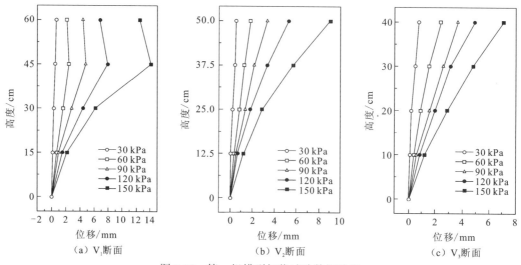

图 3.38　第一组模型加载试验数据结果

边坡的失稳破坏为渐进累积过程，在施加外部荷载作用下，土体内部应力增大，部分土体达到屈服状态，随着荷载的持续进行，更大面积土体屈服，形成滑动面直至贯通，土体塑性应变区继续扩大直至边坡发生整体失稳。整体试验过程可分为以下三个阶段，也验证了这一结论。

（1）0～30 kPa：初始变形阶段边坡上部土体在荷载作用下产生缓慢、匀速、持续的微量变形，边坡前沿岩土体沿软弱面局部向临空方向缓慢位移，发生蠕滑现象。

（2）30～120 kPa：持续变形阶段随着断裂破坏面的发展和相互连通，岩土体强度降低，岩土体变形速率加快，后缘拉裂面延伸拓展，前缘隆起并有时伴随鼓胀裂缝。

（3）120～150 kPa：滑动变形阶段滑动面贯通，抗滑力显著降低，滑动面以上岩土体沿滑面滑出，对应滑坡位移监测结果显著增加。

LVDT 高精度位移计与 PVC 测斜仪位移监测结果对照表如表 3.10 所示：在加载标

定试验过程中，1 号测斜仪与真实位移值之间的最大误差 7.81%，2 号测斜仪测量误差为 7.25%，3 号测斜仪测量误差为 5.60%，测量精度与真实值存在差距，接下来的两组模型试验将以 PVC 测斜仪结果作为对比，对研发的基于多个传感技术的边坡变形监测装备在工程应用中的精度与有效性进行验证。

表 3.10　LVDT 高精度位移计与 PVC 测斜仪监测结果对照表

施加荷载 /kPa	V_1 断面　$h=60$ cm		V_2 断面　$h=50$ cm		V_3 断面　$h=40$ cm	
	LVDT/mm	PVC/mm	LVDT/mm	PVC/mm	LVDT/mm	PVC/mm
30	0.69	0.66	0.56	0.54	0.90	0.87
60	2.23	2.12	1.90	1.82	1.50	1.45
90	4.65	4.39	3.52	3.36	2.17	2.08
120	7.44	6.91	5.64	5.32	2.67	2.53
150	13.58	12.52	9.79	9.08	3.75	3.54
最大误差/%	7.81		7.25		5.60	

2）第二组模型加载试验

第二组模型加载试验结果如图 3.39 所示，V_1-V_2 截面坡面测斜单元与 LVDT 的试验荷载-位移曲线如图 3.40 所示：相较于 PVC 测斜仪，FBG 测斜仪在试验过程中的最大误差可减小至 3.28%，由 FBG 形成的阵列式测斜仪结构更为灵活，反应更为灵敏，可弯曲变形程度和柔韧性大大提高，提高了测斜仪的监测量程。在施加较大位移作用下，将 FBG 阵列测斜仪配合 PVC 管安装，可减小关节扭曲带来的误差，从而提高测量精度。

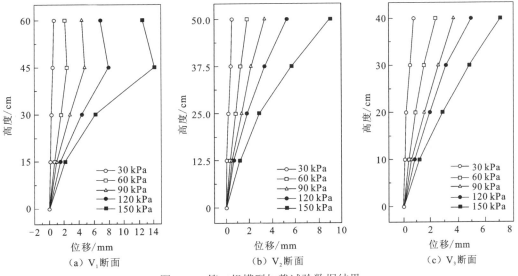

图 3.39　第二组模型加载试验数据结果

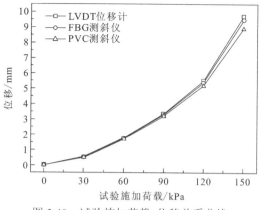

图 3.40 试验施加荷载-位移关系曲线

3）第三组模型加载试验

不同种类测斜仪埋设不同深度处的测斜单元与施加荷载的关系曲线如图 3.41 所示：Hall 测斜仪的荷载-位移关系曲线与 MEMS 测斜仪近似一致，PVC 测斜仪受限于刚度不

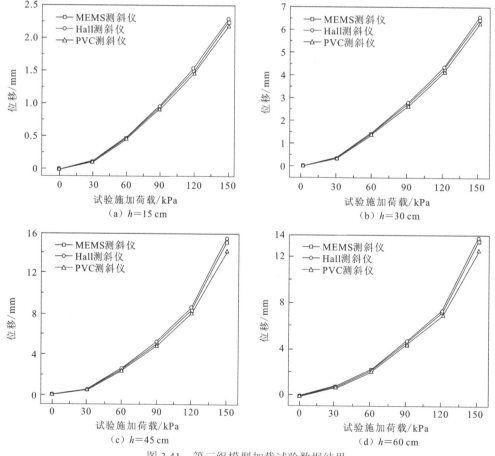

图 3.41 第三组模型加载试验数据结果

能够与土体达成良好的协调性，所得到的结果小于真实值。Hall 测斜仪在不接触滑坡变形土体表面的情况下可得到物体表面位移参数信息，可排除其他干扰，所测得的结果贴近真实值。MEMS 测斜仪兼具高稳定性、高精度、高分辨率及可重复性等优点，尤为适合边坡工程中滑坡的健康监测，但在使用过程中需注意预先完成电信号的采集测试，下放时应保证主轴与土体变形方向相同以及信号引出光缆的安全使用。

3.3　基于 LabVIEW 的监测数据采集系统的开发

3.3.1　虚拟仪器的概念及特点

基于光纤传感技术研制出的边坡变形监测装备若要实现采集数据的输入、输出和分析处理需要依托虚拟仪器技术。虚拟仪器（virtual instruments，VI）概念最早于 1986 年由美国国家仪器公司提出，可通过计算机来对应与之连接具有仪器功能的硬件进行控制，完成采集、控制、输入输出信号的分析及显示，既可实现传统仪器的功能，又可充分利用现有计算机先进技术，使仪器测试测量及自动化工业系统测试监控更加方便快捷[47-48]，传统仪器与虚拟仪器的框架比较如图 3.42 所示。

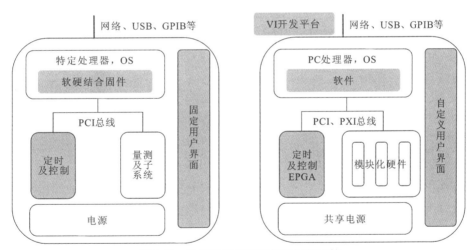

图 3.42　传统仪器与虚拟仪器框架比较

从结构组成上来说，虚拟仪器由计算机、应用软件及仪器硬件组成，从系统构成上来说，虚拟仪器的典型体系结构如图 3.43 所示。对于基于虚拟仪器的数据采集系统，在计算机运算能力和仪器硬件确定的条件下，构造和使用 VI 关键在于软件部分。VI 软件开发平台 LabVIEW 提供的图形化编程环境可实现简单、方便、灵活的程序设计，并可实现软件、硬件的独立，在此基础上可以达到一个应用对应多个设备或一个设备对应多个应用的效果。本节将会对测斜仪监测数据采集系统软件部分的设计方案及各功能实现所用到的 LabVIEW 功能进行详细介绍。

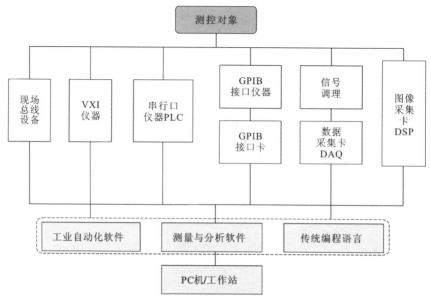

图 3.43　虚拟仪器典型体系结构

VXI（VMEbus extensions for instrumentation）是微机总线标准 VERSA module Eurocard（VME）在仪器领域的扩展；PLC 为可编程逻辑控制器（programmable logic controller）；GPIB 为通用接口总线（general purpose interface bus）；DAQ 为数据采集（data acquisition）；DSP 为数字信号处理器（digital signal processor）

3.3.2　LabVIEW 软件开发环境

　　LabVIEW 是一款由美国 NI 公司研发的应用于商业领域的虚拟仪器开发平台，基于 G 语言实现，LabVIEW 具有类似 C 和 Basic 的程序开发环境，但是它使用图形化编辑语言来完成数据采样、信号处理、仪器数据显示等功能，产生的程序也为框图的形式[49]。

1. LabVIEW 程序组成

　　由 LabVIEW 开发而成的程序由框图、连线及各个控件组成，包括前面板和后面板两部分：前面板为用户图形界面，包含各种形象化的控件，每个控件拥有独特的外观、确定的数据类型和对应的属性节点方法，可以引导图形化语言中的数据在前面板和程序框图进行交换。图 3.44 为串口调试程序的前面板，在输入控件中设置串口通信的接口，输入波特率校验位等信息，在发送文件控件中手动发送或自动发送文件信息，若硬件和计算机连接正常，显示控件中的接收区域则会接收到对应内容。在嵌入式开发和单片机开发中串口是必不可少的外设设备，可用于调试外设设备的正确性和通信的正确性。后面板为流程框图界面，可以从前面板中获取输入信息并进行分析计算处理，反馈最终结果。程序框图对象包括接线端、子 VI、函数、常量、结构和连线，连线用于在程序框图对象间传递数据，完成功能，如图 3.45 所示。

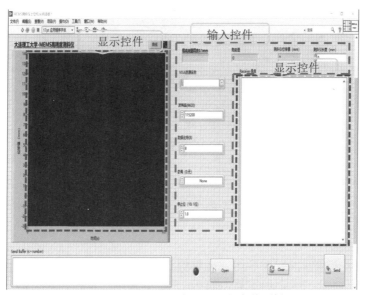

图 3.44　LabVIEW 串口调试程序前面板

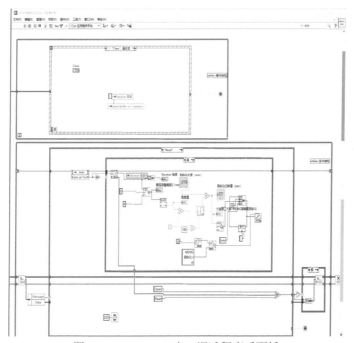

图 3.45　LabVIEW 串口调试程序后面板

2. LabVIEW 数据运算

LabVIEW 采用"数据流"的运行方式控制 VI 程序，LabVIEW 主要的数据类型包括标量类型（单元素），如数值型、字符串型和布尔型；还包括了结构类型（包括一个以上的元素），如数组和群集；此外还包含逻辑运算、节点运算等其他运算操作。本节所设计的采集系统涉及的数据运算类型如图 3.46 所示。

（a）数值型　　　　　　　（b）布尔型　　　　　　　（c）字符串型

图 3.46　LabVIEW 中的数据类型

3. LabVIEW 数据显示

LabVIEW 提供丰富的控件和函数可将程序以图形化方式展现出来，既可实现二维图形数据的展示，部分控件还可实现三维图形数据的展示。采集系统所涉及的数据显示类型包括数值显示和图形显示，如图 3.47 所示：数值显示包含多个控件，如数字显示框、温度计等；图形显示控件可将所有与图形有关的数据、形状、图表显示出来，本节采用应用最广泛的波形图，其前面板包含图形显示区和标尺区两部分。

（a）数值显示列表　　　　　　　　　（b）图形显示列表

图 3.47　LabVIEW 中的数据显示

4. LabVIEW 文件的 I/O 及保存

I/O 模块可对处理结果进行输入、输出和保存，LabVIEW 中包含多种文件格式的 I/O 函数，不同函数有不同的使用范围，如图 3.48（a）所示。本节所采用的是其中的 VISA 资源模块。VISA 具有与仪器硬件接口和具体计算机无关的特性，不必考虑接口总线类型，具有方便快捷的特性。VISA 的串口配置节点如图 3.48（b）所示，未经修改均设置为默认值；串口写入及读取节点如图 3.48（c）所示，写入缓冲区代表串口发送的内容，串口读取节点代表用于读取串口的数据。

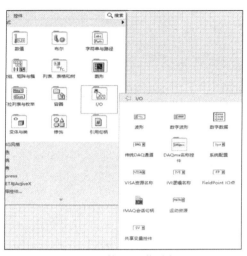

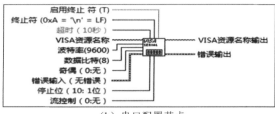

（b）串口配置节点

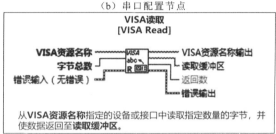

（a）文件I/O 函数列表　　　　　　　　（c）串口写入及读取节点

图 3.48 VISA 资源配置

3.3.3 基于 LabVIEW 的光纤传感器数据采集系统设计

1. FBG 测斜仪的 LabVIEW 数据采集系统设计

FBG 测斜仪的 LabVIEW 数据采集系统软件由大连理工大学自主研发，具有内存小和运算速度快的特点。计算机软件包括数据采集和数据处理的功能。将传感器与解调仪连接，打开采集软件，设置路径，点击运行即可进行数据采集。数据采集界面如图 3.49所示，左侧界面可以显示采集频率（ms）、测斜仪长度（mm）、线性拟合参数 k 和线性拟合参数 b。

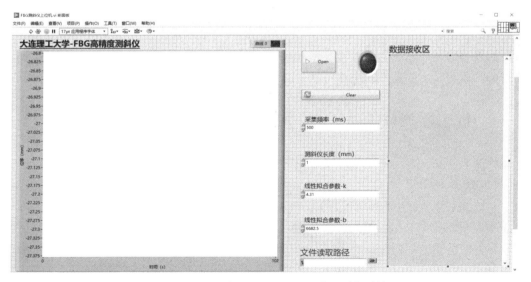

图 3.49 FBG 测斜仪的 LabVIEW 数据采集系统

2. FBG 锚索测力计的 LabVIEW 数据采集系统设计

图 3.50 为 FBG 锚索测力计的 LabVIEW 数据采集系统界面，这款由大连理工大学自主设计的锚索测力计量程可以达到 3 000 kN。该系统可以自动绘制锚索测力计每个时间点的锚索应力曲线图，左侧界面还可显示 FBG 中心波长和对应的锚索应力（N），可根据需要设置不同采集频率。

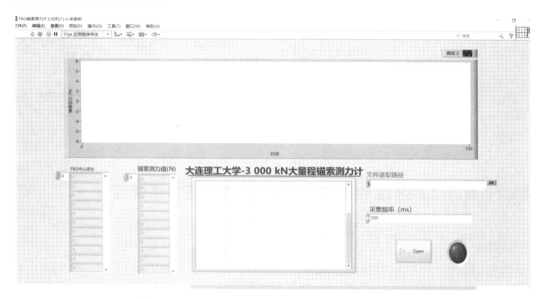

图 3.50　FBG 锚索测力计的 LabVIEW 数据采集系统

3. FBG 土压力盒的 LabVIEW 数据采集系统设计

开发的 FBG 土压力盒的 LabVIEW 数据采集系统可以同时显示 6 个土压力盒的土压力（Pa）随时间（s）变化的曲线图，并且可以同时存储 FBG 光纤土压力盒和 MEMS 倾角计的监测数据。系统界面能够显示 MEMS 倾角监测的 X、Y、Z 方向的角度，并且分别绘制倾角和时间的关系曲线图。

3.3.4　传感器测试

为了验证采集系统平台的有效性，对传感器进行标定试验测试，结果如图 3.51 和图 3.52 所示。

从结果可以看出，FBG 锚索测力计可实时显示试验数据，采集频率为 500 ms。采集系统实时显示数据与试验施加数据一致，内置算法准确可靠。数据能以图像的形式进行展示，更加直观地获取数据的变化趋势、范围等信息。数据实时存储在指定文件路径下。FBG 土压力盒的 LabVIEW 数据采集系统可同时绘制 6 个土压力盒的压力随时间变化的曲线图，工作效率高，采集速度快，并且与试验加载的数据基本吻合。

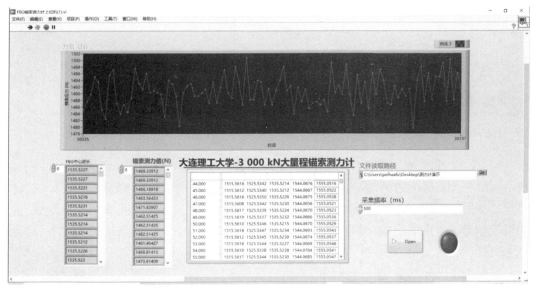

图 3.51　锚索测力计标定测试结果

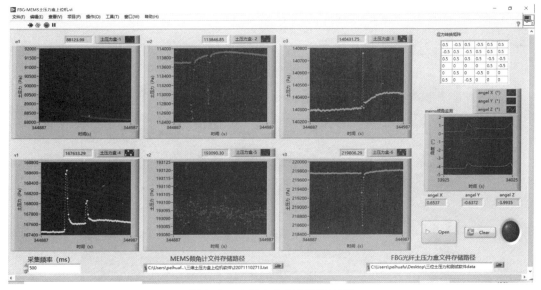

图 3.52　土压力盒标定测试结果

本节完成了基于 LabVIEW 的 FBG 测斜仪、FBG 锚索测力计和 FBG 土压力盒的监测数据采集系统的设计，介绍了虚拟仪器的概念及特点，对软件开发平台 LabVIEW 程序组成、数据运算、数据显示、文件保存及开发环境进行了详细说明；并且详细介绍了以生产者/消费者结构模式为主体的数据采集模块设计，包括初始化设计、数据存储及传感器标定模块设计、数据终止采集及清空队列模块设计，通过实时监测采集验证了设计方案和设计思路的合理性。

3.4 工程应用

本节介绍将所研发的传感设备应用于重庆市奉节县新铺滑坡实例,通过远程传输系统实时监测获取滑坡应力变形。

1. 传感器布设

研究团队开发出一种基于 MEMS 的光纤光栅三维应力测量系统,该系统由供能子系统、光纤光栅三维应力感测装备、数据处理子系统和采集子系统 4 部分组成,如图 3.53 所示,应用于重庆市奉节县新铺滑坡三维土压力监测。供能子系统由太阳能电池板、太阳能控制器、蓄电池组成,额定功率为 480 W,光纤光栅可为三维应力感测装备和其他子系统提供稳定的电力供应;光纤光栅三维应力感测装备可实时监测三维应力场分布情况;数据处理子系统能够将接收到的光谱波长信息转化为应变信息,进而解调成三维应力场信息,其中波长范围为 1 510~1 590 nm,精度为 1 pm;采集子系统的主要功能是进行三维应力场数据采集和实时、动态、直观地展示,并进行存储。

图 3.53 基于 MEMS 的光纤光栅三维应力测量系统

研究团队开发出一种基于光纤光栅的灾变滑动力测量系统,可实现滑坡滑动力 0~3 000 kN 监测,如图 3.54 所示,并应用于重庆市奉节县新铺滑坡滑动力监测。该测量系统包括:供能子系统、光纤光栅滑坡滑动力感测装备、数据处理子系统和采集子系统。供能子系统额定功率为 480 W,包括太阳能电池板、太阳能控制器和蓄电池三部分;光纤光栅滑坡滑动力感测装备可实时感测滑动力信息;数据处理子系统可将波长信息转化为应力信息,波长范围为 1 510~1 590 nm,精度为 1 pm;采集子系统能够动态采集和存储滑动力数据,并进行直观展示。

图 3.54　基于光纤光栅的灾变滑动力测量系统

研究团队开发出一种基于光纤传感原理的深部变形测量系统，角度监测精度优于 0.02°，位移监测精度优于 0.1 mm，如图 3.55 所示。该变形测量系统由供能子系统、基于光纤传感原理的深部变形测量装备、采集子系统和远程传输子系统 4 部分组成。供能子系统由太阳能电池板、太阳能控制器、蓄电池组成，额定功率为 480 W，可为光纤深部变形测量装备、采集子系统和远程传输子系统提供稳定的电力供应；基于光纤传感原理的深部变形测量装备可实时感应滑坡深部水平位移情况；采集子系统基于 LabVIEW 软件在串口助手的基础上进行编写，可将装备采集到的角度值转化为所需要的位移信息；

图 3.55　基于光纤传感原理的深部变形测量系统

远程传输子系统可通过 4G 网关，实现数据的远程传输。

2. 数据处理与分析

土体三维应力传感设备监测数据如图 3.56 所示。数据显示，随着时间变化土体的三维应力不断增大，且各方向上应力变化趋势相同，2021 年 7 月 10 日左右土体的三维应力产生了显著变化，这主要是因为降雨使滑坡产生扰动，进而导致土体应力发生变化。

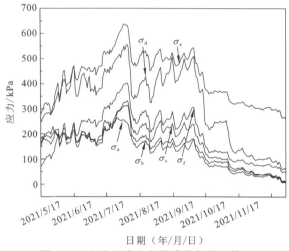

图 3.56 土体三维应力传感设备监测数据

通过对现场工程地质状况和已有传感器布设情况进行整理分析，确定布设位置以后进行钻孔安装传感器，对钻出的岩心进行分层获取土层信息，推测出潜在滑裂带深度。对现场 FBG 测斜仪的监测数据每个月取一次监测结果进行分析，由图 3.57 可见，深部水平位移在 10～15 m 位置处及 15～20 m 位置处存在较大变化，这与钻孔土样分层信息相对应，钻孔土样显示在 8.9～13 m 位置处存在灰色泥岩、质软，初步分析该处包含浅层滑带。7 月、8 月、9 月深部水平位移变化相对较大，主要是该段时间三峡新铺处于雨

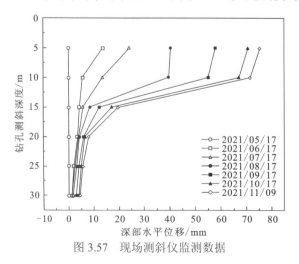

图 3.57 现场测斜仪监测数据

季，易产生滑坡扰动。

3. 现场监测数据分析系统

研究团队依靠物联网技术组建了集数据存储、分类、可视化及简单分析为一体的基于 GIS 管理的 IoT 在线监测预警系统，可查询与下载相关监测数据，为后续滑坡场变形分析预测提供稳定可靠的数据平台，系统界面如图 3.58 所示。

图 3.58　基于 GIS 管理的 IoT 在线监测预警系统

该平台可实现传感器和测点的查询功能，方便项目管理者对项目传感器布设进度进行查询与决策；可实现监测数据的实时采集、汇总、分析及数据下载功能，方便使用者能够直观全面地了解滑坡变形状况及变形规律；还可实现预警功能，平台内置了多种预测模型算法，可以根据先期监测结果不断调整监测阈值。数据分析与导出界面如图 3.59 所示。

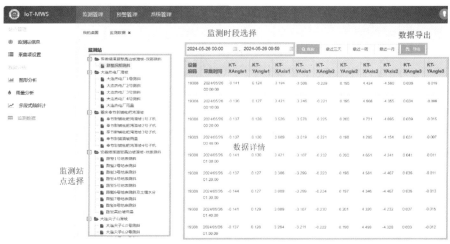

图 3.59　数据分析与导出界面

参 考 文 献

[1] Gili J A, Corominas J, Rius J. Using Global Positioning System techniques in landslide monitoring[J]. Engineering Geology, 2000, 55(3): 167-192.

[2] Lee C C, Yang C H, Liu H C, et al. A Study of the hydrogeological environment of the lishan landslide area using resistivity image profiling and borehole data[J]. Engineering Geology, 2008, 98(3-4): 115-125.

[3] Pei H F, Li C, Zhu H H, et al. Slope stability analysis based on measured strains along soil nails using FBG sensing technology[J]. Mathematical Problems in Engineering, 2013(1): 561360.

[4] Pei H F, Zhang S Q, Borana L, et al. Development of a preliminary slope stability calculation method based on internal horizontal displacements[J]. 山地科学学报（英文版）, 2018, 15(5): 1129-1136.

[5] Song Z P, Shi B, Juang H, et al. Soil strain-field and stability analysis of cut slope based on optical fiber measurement[J]. Bulletin of Engineering Geology and the Environment, 2017, 76(3): 937-946.

[6] Wang J, Dong W W, Yu W Z, et al. Numerical and experimental investigation of slope deformation under stepped excavation equipped with fiber optic sensors[J]. Photonics, 2023, 10(6): 692.

[7] Zhu H H, Shi B, Yan J F, et al. Fiber Bragg grating-based performance monitoring of a slope model subjected to seepage[J]. Smart Materials and Structures, 2014, 23(9): 095027.

[8] Wang D Y, Zhu H H, Wang J, et al. Characterization of sliding surface deformation and stability evaluation of landslides with fiber-optic strain sensing nerves[J]. Engineering Geology, 2023, 314: 107011.

[9] 朱鸿鹄, 施斌, 严珺凡, 等. 基于分布式光纤应变感测的边坡模型试验研究[J]. 岩石力学与工程学报, 2013, 32(4): 821-828.

[10] 朱鸿鹄, 施斌, 张诚成. 地质和岩土工程光电传感监测研究新进展: 第六届 OSMG 国际论坛综述[J]. 工程地质学报, 2020, 28(1): 178-188.

[11] 朱鸿鹄, 殷建华, 洪成雨, 等. 基于光纤传感的边坡工程监测技术[J]. 工程勘察, 2010, 38(3): 6-10, 14.

[12] Shi B, Sui H B, Zhang D, et al. Distributive monitoring of the slope engineering[C]//Proceedings of the 10th International Symposium on Landslides and Engineered Slopes, Xian, 2008.

[13] Wang B J, Li K, Shi B, et al. Test on application of distributed fiber optic sensing technique into soil slope monitoring[J]. Landslides, 2009, 6(1): 61-68.

[14] Ye X, Zhu H H, Cheng G, et al. Thermo-hydro-poro-mechanical responses of a reservoir-induced landslide tracked by high-resolution fiber optic sensing nerves[J]. Journal of Rock Mechanics and Geotechnical Engineering, 2024, 16(3): 1018-1032.

[15] Zhang L, Shi B, Zhang D, et al. Kinematics, triggers and mechanism of Majiagou landslide based on FBG real-time monitoring[J]. Environmental Earth Sciences, 2020, 79(9): 200.

[16] Zhu H H, Shi B, Zhang J, et al. Distributed fiber optic monitoring and stability analysis of a model slope under surcharge loading[J]. Journal of Mountain Science, 2014, 11(4): 979-989.

[17] Han H M, Shi B, Zhang C C, et al. Application of ultra-weak FBG technology in real-time monitoring of landslide shear displacement[J]. Acta Geotechnica, 2023, 18(5): 2585-2601.

[18] Pei H F, Zhang S, Borana L, et al. Slope stability analysis based on real-time displacement measurements[J]. Measurement, 2019, 131: 686-693.

[19] Pei H F, Zhang F, Zhang S Q. Development of a novel Hall element inclinometer for slope displacement monitoring[J]. Measurement, 2021, 181: 109636.

[20] 裴华富. 高速公路高边坡 FBG 传感器监测及稳定性分析[D]. 哈尔滨: 哈尔滨工业大学, 2008.

[21] 施斌, 张丹, 朱鸿鹄. 地质与岩土工程分布式光纤监测技术[M]. 北京: 科学出版社, 2019.

[22] Ye X, Zhu H H, Wang J, et al. Subsurface multi-physical monitoring of a reservoir landslide with the fiber-optic nerve system[J]. Geophysical Research Letters, 2022, 49(11): e2022GL098211.

[23] Zhang F, Pei H F, Song H B, et al. Development of an FBG–MEMS-based 3-D principal stress monitoring device in soil[J]. IEEE Sensors Journal, 2023, 23(3): 1972-1981.

[24] Zhu H H, Shi B, Yan J F, et al. Investigation of the evolutionary process of a reinforced model slope using a fiber-optic monitoring network[J]. Engineering Geology, 2015, 186: 34-43.

[25] Han H M, Shi B, Yang Y W, et al. A continuous tilt sensor based on UWFBG technology for landslide real-time monitoring[J]. IEEE Sensors Journal, 2023, 23(2): 1157-1165.

[26] Qin J Q, Yin J H, Zhu Z H, et al. Development and application of new FBG mini tension link transducers for monitoring dynamic response of a flexible barrier under impact loads[J]. Measurement, 2020, 153: 107409.

[27] 喻文昭, 朱鸿鹄, 王德洋, 等. 荷载作用下砂土边坡-管道相互作用试验研究[J]. 岩土力学, 2024, 45(5): 1309-1320.

[28] 中华人民共和国住房和城乡建设部. 建筑边坡工程鉴定与加固技术规范: GB 50843—2013[S]. 北京: 中国建筑工业出版社, 2013.

[29] Chen F Y, Li C, Chen E K, et al. Dual-diaphragm fiber Bragg grating soil pressure sensor[J]. Rock and Soil Mechanics, 2013, 34(11): 3340-3345.

[30] Liu J M, Zou D G, Kong X J, et al. A simple measurement of membrane penetration in gravel triaxial tests based on eliminating soil skeleton plastic deformation with cyclic confining pressure loading[J]. Geotechnical Testing Journal, 2019, 42(2): 880-896.

[31] 李顺群, 夏锦红, 王杏杏. 一种三维土压力盒的工作原理及其应用[J]. 岩土力学, 2016, 37 (S2): 337-342.

[32] 李顺群, 周亚东, 李琳, 等. 应变状态的广义角应变表示方法[J]. 岩土力学, 2021, 42(11): 2961-2966.

[33] 苑立波, 童维军, 江山, 等. 我国光纤传感技术发展路线图[J]. 光学学报, 2022, 42(1): 9-42.

[34] 丁振扬. 几种改进 OFDR 性能方法的提出及验证[D]. 天津: 天津大学, 2013.

[35] Pei H F, Yin J H, Zhu H H, et al. Monitoring of lateral displacements of a slope using a series of special fibre Bragg grating-based in-place inclinometers[J]. Measurement Science and Technology, 2012, 23(2): 025007.

[36] 景俊豪. 基于光纤和电磁传感的边坡变形监测系统研发[D]. 大连: 大连理工大学, 2020.

[37] 张峰, 裴华富. 一种用于滑坡位移监测的 OFDR 测斜仪研发[J]. 中国测试, 2023, 49(1): 119-125.

[38] 高博洋. 基于多元传感技术的边坡大变形高精度监测装备研发[D]. 大连: 大连理工大学, 2022.

[39] Pei H F, Jing J H, Zhang S Q. Experimental study on a new FBG-based and Terfenol-D inclinometer for slope displacement monitoring[J]. Measurement, 2020, 151: 107172.

[40] García-Miquel H, Barrera D, Amat R, et al. Magnetic actuator based on giant magnetostrictive material Terfenol-D with strain and temperature monitoring using FBG optical sensor[J]. Measurement, 2016, 80: 201-206.

[41] Pei H F, Zhang F, Zhu H H, et al. Development of a distributed three-dimensional inclinometer based on OFDR technology and the Frenet-Serret equations[J]. Measurement, 2023, 223: 113769.

[42] Hibbeler R C. Structural Analysis[M]. New York: Perntic Hall, 1990.

[43] 沈圣, 吴智深, 杨才千, 等. 基于改进共轭梁法的盾构隧道纵向沉降分布监测策略[J]. 土木工程学报, 2013, 46(11): 112-121.

[44] 柳红霞. 共轭梁法在梁变形计算中的运用[J]. 长沙大学学报, 2002, 16(2): 63-66.

[45] 陈维. 基于 MEMS 和 OFDR 传感技术的新型边坡原位测斜仪研发[D]. 大连: 大连理工大学, 2023.

[46] 中华人民共和国住房和城乡建设部. 土工试验方法标准: GB/T 50123—2019[S]. 北京: 中国计划出版社, 2019.

[47] 姜志玲. 虚拟仪器技术在测控领域中的应用[J]. 电子工程师, 2003, 29(8): 33-35.

[48] 陈琚, 黄用勤, 王永涛. 基于虚拟仪器的实时数据采集系统的设计[J]. 武汉理工大学学报, 2007, 29(6): 122-124.

[49] 林君, 谢宣松, 等. 虚拟仪器原理及应用[M]. 北京: 科学出版社, 2006.

第 4 章

光纤传感技术在桩基工程中的应用

随建筑的体量逐渐增大，浅基础已无法满足其承载力及变形的要求。桩基础是深基础的一种，按成桩方法的不同可分为灌注桩和预制桩，按沉桩方法可将其分为锤击法、静压法、振动法、水冲法，按桩的材质可分为钢筋混凝土桩、钢桩、木桩等。桩基的承载能力明显高于浅基础，能够将上部荷载通过桩土之间的作用，传递到下部岩土体上，是岩土工程中十分重要的组成部分，也是我国目前工程建设中应用最为广泛的基础形式。由于桩基础的承载力受端阻力、桩土之间侧摩阻力的共同作用，受力特性较为复杂，且桩基础是隐蔽工程，发现质量问题难，事故处理更难，所以桩基检测是施工过程中的重要环节[1]。

桩基础常用的检测方法主要分为静力测试和动力测试，其中静力测试是采用静力荷载试验确定桩基的承载力，静载试验又可分为竖向抗压、竖向抗拔及水平静载试验，是确定单桩抗压、抗拔，以及水平承载力，获取桩基设计参数，评价桩基变形等最为常用的方法。为了研究桩基静载试验中各级荷载下桩基的承载及受力特性，在桩身埋设传感元件，传统的桩基监测元件主要有振弦式钢筋计、电阻应变片。但是这些电式传感器只能对元件安装处的桩身应力或应变进行监测，不能对整桩进行监测。例如在桩身安装过多传感元件，不仅传感器引线过多不宜安装，而且监测成本较高，且传统传感元件的抗电磁干扰能力差、传感器易损、在环境较为复杂的现场试验中信号干扰因素多，需要采用新的传感技术来克服上述问题[2]。

本章简要介绍光纤传感技术在桩基工程中的应用概况、监测内容及方法，以及光纤传感技术在桩基工程中最为常用的两种桩型（静压管桩和钻孔灌注桩）施工过程中的监测方法。在此基础上，对光纤传感技术在桩基工程中的应用实例进行介绍。

4.1 桩基监测及方法

4.1.1 桩基应力监测

应力监测是桩基工程中最为重要的监测内容，桩基应力监测可以采用光纤光栅传感技术和分布式光纤传感技术，或者将两者结合应用于桩基监测中。将光纤光栅传感器或传感光纤通过一定的方法布设（具体布设方法见 4.2 节和 4.3 节）于桩身设计位置，并使其与桩身的应变耦合，光纤光栅传感器能够对测点处的桩身应变进行监测，传感光缆则能够对桩身应变进行分布式的监测。

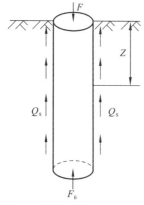

图 4.1 桩基受力分析示意图

采用光纤传感技术，对不同工况下桩身结构的微应变进行监测，再通过应变与应力之间的换算关系，实现对桩基应力的监测。桩基应力的监测内容主要包括桩身应力 σ桩身轴力 F、桩端阻力 F_E 及桩侧摩阻力 Q_s[3-5]。桩基受力分析如图 4.1 所示。

1. 桩身应力

假设传感光缆或光纤光栅传感器的轴向变形与桩身混凝土的轴向变形一致，因此桩身应力为[6]

$$\sigma(z) = E\varepsilon(z) \qquad (4\text{-}1)$$

式中：$\sigma(z)$ 为深度 z 处的桩身应力；E 为桩身混凝土的弹性模量；$\varepsilon(z)$ 为深度 z 处的桩身应变。

2. 桩身轴力

由式（4-1）桩身各处的应力，可得桩身轴力为

$$F(z) = A\sigma(z) \qquad (4\text{-}2)$$

式中：$F(z)$ 为深度 z 处的桩身轴力；A 为桩身的横截面积。

3. 桩端阻力

桩端阻力为桩基承载力重要组成部分，桩端阻力的大小受多种因素的影响，如桩身入土深度、桩端岩土体性质、桩基类型及其尺寸等[7]。对桩端阻力进行监测是十分必要的。

桩端阻力的监测方法，可将光纤传感器或感测光纤布设于桩端处，监测桩端处的应变，再将桩端处测得的应变转换为桩端阻力：

$$F_E = A\sigma_E \qquad (4\text{-}3)$$

式中：F_E 为桩端阻力；σ_E 为桩端处的应变。

4. 桩侧摩阻力

桩侧摩阻力也是桩基承载力的重要组成部分，桩侧摩阻力为桩身与桩周土体之间的摩擦力[5]。总侧摩阻力为桩身与桩周土体之间的全部摩擦力，总侧摩阻力可通过桩顶荷载与桩端阻力求得

$$F_S = F - F_E \tag{4-4}$$

式中：F_S 为总侧摩阻力；F 为桩顶荷载；F_E 为桩端阻力。

根据桩的荷载传递基本微分方程，可得桩侧摩阻力分布为

$$Q_S(z) = -\frac{1}{C}\frac{\mathrm{d}F(z)}{\mathrm{d}z} \tag{4-5}$$

式中：$Q_S(z)$ 为深度 z 处的桩侧摩阻力；$F(z)$ 为深度 z 处的桩身轴力；C 为桩身轴长。

式（4-5）也可以简化为

$$Q_S(z) = -\frac{1}{C}\frac{\Delta F(z)}{\Delta z} \tag{4-6}$$

式中：$\Delta F(z)$ 为桩身两截面间轴力变化量；Δz 为桩身两截面之间的深度差值。

将式（4-1）、式（4-2）代入式（4-5）可得

$$Q_S(z) = -\frac{1}{C}\frac{\Delta F(z)}{\Delta z} = -\frac{A}{U}\frac{\Delta \sigma}{\Delta z} = -\frac{AE}{C}\frac{\Delta \varepsilon}{\Delta z} \tag{4-7}$$

式中：$\Delta \varepsilon$ 为桩身两截面之间的轴向应变变化量。

在实际桩基工程监测中，桩身弹性模量 E、桩身截面面积 A、桩身周长 C 都已知，桩身各处的应变则通过光纤光栅传感技术或分布式光纤传感技术测得，利用以上公式，即可得到桩身应力、桩身轴力、桩端阻力、桩侧摩阻力的大小及分布特征[4,8]。

4.1.2　桩基弯矩和挠度监测

采用分布式光纤传感系统如 BOTDA，能对桩身的弯矩和挠度进行监测[6]。桩基在水平荷载作用下的变形如图 4.2 所示。

通过在桩身布设光纤传感元件，可以测得桩身各处的应变，从而计算桩基的弯矩和挠度[9-12]。在水平荷载作用下，桩身应变一侧受拉一侧受压，则可得桩的轴向压缩为

$$\varepsilon_a(z) = \frac{\varepsilon_1(z) + \varepsilon_2(z)}{2} \tag{4-8}$$

式中：$\varepsilon_a(z)$ 为深度 z 处的轴向压缩；$\varepsilon_1(z)$ 和 $\varepsilon_2(z)$ 为深度 z 处的桩身两侧的应变，一侧为正值，另一侧为负值。

桩身在深度 z 处的弯曲应变 $\varepsilon_m(z)$ 为

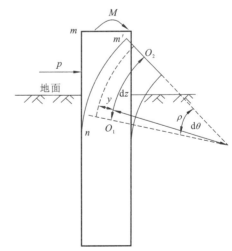

图 4.2　桩基在水平荷载作用下的变形

$$\varepsilon_m(z) = \frac{\varepsilon_1(z) - \varepsilon_2(z)}{2} \tag{4-9}$$

桩身在荷载 p 作用下的挠曲情况如图 4.2 所示。桩在荷载 p 作用下，桩顶处位移由 $m-n$ 变为 $m'-n$，此时，选取桩中性轴上纵向弧线线段 O_1O_2 长度为 dz，中性层上的 O_1O_2 线段曲率半径为 $\rho(z)$，桩的旋转角度为 $d\theta$，距中性轴 $y(z)$ 处的弯曲应变为

$$\varepsilon_m(z) = \frac{y(z)d\theta}{dz} \tag{4-10}$$

$$\frac{1}{\rho(z)} = \left|\frac{d\theta}{dz}\right| \tag{4-11}$$

将式（4-10）代入式（4-11），得到弯曲应变与桩径方向位移的关系：

$$\varepsilon_m(z) = \frac{y(z)}{\rho(z)} \tag{4-12}$$

当桩身发生弯曲时，弯矩与曲率半径的关系为

$$\frac{1}{\rho(z)} = \frac{M(z)}{EI} \tag{4-13}$$

式中：EI 为桩身抗弯刚度，E 为桩身材料弹性模量，I 为桩身换算截面惯性矩。

由此可得

$$M(z) = EI\frac{\varepsilon_m(z)}{y(z)} \tag{4-14}$$

当为小变形时，桩的挠曲线是一条平缓的曲线，其曲率可以写成

$$\frac{1}{\rho(z)} = \pm\frac{d^2w}{dz^2} \tag{4-15}$$

将式（4-15）代入式（4-13），可得

$$\pm\frac{d^2w}{dz^2} = \frac{M(z)}{EI} \tag{4-16}$$

可见弯矩 M 与挠度曲率的值的正负号相反，因此式（4-16）应为

$$\frac{d^2w}{dz^2} = -\frac{M(z)}{EI} = -\frac{\varepsilon_m(z)}{y(z)} \tag{4-17}$$

将式（4-14）和式（4-15）代入式（4-17），得到挠曲轴近似微分方程，桩在水平荷载作用下，桩端变形很小，因此，假设桩端不发生位移，并对挠度进行积分，则得到挠度的积分通解方程：

$$w(z) = -\int_H^s\int_H^s\frac{\varepsilon_m(z)}{y(z)}dzdz - Cz - D \tag{4-18}$$

式中：H 为深度；C、D 为积分常数。

离散数据通过求和解得：

$$w(z) = \sum\sum\frac{\varepsilon_m(z)}{R}z\Delta z \tag{4-19}$$

式中：R 为桩基截面半径；Δz 为解调仪的空间采样间隔。

根据布设于桩身的分布式光纤传感系统，利用上述公式，即可得到水平荷载作用下桩身弯矩和挠度。

4.1.3　桩基完整性检测

灌注桩是一种常用的桩基础，具有较好的经济性、适应性，在桩基工程中广泛应用，但由于在地下或水下施工，地质条件与施工工艺复杂，质量往往不易控制，容易出现离析、沉渣过厚、桩顶段混凝土疏松、径缩等问题，影响桩基的承载力。因此，需对灌注桩的完整性进行全面、快速的检测，是目前桩基领域的研究热点之一。传统的检测方法主要有低应变检测、高应变检测、钻芯取样法，但是这些方法存在操作复杂、检测效率低、经济性较差、易受干扰等缺点[13-14]。

随着光纤传感技术在岩土工程领域广泛应用，分布式光纤传感技术能够克服传统桩基完整性检测的缺点，应用于桩基的完整性检测中。具体方法为在灌注桩中预埋传感光纤，从桩身混凝土浇筑后，对桩身温度变化进行监测，由于桩身混凝土缺陷处的温度场与正常混凝土处的温度场存在一定的差异，通过加热桩身内的光纤，分析桩身各处的温度场，即可判断桩身的完整性[15-16]。

具体计算方法：设初始时间为 $t=0$，此时桩身初始温度与光纤温度相等，均为 T_0。对光纤加热 t 时间后，假设光纤与桩身之间传热稳定，将光纤与桩身的导热问题视为单层圆筒壁的一维导热问题。其热流量傅里叶定律表达式为

$$Q = -\lambda A \frac{dT}{dr} \tag{4-20}$$

式中：Q 为单位时间内的导热量；λ 为桩身的导热系数；A 为单位长度圆形薄壁的传热面积；T 为距光缆中心径向距离 r 处桩身介质的温度。

将 $A=2\pi r$ 代入式（4-20），进行分离变量积分得

$$\frac{Q}{2\pi} \int_{r_1}^{r} \frac{dr}{r} = -\int_{T_1}^{T} dT \tag{4-21}$$

式中：r_1 为光纤半径；T_1 为距光纤距离 r_1 处桩身介质的温度，与光纤在稳定状态的温度相等。将式（4-21）进一步变换为

$$T = T_1 - \frac{Q}{2\pi\lambda} \ln\frac{r}{r_1} \tag{4-22}$$

可得，其温度分布为对数函数，如图 4.3 所示。

当 $r=r_2$ 时，$T=T_2$，可得圆筒壁热流量表达式为

$$Q = \frac{2\pi\lambda}{\ln(r_2/r_1)}(T_1 - T_2) \tag{4-23}$$

式中：r_2 为受光纤内热源温度影响的圆筒壁的外径；T_2 为距离光缆中心 r_2 处桩身介质的温度，由前面假定知 T_2 等于初始温度 T_0。

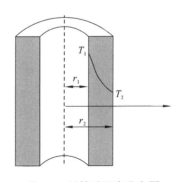

图 4.3　圆筒壁温度分布图

根据能量守恒定律可知，单位时间内加热系统产生的热量等于光纤向桩身介质传递的热量，即为

$$P = Q = \frac{U^2}{RL} P \tag{4-24}$$

式中：P 为单位时间内加热系统在单位长度光纤中产生的热量；U 为光纤两端施加的电压；R 为加热段光纤电阻；L 为加热段光纤的长度。

假设桩身介质温度的增量为 θ，则 $\theta = T_1 - T_0 = T_1 - T_2$，可得桩身介质的导热系数与温度增量之间的关系为

$$\lambda = \frac{U^2 \ln(r_2 / r_1)}{2\pi RL\theta} \tag{4-25}$$

当桩存在夹泥问题时，桩身介质的导热系数应通过质量加权百分比确定，则此时的导热系数计算公式为

$$\lambda = \lambda_c w_1 + \lambda_s w_2 \tag{4-26}$$

式中：w_1、w_2 分别为混凝土与泥的质量比；λ_c 和 λ_s 分别为混凝土和泥的导热系数。

由式（4-25）和式（4-26），即可得

$$\theta = \frac{U^2 \ln(r_2 / r_1)}{2\pi RL(\lambda_c w_1 + \lambda_s w_2)} \tag{4-27}$$

由式（4-27）可见，加热功率和温度增量之间存在一定的关系，通过分析相同加热功率下桩身各处的温度增量，即可对灌注桩的桩身完整性进行判断。

4.2 静压管桩施工监测技术及方法

静压桩是一种常见的预制桩沉桩方法，是通过在桩顶作用一静压力，来克服桩端、桩周土体的阻力，将预制桩压入土体中的一种施工方法。与锤击法相比，静压法具有施工无噪声、对桩身破坏小、对环境无污染等优势，常用于市区的桩基工程中。管桩是静压桩最为常用的桩型，在静压沉桩过程中，桩身的受力状态较为复杂，为进一步提高静压桩的承载能力、优化桩基设计、改进施工工艺，国内外众多学者通过一系列试验采用不同的测试技术对静压桩的贯入特性进行了积极的探索。传统的传感元件主要有钢筋计、应变片等，随着光纤通信技术的发展，光纤传感技术也逐渐应用于静压管桩的施工监测中[17]。按照安装方法的不同，静压管桩施工监测主要可分为刻槽法监测、预埋法监测。

4.2.1 静压管桩监测的光纤传感技术

静压法施工时管桩处于一种稳态连续压入的动态过程，管桩的受力状态受到桩端岩土体性质、桩周土体性质、静力压入速度、静压机械等多种因素的影响。因此，静压管桩的施工监测是十分必要的，光纤传感技术为静压管桩的施工监测提供了一种全新的监

测方法，与传统的静压桩监测方法相比，具有精度高、抗干扰能力强等诸多优点[17]。

静压管桩施工监测中常用的光纤传感技术主要有两大类：光纤光栅传感技术和全分布式光纤传感技术。其中，采用光纤光栅传感技术能够对管桩在静力压入过程中桩身某点的应变状态进行动态监测，结合复用技术能够在一根传感光纤上连接多个光纤光栅应变传感器，对桩身的多点应变进行监测。静压管桩施工监测中常用的分布式光纤传感技术有布里渊光时域反射技术、布里渊光时域分析技术、拉曼光时域反射技术等，能够弥补光纤光栅传感技术只能点测的缺点，对传感光纤埋设全线的桩身应变和温度分布进行监测。以上光纤传感技术各具优缺点，应根据具体工程的监测需求选用合适的方法。

4.2.2　传感器布设方法

光纤传感技术在静压管桩施工监测的传感器布设方法主要有两种，分别为刻槽法和预埋法，下面对两种方法的具体步骤进行介绍。

1. 刻槽法

刻槽法监测是最为常用的方法，具体方法如下。

（1）根据具体工程的监测要求，在桩身表面对开槽位置进行标记画线，以及对传感器安装位置进行定位标记。

（2）使用开槽机沿划线在桩身两侧开浅槽，浅槽的深度、宽度应根据所采用的光纤传感技术进行确定（不宜过大），开槽后对浅槽进行清理，并对传感器安装位置进行找平处理。

（3）将光纤光栅传感器或传感光纤安装于槽内。光纤光栅传感器的安装方法主要有黏结剂粘贴安装和膨胀螺栓连接安装两种。黏结剂粘贴安装的具体方法为把光纤光栅传感器放在安装位置，用环氧树脂将固定支座的两端固定。膨胀螺栓连接安装则需要在设计安装位置进行钻孔，采用膨胀螺栓将光纤光栅传感器的夹持支座固定于槽内。为了数据采集的精确度，在布置传感器时需连接采集仪器，根据显示的数据对传感器进行预拉伸，光纤传感器的传输导线从桩顶钻孔引出。

分布式光纤传感技术传感光纤的安装方法主要有全面埋设和定点埋设两种。全面埋设是将传感拉直光纤放置于桩身的槽内，用环氧树脂将传感光纤与桩身全面黏结。由于光纤与桩身全面接触，光纤与桩身的应变同步，能够对传感光纤埋设段的桩身应变状态进行整体监测。定点埋设是将光纤拉直放置于桩身的槽内，按照监测的设计间距，每间隔一定距离将桩身与光纤进行黏结，定点位置常为场地土层分界处。

（4）最后再采用环氧树脂等黏结剂进行填充封槽处理，在填充时采用刮板将环氧树脂刮平，使其与桩身平齐，用以保护光纤光栅传感器或传感光纤。

2. 预埋法

除刻槽法之外，传感器的埋设方法还有预埋法，预应力高强度混凝土（pre-stressed

high-strength concrete，PHC）管桩是静压桩的常用桩型，对静压 PHC 管桩的监测，可以利用其独特的制作工艺，在其生产过程中将光纤光栅传感器或传感光纤预埋到 PHC 管桩的桩身中，具体方法如下。

（1）如采用光纤光栅传感器进行监测，首先对传感器支座按照光纤光栅传感器进行标距，再将标距好的支座焊接到直径、长度适宜的钢筋（如直径为 6 mm，长度为 200 mm）上以方便后续安装。如采用全分布式光纤传感技术，则应该首先根据桩身长度准备适宜长度的传感光纤。

（2）在焊有支座的钢筋上固定光纤光栅传感器，并且在固定传感器时要对传感器进行预拉伸，以便提高后续读数的准确性。

（3）将固定好传感器的钢筋按设定的传感器间距绑扎在 PHC 管桩的钢筋笼上，传感器的传输导线通过法兰接头连接跳线作为传输导线，并且每隔一定距离用扎带进行绑扎。在扎带与扎带之间，导线拉得不要过紧，要保持导线松弛有余，以免在后续进行预应力张拉时，导线被拉断或影响传感器的测试效果。当采用全分布式光纤传感技术时，则需将传感光纤拉直，微微受力绷紧后，按一定的间隔将传感光纤与钢筋主筋进行绑扎固定或采用黏结剂固定。

（4）将安装好传感器或传感光纤的钢筋笼放入模板中，并将安有传感器或传感光纤的受力钢筋紧贴于模板底部，以免在浇筑混凝土时将光纤光栅传感器损坏。在安装端头板时，将传感器的跳线置于钢筋笼内侧，防止端头板安装过程中将跳线挤坏。

（5）浇筑混凝土时首先将钢筋笼内的跳线取出，振捣时应注意传感器位置，以免损坏传感器。进行离心之前将跳线处理好，是在模板的一端将其牢牢固定，防止离心时甩开损坏导线，将导线固定好之后进行预应力的张拉。

（6）张拉结束后进行离心成型，离心速度按照低速（7.66 r/min）、中低速（10.71 r/min）、中速（33.47 r/min）、高速（49.30 r/min）逐级增加进行离心成型。然后对管桩进行养护，并且将其放置于最上端，以免在底部产生过高的温度损坏传感器。养护结束后，进行拆模，即将桩身装有光纤光栅传感器或传感光纤的 PHC 管桩用于静压沉桩监测。

4.3 钻孔灌注桩施工监测技术及方法

钻孔灌注桩是一种成熟的桩型，在桩基工程中应用广泛，由于其独特的施工工艺，在成桩过程中易出现桩体混凝土离析、断桩、夹泥等质量问题。因此，对钻孔灌注桩进行监测，探究其承载特性和荷载传递规律是十分必要的。

4.3.1 钻孔灌注桩监测的光纤传感技术

对钻孔灌注桩施工的监测，常用的传统监测方法是在钻孔灌注桩的主筋上安装振弦式或电阻式钢筋计，对静载荷试验过程中不同荷载作用下的桩身轴力进行监测。但是，此方法传感器抗干扰能力较弱,监测精度有待进一步提高,且当安装的传感器数量较多时,传感器的传输线过多不易安装保护。随着光纤技术的发展,光纤传感技术能够弥补传统监测方法的不足,逐渐应用于钻孔灌注桩的施工监测[8]。

钻孔灌注桩监测中的常用光纤传感技术主要分为光纤光栅传感技术和全分布式光纤传感技术。其中,光纤光栅传感技术主要采用光纤光栅应变传感器和光纤光栅温度传感器,能够分别对钻孔灌注桩的桩身受力状态、灌注成桩过程中的温度变化进行监测,由于大尺寸灌注桩在静载试验中所受荷载较大,应选用量程合适的光纤光栅传感器,分布式光纤传感技术能够对传感光纤埋设处的桩身受力及温度变化进行全面的监测[11]。

4.3.2　传感器布设方法

钻孔灌注桩施工监测中传感器常用的布设方法主要有三种,分别为绑扎法、植入法及刻槽法。

1. 绑扎法

对于钻孔灌注桩这类现浇钢筋混凝土结构,通常将光纤光栅传感器或传感光纤安装于钢筋笼的主筋上,再将钢筋笼放置于钻孔中,浇筑混凝土。具体步骤如下。

(1)对光纤光栅传感器安装位置或传感光纤与钢筋的固定位置进行画线标记,便于传感器或光纤的后期安装。

(2)当采用传感光纤时,将光纤的一端固定,另一端沿钢筋方向进行预拉,然后进行绑扎固定,两点间用扎带进行绑扎。当采用光纤光栅传感器时,将光纤光栅传感器绑扎于主筋上,并且将传感器的传输光纤用尼龙扎带固定于钢筋上。

(3)在光纤弯曲和桩顶位置,以及需要设置回路的桩端光纤 U 形布设处,需要对光纤采取保护措施,常用的保护方法为在光纤弯曲处加装松套管。

(4)将装有传感器或传感光纤的钢筋笼起吊,缓缓放入钻孔内,灌入混凝土进行浇筑,在施工过程中,应注意保护传输光纤,以免被机械设备破坏,影响后期监测。

(5)待养护到期后,对桩头引线进行处理,从桩侧出线保护。

2. 植入法

为了检测桩基的完整性,在灌注桩中常设有声测管,声测管沿桩身通长布置,待声测完成后,即进行注浆回填。当灌注桩中埋设有声测管时,可采用光纤植入法对其进行监测。

(1)按照桩长准备长度适宜的钢丝绳,钢丝绳的一端连接一探头,便于沉入声测管中,其余钢丝绳缠绕于卷线器上。并且准备适宜长度的传感光纤用于监测,光纤一端与探头连接,传感光纤也缠绕于另一卷线器上。

(2)将注浆管下伸至声测管底部,对声测管进行注浆,直至浆液冒出声测管,停止注浆,并对未注满的声测管进行补浆。

（3）将连接有钢丝绳和传感光纤的探头，放入刚注浆的声测管内，通过卷线器逐渐下放钢丝绳和光纤，每隔 1～2 m 将钢丝绳和光纤进行绑扎固定。下放过程中，需让钢丝绳受力，光纤仅保持拉直状态但不受力。

（4）当钢丝绳一端下放至桩端后，将钢丝绳上拉 10～20 cm，以保证钢丝绳和光纤为拉直状态。

（5）待声测管中的浆液凝固后，对桩身顶部的光纤采取必要的保护措施，防止在后期施工过程中被破坏。

3. 刻槽法

采用绑扎法时，全分布式传感技术的传感光纤与灌注桩钢筋之间为定点接连固定，定点处的传感光纤易被损坏。采用刻槽法进行布设，适用于施工环境比较恶劣的监测环境，能够对传感光纤进行有效保护[19]。刻槽法的具体布设方法如下。

（1）根据桩基工程的实际情况，选取长度、直径适宜的钢筋，用切割机沿钢筋轴线方向开一浅槽，用于埋设传感光纤。

（2）对浅槽内进行除尘后，将传感光纤放入钢筋的浅槽内，并拉直传感光纤，使传感光纤微微受力。

（3）采用黏结剂将浅槽内的传感光纤与钢筋进行全面黏结，待黏结剂固化后，将装有传感光纤的钢筋绑扎于灌注桩钢筋笼侧壁上，以此来提高传感光纤的存活率。

4.4 工程应用

4.4.1 静压管桩监测实例

该工程中采用光纤光栅（FBG）传感技术，在静压沉桩和静载试验期间测量预应力高强混凝土（PHC）管桩的应变分布。将光纤光栅传感器与传统振弦式应变计的监测数据进行比较，验证了光纤光栅传感器监测数据的可靠性及轴向应变监测的优越性。

1. 场地概况

随着广州和清远之间的车流量不断增大，拟对现有公路进行拓宽。考虑到工期时间限制和新旧路堤沉降的严格控制，新路基采用 PHC 支撑，图 4.4 为公路拓宽工程示意图。第一排桩安装在现有斜坡下，最后一排桩靠近新路基的坡脚。采用的桩型为 300A，桩间距和长度分别为 2 m 和 9～13 m，具体取值取决于路堤荷载和地质条件。

圆锥贯入试验（cone penetration test，CPT）通常用于确定岩土工程中的土参数，可以在复杂的地质条件下提供锥尖总阻力（q_c）和侧壁总摩阻力（f_s）的连续剖面，能够反映现场土体的不排水剪切强度。该项目采用的地质勘探方法为 CPT 结合钻孔取样，三根PHC 桩的地下勘探结果和桩的位置如图 4.5[17]所示。距离较近的 A 桩和 B 桩自上而下分

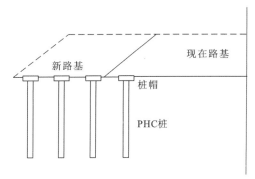

图 4.4   公路拓宽工程示意图

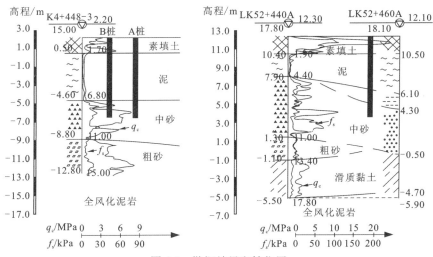

图 4.5   勘探结果和桩位置

别为 1.7 m 厚的素填土、5 m 厚的泥土和桩尖所在的中粒砂。C 桩的泥层厚 4 m，泥中的 q_c 和 f_s 都小于其他土层。此外，土体性质随深度变化明显，说明桩长会明显影响桩基的承载力。

2. 传感器安装

FBG 传感器安装在 A 桩和 B 桩上，桩长均为 10 m。如图 4.6（a）所示，在桩的外表面上沿桩身轴线方向开凹槽，凹槽的宽度和深度约为 4 mm，然后使用酒精清洁凹槽，以确保 FBG 传感器能够牢固地粘贴在凹槽内。将 FBG 传感器用环氧树脂粘贴在凹槽中，在粘贴时对传感器进行一定程度的预拉伸，然后用环氧树脂涂覆传感器和凹槽以保护传感器。环氧树脂具有防水作用，并且可以有效保护 FBG 传感器在沉桩过程中受岩石等固体材料的划伤。FBG 传感器的安装细节如图 4.6（b）所示。FBG 传感器的安装方向平行于桩的轴线，以确保测量的应变是沿桩长度的实际应变。每个凹槽中安装 8 个 FBG 传感器，传感器的间距为 1 m，从距桩顶下方 2 m 处开始安装，根据安装深度分别命名为 S-2 m、S-3 m、…、S-9 m。每侧的 8 个 FBG 传感器都连接到一根光纤电缆上，然后连接到光纤光栅解调仪进行数据采集。

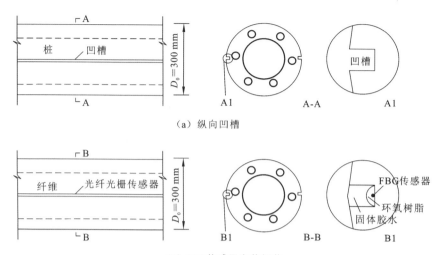

（a）纵向凹槽

（b）FBG传感器安装细节

图 4.6　FBG 传感器安装

C 桩长 9 m，安装了 10 个振弦式应变传感器（vibration wire strain gauge，VWSG），分别焊接在距桩头 0.5 m、2.5 m、4.5 m、6.5 m 和 8.5 m 的 PHC 钢筋笼的两根对称的主筋上。为了保护振弦式应变传感器，C 桩在室温（约 20 ℃）下养护 28 天。

3. 桩身轴力和侧摩阻力计算

计算 FBG 传感器的波长偏移，以获得每个传感器中的应变。为了消除不平衡载荷的影响，通过平均给定深度处两个传感器的读数，获得给定深度处的轴向应变：

$$\frac{\Delta \lambda_{\mathrm{B}}}{\lambda_{\mathrm{B}}} = C_{\varepsilon} \Delta \varepsilon + C_T \Delta T \tag{4-28}$$

式中：λ_{B} 为初始布拉格波长；$\Delta \lambda_{\mathrm{B}}$ 为布拉格波长差；$\Delta \varepsilon$ 为应变差；ΔT 为温差；C_{ε} 和 C_T 分别为应变系数和温度系数，此试验中分别为 $0.78 \times 10^{-6} \, \mu\varepsilon^{-1}$、$6.67 \times 10^{-6} \, ℃^{-1}$。

沉桩和静载试验期间的温度变化非常小，假设该阶段温度对 FBG 传感器的波长影响很小，因此在此试验中可以忽略温度的影响。

每个监测截面的应变值取相同截面上两个振弦式应变传感器读数的平均值，振弦式应变传感器测得的应变为

$$\varepsilon = K(f_i^2 - f_0^2) \tag{4-29}$$

式中：ε 为振弦式应变传感器的应变；f_0 和 f_i 分别为初始和实时频率读数；K 为校准系数。

根据传感器测得的应变，可得桩身轴力为

$$F = AE\varepsilon = \frac{(D_0^2 - D_i^2)\pi}{4} E\varepsilon \tag{4-30}$$

式中：A 为桩的横截面积；E 为桩材料的杨氏模量，取 38.4 GPa。

两个不同深度之间桩表面上的平均侧摩阻力 τ 为

$$\tau = \frac{\Delta F}{\pi D_0 \Delta Z} \tag{4-31}$$

式中：ΔF 为两个深度处的轴力差；ΔZ 为两个深度之间的距离。

4. 结果与分析

图 4.7 所示为试桩轴力随贯入深度的变化。在图 4.7（a）中，当 A 桩的贯入深度为 1 m 时，S-7 m、S-8 m 和 S-9 m 出现轴向应变，这是因为此处位于夹具下方，而其他部分没有应变（除自重外没有力）。由于夹具位于 S-2 m 以上，所有截面在 7 m 贯入深度均出现轴向应变。B 桩的轴力变化情况与 A 桩相同，夹具在 1 m 贯入深度时位于 S-7 m 和 S-8 m 之间，因此只有 S-8 m 和 S-9 m 承受轴向应变。

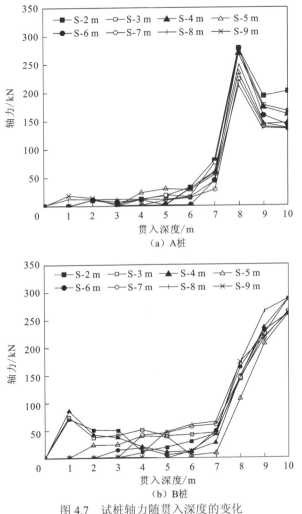

（a）A桩

（b）B桩

图 4.7　试桩轴力随贯入深度的变化

解调仪在静载试验期间连续记录每个 FBG 传感器的波长变化，振弦式应变传感器则记录每级荷载下的稳定频率。3 根试桩静载试验的荷载-沉降关系如图 4.8 所示，C 桩的竖向抗压承载力明显高于 A 桩和 B 桩。

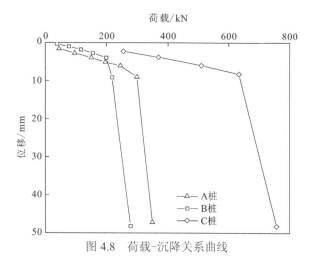

图 4.8　荷载-沉降关系曲线

　　静载试验中的桩身轴力分布如图 4.9 所示。可见，不同深度处的桩身轴力随着荷载的增大而增大。受到侧摩阻力的影响，同一荷载下的桩身轴力随着深度的增加呈减小的趋势。图 4.9 中任意两点之间的斜率取决于这两点之间的侧摩阻力。

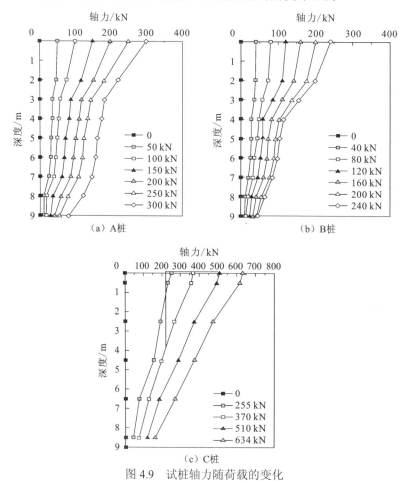

图 4.9　试桩轴力随荷载的变化

图 4.10 为 3 根试桩桩身侧摩阻力分布情况。可见，在静载试验和静力触探试验中，泥层的侧摩阻力明显小于填土和砂层的侧摩阻力。静载试验测得的侧摩阻力大于静力触探试验测得的侧摩阻力。

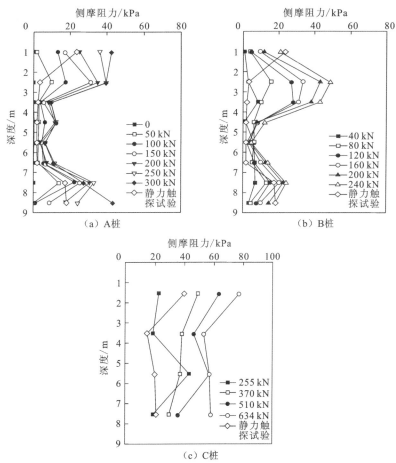

图 4.10　试桩桩身侧摩阻力随深度的变化

桩身压缩量的计算公式为

$$\delta = \sum_{i=1,9} L_i \varepsilon_i + \sum_{j=2}^{8} L_j \varepsilon_j \qquad (4\text{-}32)$$

式中：δ 为桩身压缩量；ε_i 为截面 i 处的轴向应变，距离桩头 1 m；L_i=1 500 mm 和 L_j=1 000 mm 分别是桩截面 i 和 j 的长度。

该项目中 PHC 桩的桩身压缩量仅为 0.87 mm 和 0.63 mm，占桩头沉降量的 9.7%和 6.8%，如表 4.1 所示。

表 4.1　桩压缩量与桩头沉降量之间的关系

桩号	桩长/m	最大荷载/kN	桩头沉降量/mm	桩身压缩量/mm	压缩量/沉降量/%
A	10	300	8.98	0.87	9.7
B	10	240	9.26	0.63	6.8

综上可知，FBG 传感器和传统振弦式应变压力计均可用于沉桩和静载试验期间 PHC 桩桩身应变监测。通过分析公路路基中桩的荷载传递机理，可知该项目所用 FBG 传感器安装方法是可行和有效的。在静载试验中，桩侧摩阻力首先在桩头附近发挥作用，然后向桩端移动，而不是同时发挥作用的。

4.4.2 钻孔灌注桩监测实例

基于 BOTDA 传感技术的支护钻孔桩应变监测工作在施工期间和施工完成后 6 个月内进行，在 3 根钻孔灌注桩中安装了光纤温度和应变传感器及振弦式应变传感器。将光纤监测数据与传统振弦式应变传感器监测的数据进行比较，验证采用光纤传感技术监测灌注桩应变的可行性，试验结果如图 4.11 所示[20]。

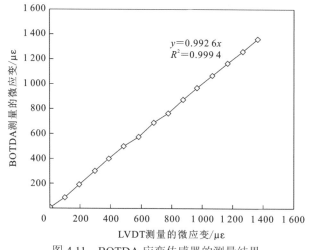

图 4.11　BOTDA 应变传感器的测量结果

试桩中传感光纤和带电缆的振弦式应变传感器安装位置如图 4.12 所示。为了测量沿钻孔灌注桩的应变，安装了一个 BOTDA 光纤应变监测回路，如图 4.13 所示。为克服温

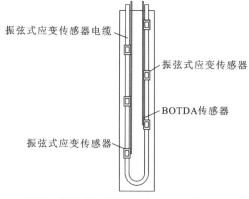

图 4.12　BOTDA 传感光纤和带电缆的振弦式应变传感器的桩内位置示意图

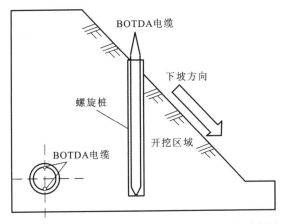

图 4.13　BOTDA 传感技术监测钻孔灌注桩的示意图

度变化的影响，安装 BOTDA 光纤温度监测回路，以对测得的应变数据进行温度补偿。

试验采用 BOTDA 传感技术监测钻孔灌注桩的应变和温度分布，BOTDA 测量设备为瑞士 OMNISENS 的型号 DITEST STA-R。试验采用光纤作为 BOTDA 应变传感器和温度传感器，应变感测光纤被紧密包裹在塑料涂层中，浇筑桩身混凝土后，实现光纤与桩身的变形耦合。同时，温度感测光纤与周围环境隔离，避免受到应变的影响。开挖土层深度与时间的关系如图 4.14 所示。

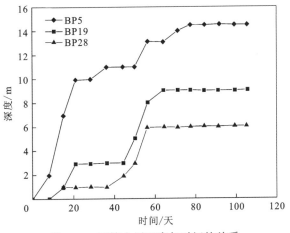

图 4.14　开挖土层深度与时间的关系

图 4.15 所示为一种计算桩身轴力和剪力的简化算法，计算方法可通过以下公式表示：

$$k = \frac{1}{d}(\varepsilon_a - \varepsilon_b) \tag{4-33}$$

$$\alpha = \int k \mathrm{d}z + A \tag{4-34}$$

$$\alpha = \int \alpha \mathrm{d}z + B \tag{4-35}$$

式中：k 为监测桩的曲率；d 为桩的直径；α 为变形轴倾角；z 为土层深度；A、B 为已知边界条件下可计算的系数；ε_a 和 ε_b 为同一标高桩的应变，平均应变 $\bar{\varepsilon}$ 可以计算为

$$\overline{\varepsilon} = \frac{1}{2}(\varepsilon_a + \varepsilon_b)$$
(4-36)

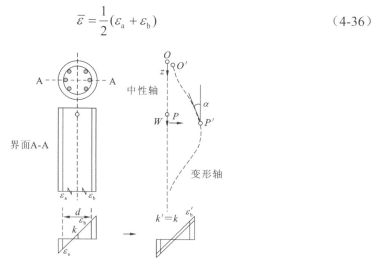

图 4.15　通过测量纤维上的应变来测定平面变形

因此，桩身的挠度可表示为

$$w = \int \varepsilon \mathrm{d}z + C$$
(4-37)

式中：C 为可在考虑已知边界条件的情况下计算的带通系数。图 4.15 中 P' 为监测点 P 变形后的位置。图 4.16 为根据实测应变计算钻孔灌注桩的计算挠度。

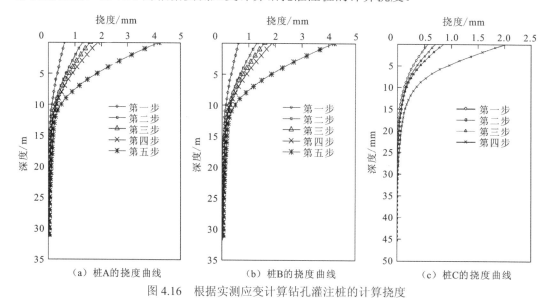

图 4.16　根据实测应变计算钻孔灌注桩的计算挠度

综上可知，BOTDA 传感技术可用于测量结构的大变形，传感光纤的环路安装方法可以有效获得布设位置的结构应变，每个环路都可以提供独立的应变监测结果。在开挖过程中，对装有光纤传感器的 3 根钻孔灌注桩进行监测，结果表明 3 根钻孔灌注桩均处于稳定状态，可见用光纤传感技术对钻孔灌注桩进行监测是可行的。

参 考 文 献

[1] 施斌, 余小奎, 张巍, 等. 基于光纤传感技术的桩基分布式检测技术研究[C]//第二届全国岩土与工程学术大会论文集, 2006: 486-491.

[2] Lee W, Lee W J, Lee S B, et al. Measurement of pile load transfer using the Fiber Bragg Grating sensor system[J]. Canadian Geotechnical Journal, 2004, 41(6): 1222-1232.

[3] 朱友群, 朱鸿鹄, 孙义杰, 等. FBG-BOTDA联合感测管桩击入土层模型试验研究[J]. 岩土力学, 2014, 35(S2): 695-702.

[4] Borana L, Yin J H, Singh D N, et al. Influences of initial water content and roughness on skin friction of piles using FBG technique[J]. International Journal of Geomechanics, 2017, 17(4): 04016097.

[5] 魏广庆, 施斌, 贾建勋, 等. 分布式光纤传感技术在预制桩基桩内力测试中的应用[J]. 岩土工程学报, 2009, 31(6): 911-916.

[6] 丁勇, 王平, 何宁, 等. 基于BOTDA光纤传感技术的SMW工法桩分布式测量研究[J]. 岩土工程学报, 2011, 33(5): 719-724.

[7] Chen Z, Chen W B, Yin J H, et al. Shaft friction characteristics of two FRP seawater sea-sand concrete piles in a rock socket with or without debris[J]. International Journal of Geomechanics, 2021, 21(7): 06021015.

[8] Zheng X, Shi B, Sun M, et al. Evaluating the effect of post-grouting on long bored pile based on ultra-weak fiber Bragg grating array[J]. Measurement, 2023, 214: 112743.

[9] Lu Y, Shi B, Wei G Q, et al. Application of a distributed optical fiber sensing technique in monitoring the stress of precast piles[J]. Smart Materials and Structures, 2012, 21(11): 115011.

[10] Klar A, Bennett P J, Soga K, et al. Distributed strain measurement for pile foundations[J]. Proceedings of the Institution of Civil Engineers: Geotechnical Engineering, 2006, 159(3): 135-144.

[11] Xu D S, Yin J H, Liu H B. A new measurement approach for deflection monitoring of large-scale bored piles using distributed fiber sensing technology[J]. Measurement, 2018, 117: 444-454.

[12] Zhu H H, Wang J, Zhang W, et al. Failure analyses of open-ended pre-stressed high-strength concrete pile during driving: Insights from distributed fiber optic sensing[J]. Acta Geotechnica, 2024, 19: 1-16.

[13] 中华人民共和国住房和城乡建设部. 建筑基桩检测技术规范: JGJ 106—2014[S]. 北京: 中国建筑工业出版社, 2014.

[14] 中华人民共和国住房和城乡建设部. 建筑基桩自平衡静载试验技术规程: JGJ/T 403—2017[S]. 北京: 中国建筑工业出版社, 2017.

[15] 王宜安, 张丹, 张春光, 等. 非均匀温度场中的单桩内力响应模型试验研究[J]. 防灾减灾工程学报, 2017, 37(4): 565-570.

[16] Wang J, Zhu H, Tan D, et al. Thermal integrity profiling of cast-in-situ piles in sand using fiber-optic distributed temperature sensing[J]. Journal of Rock Mechanics and Geotechnical Engineering, 2023, 15(12): 3244-3255.

[17] Guo W L, Pei H F, Yin J H, et al. Monitoring and analysis of PHC pipe piles under hydraulic jacking using FBG sensing technology[J]. Measurement, 2014, 49: 358-367.

[18] 王凤梅, 张领帅, 陈敏华, 等. 钢筋应力计与光纤光栅传感器在桩基试验中的应用分析[J]. 路基工程,2019(3): 78-83.

[19] Lu X C, Li G W, Pei H F, et al. Experimental investigations on load transfer of PHC piles in highway foundation using FBG sensing technology[J]. International Journal of Geomechanics, 2017, 17(6): 04016123.

[20] Pei H F, Yin J H, Wang Z T. Monitoring and analysis of cast-in-place concrete bored piles adjacent to deep excavation by using BOTDA sensing technology[J]. Journal of Modern Optics, 2019, 66(7): 703-709.

第 5 章

光纤传感技术在能量桩工程中的应用

传统能源的大量使用加剧了大气污染，所以如何开发使用新能源成为大家关注的焦点。能量桩是一种新型的加热方法，它可以利用浅层地热的能量来加热，并且兼具换热和承载作用，得到了众多研究者的重视[1]。但是，由于能量桩受到多种应力场相互作用，能量桩自身的热力学特性非常复杂，其作用机理尚不明确。此外，能量桩的设计和使用效率还与气温区域特征相关，因此在设计过程中需要结合具体的功能需求和使用地区的气候特征，因地制宜。通过相关传感元件监测能量桩的应力、应变、侧摩阻力和桩头位移等关键变量，指导能量桩的设计，是其推广和发展的关键环节[2]。在现场试验和室内模型试验中，通常在桩身埋设传感元件监测多场耦合作用下能量桩响应，传统的传感元件包括电阻应变片和振弦式钢筋计等。然而，上述传感元件通常体积较大、引线过多、安装困难，并且安装完成后对桩体自身性质影响较大。此外，传统传感元件还存在精度低、抗电磁干扰能力差、耐久性差和成活率低等缺陷，亟须采用新型感测技术解决上述问题[3]。

本章首先介绍能量桩的概念、监测内容、监测方法及桩身应变、应力、侧摩阻力计算公式；给出新型相变能量桩和珊瑚砂混凝土能量桩的研发过程，并采用光纤光栅传感技术对其基本热物理性能进行试验研究，探究水化性能和传热性能；然后介绍能量桩光纤测试模型试验；最后开展竖向循环荷载-温度耦合作用下能量桩承载特性研究，并对结果进行分析讨论。

5.1 监测内容及方法

5.1.1 能量桩概念

能量桩，又称能源桩，是将地源热泵技术与建筑桩基相结合的一种桩体，具有承担上部建筑荷载同时利用浅层地热的功能，是一种新型建筑节能技术。在建筑桩基础施工过程中，将传统地源热泵埋设其中，通过循环液在桩基础中循环流动与桩周土体发生热交换，从而实现调节上部建筑温度的功能[4]。一般而言，能量桩长度略小于传统建筑桩基础，通常长度为 10～50 m，直径为 0.4～1.5 m，长径比为 25～33。能量桩与传统地源热泵最大的区别在于能量桩可采用多种形式的建筑桩基础来取代钻孔。

埋管形式是决定能量桩结构的因素，通常根据结构稳定性、换热效率及桩基础形式、长度、直径和施工工艺等因素选择合适的埋管形式，常见的能量桩埋管形式分为单 U 形、双 U 形、W 形和螺旋形等[5]。目前，我国由北京中岩大地科技股份有限公司和清华大学主导，同济大学、河海大学、北京科技大学等多家单位参编的《桩基地热能利用技术标准》（JGJ/T 438—2018）实施，以期为能量桩技术的应用和推广提供技术和法律支撑。

5.1.2 监测内容

能量桩与传统桩基础比较，它的主要优点是受到温度场、力学场、渗流场和时间场等多个物理场的耦合作用时，温度场对它的影响最大。这种影响主要包括三个方面：对桩体本身的影响、对桩周土体的影响、对桩土界面的影响。对桩体而言，一方面换热管的埋入减小了桩身截面积，使桩体本身强度降低；另一方面，温度场的变化会使桩体发生胀缩，在热力耦合作用下桩身将产生附加温度应力和变形[6]。对土体而言，其物理性质会随着温度的改变而发生改变，从而对桩体承载性能造成影响。对桩土界面而言，一方面桩体在温度作用下发生横向的热胀冷缩，另一方面界面土体的物理力学性质因温度场的变化而发生改变，这些都会对桩土之间的接触关系产生影响，从而进一步影响桩基承载性能[7]。

通常而言，传统桩基础的力学特性研究包括桩身应力、侧摩阻力、桩身位移及桩顶沉降变化规律等方面内容。对能量桩而言，其热力学特性除上述几方面内容外，还包括桩身传热特性的研究。图 5.1 所示为热力耦合作用下能量桩应力及摩阻力变化，可见温度荷载对桩身应力和侧摩阻力的分布有很大影响，进一步影响了桩基承载性能。在温度场中桩身会发生热胀冷缩现象，所以桩身会出现上升或者下降的情况。相较于静力荷载引起的桩身位移和桩顶沉降，温度附加沉降（尤其是冷荷载所引起的沉降）也不容忽视[8]。综上可见，对能量桩进行监测及相关研究是十分必要的。

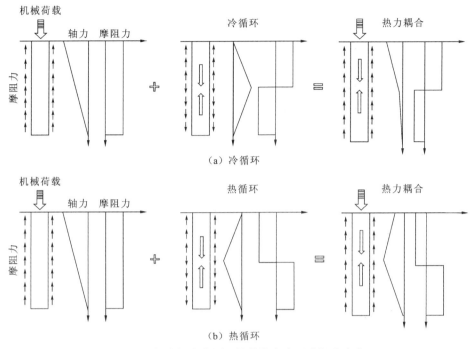

图 5.1　热力耦合作用下能量桩应力及摩阻力变化

5.1.3　监测方法

　　能量桩的监测方法与传统桩基的监测方法基本一致，具体方法及细节参见第 4 章内容。但是，能量桩的桩身应变、应力、轴力、侧摩阻力的计算方法与传统桩基存在一定的差异。对能量桩而言，当桩身没有受到任何约束，温度发生改变时，桩身将自由胀缩，此时产生的应变[9]为

$$\varepsilon_{\text{free}} = \alpha \Delta T \tag{5-1}$$

式中：α 为桩体热膨胀系数。

　　当能量桩受到完全约束时，温度发生改变时其热应变为零，沿着桩身将产生均匀的热应力为

$$\sigma = E\alpha \Delta T \tag{5-2}$$

式中：E 为桩体弹性模量。

　　但是在实际工程中，能量桩会受侧摩阻力和端阻力约束，这种约束情况介于自由状态和完全约束之间，此时其热应力应小于式（5-2）计算结果。因此，桩身轴向应力可通过下式计算：

$$\sigma_{\text{T}} = E(\varepsilon_{\text{T}} - \varepsilon_{\text{M}} - \alpha \Delta T) \tag{5-3}$$

式中：ε_{T} 为试验中所测得的应变；ε_{M} 为机械荷载作用下桩身应变。

　　将式（5-3）代入式（5-2）中，可通过监测光栅波长漂移量来计算能量桩桩身轴向

热应力，即

$$\sigma_{\mathrm{T}} = \frac{E}{c_\varepsilon}\left[\frac{\Delta\lambda_{\mathrm{B}}}{\lambda_{\mathrm{B}}} - (c_{\mathrm{T}} + \alpha c_\varepsilon)\Delta T\right] \tag{5-4}$$

需要注意的是，式（5-4）中所计算的热应力是温度作用引起的桩身应力变化，在进行桩体应力平衡校验时，需将机械荷载引起的桩身机械应力与温度作用引起的桩身热应力耦合后再进行计算[10]。

此外，根据桩身应力还可推算出桩身侧摩阻力，其计算公式为

$$f_{\mathrm{s,mob},j} = \frac{D}{4\Delta l}(\sigma_{\mathrm{T},j-1} - \sigma_{\mathrm{T},j}) \tag{5-5}$$

式中：j 为从桩顶到桩端的光纤光栅编号，取值 1、2、3、4；D 为桩体直径；Δl 为相邻两光纤光栅之间的距离。

5.2　相变能量桩研发

目前，国内外学者主要研究能量桩的传热性能及桩体热力耦合机理，而对能量桩桩身的材料性能研究相对较少。传统的能量桩桩身材料为混凝土，但是在混凝土中掺入钢纤维、复合硅酸盐水泥、废铜矿渣、石墨等材料能够明显提高桩身的强度和储热性能。

相变材料（phase change materials，PCM）是指在一定温度区间内可以通过物理状态改变来吸收或释放热量并提供潜热的物质，它具有储能密度大、体积膨胀率小及在吸收或释放热量过程中材料本身能保持近似等温等优点，因此已经被广泛应用于航空航天、通信电力、建筑节能等领域[11]。建筑节能领域的相变储能混凝土，已经被证实可以提升混凝土的热容[12-13]。相变材料要在能量桩中发挥作用，需加入桩身混凝土中。适用于能量桩工作状态的相变材料对桩身混凝土的性能影响还有待研究。因此，本节选取适宜的相变材料，并对其进行封装，制备性能较优的复合相变材料。基于试验条件，将复合相变材料加入超早强磷酸镁水泥（magnesium phosphate cement，MPC）中，利用光纤光栅传感器同时测量水化阶段的温度和应变变化，研究它对水泥早期收缩行为的影响。另外，还利用扫描电子显微镜（scanning electron microscope，SEM）观察水合物产物的微观形貌，详细讨论相变材料对磷酸镁水泥收缩性能的影响。

磷酸镁水泥是将磷酸盐和过烧氧化镁通过溶液酸化反应生成的一种新型无机胶凝材料。与普通硅酸盐水泥（ordinary portland cement，OPC）相比，磷酸镁水泥具有凝结快、早期强度高、力学性能好、耐久性好等特点。但其早期水化温度过高，会产生微裂缝影响其工作性能，需要有效的措施降低其收缩应变。

5.2.1　相变混凝土早期水化性能

1. 相变材料选取

选用适宜的相变材料对相变能量桩作用的发挥至关重要。选取时首先要充分调研能量桩安装区域的浅层地温资料、换热管出入水口（即上部结构）所处环境温度，进而根据能量桩系统的工作温度范围确定材料的相变温度。再综合考虑材料成本、储热导热性能、可逆性，选择无毒、不易燃、环境友好的相变材料。综上所述，适宜能量桩混凝土的相变材料选取要符合以下的条件：相变温度适宜、相变潜热较大、导热系数较高、换热迅速、相变温度恒定、相变可逆性好、化学和力学稳定性较好、热膨胀系数较低、与换热管结合较好、成本较低、环境友好等。

根据调研资料，上海地区的土体温度为 17 ℃，能量桩换热管冬季和夏季的入口水温范围分别为 5～7 ℃和 35～40 ℃。相变材料要在冬季取热工况下凝固，而在夏季放热工况下熔化，根据换热管系统的运行温度工况和埋设地层的初始温度，可以确定所需相变材料的相变温度范围应该在 8～17 ℃（冬季）和 17～30 ℃（夏季）。聚乙二醇（polyethylene glycol，PEG）的相变温度适宜，相变潜热较高，且其热稳定性良好、可以生物自降解、对环境无毒无害、价格低廉，是一种理想的、适宜能量桩的相变储热材料。结合相变材料选取原则，本小节选取聚乙二醇-600（PEG-600）、聚乙二醇-1000（PEG-1000）。相变材料在相变区间内会发生固液态变化，易发生泄漏，需选择多孔材料或微胶囊对其进行封装，因此选择硅藻土为本试验相变材料的封装材料。

2. 试验方法

本试验相变材料选用的试验级聚乙二醇-600（PFG-600）、聚乙二醇-1000（PFG-1000）均为白色或浅黄色软蜡状半固体，溶于水和乙醇，购买自国药集团化学试剂有限公司。PFG-600 相变温度为 20～25 ℃；PFG-1000 的相变温度为 30 ℃。高温煅烧过的硅藻土，产自吉林远通矿业有限公司。磷酸镁水泥由三种原料按一定比例并结合水混合配制：过烧氧化镁（MgO）粉末，在 1 200 ℃高温煅烧而成，纯度为 95.00%，产自济南鲁东耐火材料有限公司；磷酸氢二铵（KH_2PO_4）、硼砂（$NaB_4O_7 \cdot 10H_2O$），工业级，白色晶体，纯度大于 99.50%。

采用溶液插层法制备 PEG/DP 复合相变材料，利用聚乙二醇溶于无水乙醇的特性，选用无水乙醇作为熔融液体。具体操作步骤如下：①将提前放置于 80 ℃烘箱中呈液态的聚乙二醇取出，与无水乙醇以一定质量比在烧杯中混合，使用玻璃棒充分搅拌 10 min；②称取定量硅藻土，倒入聚乙二醇分散溶液中，在 80 ℃的温度下搅拌均匀，其中 PEG 与 DP 的配合比分别为 0.5∶1、0.7∶1、1∶1、1.1∶1；③将上述混合物放置于 80 ℃的鼓风干燥箱中固化 6 h，每 2 h 重新混合一次，待无水乙醇都挥发完，复合物呈固态时将其取出；④将烘干的复合相变材料研磨成粉状备用。

镁磷摩尔质量比为 3，硼砂与 MgO 质量比为 13.3%，水灰比为 0.25。相变改性磷酸镁水泥净浆的制备过程如下：称取配置磷酸镁水泥所需原料；将称取好的复合相变材料、氧化镁粉末、磷酸二氢钾和硼砂颗粒在烧杯中搅拌均匀；将搅拌过的混合物和称好的水放置于 20 ℃的恒温仪中保持一段时间，消除初始温度对水化温度的影响；取出恒温处理过的材料，快速将水和混合物混合搅拌均匀倒入试管中，并迅速连接至 FBG 测量仪器。

试验期间采用 FBG 传感器监测相变改性磷酸镁水泥净浆试样在整个水化过程中温度和应变的变化，如图 5.2 所示。具体的试验操作如下：将试样放入管中并放入恒温恒湿箱，立即将一根 FBG 传感器和一根内径为 2 mm 的铜管插入磷酸镁水泥中部。然后对试样进行轻微的振动，以确保光纤和铜管嵌入浆体中，再将另一根单独的光纤光栅传感器插入铜管。将光纤与光纤光栅解调仪及计算机相连接，以每秒 1 次的频率持续监测和记录数据。由于铜具有良好的导热性，所以插入铜管中的 FBG 传感器可以实时独立测量试样的温度变化，而不受泥浆应变变化的影响。单独插入泥浆中的光纤光栅测量得到的应变值为泥浆温度应变及自身水化反应应变之和。记录每小时的平均收缩应变，当两个相邻值之差小于 1 μm 时，测量终止。

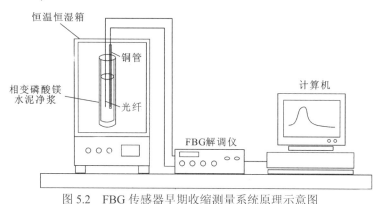

图 5.2　FBG 传感器早期收缩测量系统原理示意图

3. 结果与分析

在试验操作中发现，随着相变材料的增加，磷酸镁水泥净浆的流动性显著降低，且随着添加量的增多，流动性降低幅度越大。

1）相变材料封装微观结构分析

相变材料封装要考虑封装材料的负载能力，混合比小于最佳负载量时不能发挥相变材料的作用，混合比大于最佳负载量时会有相变材料附着在外表面，容易发生泄漏。试验结果表明，PEG 与 DP 配合比为 0.5∶1、0.7∶1 和 1∶1 时，制得的 PEG/DP 混合物仍具有良好的粉末状。混合比例达到 1.1∶1 时的试样，混合物未研磨前有少量相变材料未能被硅藻土孔隙吸附，在高温下呈液态；研磨后得到的混合物凝聚成小团，说明 PEG 混合量超标，超出了硅藻土的吸附力。

为进一步明确各混合比例下相变材料的吸附情况，利用 SEM 观察复合相变材料的微观形貌，如图 5.3 所示。硅藻土粉末在微观上主要为圆盘状和圆柱形，结构疏松多孔。

当 PEG∶DP 为 0.5∶1、0.7∶1 时,可明显观察到只有部分孔隙被相变材料填充(图中白色线框内),红色线框内仍能清晰地看到大量孔隙结构,说明只有相变材料浸渍到硅藻土孔隙中。而 PEG∶DP 为 1∶1、1.1∶1 的微观图中,硅藻孔隙都被完全填充满,说明相变材料很好地浸渍到硅藻孔隙中。综合发现,PEG∶DP 为 1∶1,相变材料百分含量为 50%,是制备 PEG/DP 复合相变材料的最佳配比。

(a) 0.5∶1　　　　　　　　　　　　　(b) 0.7∶1

(c) 1∶1　　　　　　　　　　　　　(d) 1.1∶1

图 5.3　不同混合比例 PEG/DP 微观形貌

扫描封底二维码看彩图

2)水化温度

温度是水泥水化过程中的一个重要指标。相变改性磷酸镁在整个水化过程中的温度变化曲线如图 5.4 和图 5.5 所示。可见,无论是添加 PEG-600 还是 PEG-1000,不同质量分数相变材料的磷酸镁水泥水化温度曲线趋势相同。曲线整体上出现升温和降温两个阶段:内部水化温度在短时间内先达到峰值,然后逐渐降低,直至稳定到环境温度,但是在温度上升阶段,会有较小的波峰出现,这是由于氧化镁比表面积小到一定范围时,磷酸镁水化过程的温度时程曲线会在水化初期出现两个峰值,有两次温度升高现象。其中第一次温升是由氧化镁粉末溶于水放热形成的,第二次温升是由氧化镁和磷酸二氢钾发生化学反应生成磷酸镁钾引起的,两温度峰值之间持续时间较短的相对恒温段则是由于缓凝剂发挥了缓凝作用。

对比分析相变材料不同添加量对水泥水化温度的影响。首先看到,相变材料添加得越多,最高水化温度越低。未添加相变材料的磷酸镁水泥水化温度增量峰值为 34 ℃,添

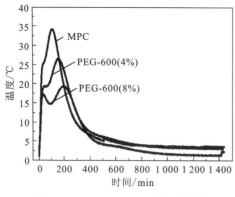

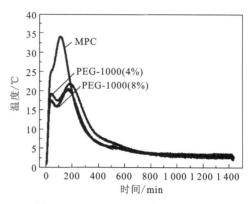

图 5.4　PEG-600/DP 水化温度曲线　　图 5.5　PEG-1000/DP 水化温度曲线

加 4%、8% 相变材料的水化温度增量峰值则分别降低至 26.48 ℃、19.06 ℃。这说明相变材料对氧化镁与磷酸氢二钾的放热反应有显著影响[14]。因为，相变材料在水化过程中存在吸热或放热行为。水泥水化作用初期阶段，反应释放出的热量被相变材料相变吸收，导致水化温度有较大幅度降低。观察图 5.4 和图 5.5 还有一个明显规律，相变材料的添加量越多，两温度峰之间的时间差距越大，温度下降上升趋势也越明显，表明复合相变材料的缓凝作用显著，其含量越高，缓凝作用越强烈。

但从图 5.5 中可以看出，两个不同添加量的试样水化温度变化趋势较为接近，添加量为 8% 时未观测到明显的延缓水化温度峰值作用。综合图 5.4 规律，分析出现这种情况的原因，可能是添加量 8% 的试验存在操作问题：试样搅拌不均匀，导致的测试点反应不完全；测试温度的铜管倾斜，下端插入位置与试管外表面接近，受外界温度影响，不能完全反映水化温度变化；光纤光栅在插入试样中时，未能保持与试样完全耦合。

根据温度曲线，确定各试样水化温度达到峰值的时间（图 5.6），定义为初凝时间。随着相变材料含量的升高，初凝时间延长。未添加相变材料的水泥净浆初凝时间为 109 min。添加 4%、8% PEG-600/DP 的水泥净浆初凝时间为 151 min、210 min。添加 4%、8% PEG-1000/DP 的水泥净浆初凝时间为 198 min、168 min。与纯净浆相比，添加量为

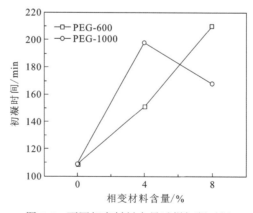

图 5.6　不同相变材料含量试样初凝时间

4%时，两者初凝时长分别延缓了 38.5%、81.6%。结果表明，相变材料添加剂能延缓水化反应，反应速率随相变材料添加量的增加而减小。

3）早期收缩应变

不同相变材料添加量的改性磷酸镁水泥试样在整个水化过程中的收缩微应变变化如图 5.7 和图 5.8 所示，图中的负微应变为压缩应变。相变材料的添加量不同表现出相似的收缩应变变化趋势：随着水化进程开始，收缩应变开始快速增大，达到第一个小峰值；随后出现一个先减小后又增大的小波动区间（这与水化温度变化趋势一致）；最后应变逐渐减小，在水化过程结束时，应变稳定到一个恒定值。随着相变材料添加量的增加，初始收缩应变峰值减小，达到稳定阶段的最终收缩应变值也有明显降低。

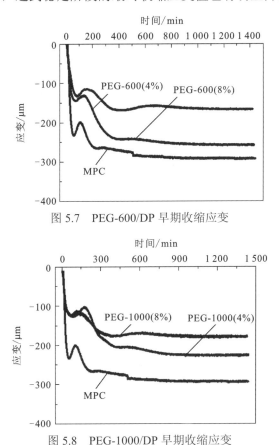

图 5.7　PEG-600/DP 早期收缩应变

图 5.8　PEG-1000/DP 早期收缩应变

图 5.9 所示为收缩应变最终稳定值随复合相变材料含量增加的变化趋势。随着相变材料含量的增加，稳定收缩应变减小。未添加相变材料的水泥净浆，稳定收缩应变为 295.18 μm。添加 4%、8% PEG-600/DP 的稳定收缩应变为 258.45 μm、168.07 μm，添加 4%、8% PEG-1000/DP 的稳定收缩应变为 226.19 μm、178.13 μm。与纯净浆相比，添加量为 4%时，两者分别降低了 12.4%、23.3%。可见，相变材料添加剂能明显减少水化作用造成的收缩，对减少大体积混凝土的早期裂缝形成有积极意义。

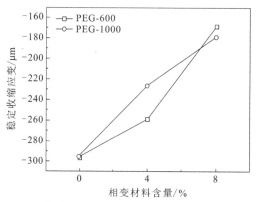

图 5.9 不同相变材料含量试样稳定收缩应变的变化趋势

早期收缩主要包括自收缩和温度收缩[15]，由于相变材料含量变化对温度影响也较大，不能分辨不同相变材料含量样品的收缩应变差异主要是由水泥基体中残余自由水的蒸发引起的自收缩（自由水残余量增加，收缩应变增大），还是由温度变化引起的温度收缩。因此，相变材料添加剂对早期收缩的影响可以用两个原因来解释：一是因为相变材料的添加可能会影响磷酸镁水泥的水化程度，它影响残余自由水的数量。在低水化程度下，残余自由水较少，导致收缩应变较小；二是由于相变材料会吸收水泥在水化过程中释放的热量，降低试样温度，减小温度引起的收缩应变。

5.2.2 相变混凝土能量桩传热性能

相变储能建筑材料就是将相变材料与普通建筑基体材料复合使用，具体复合工艺主要有两大类：直接使用，将相变材料密封于适宜的容器内形成相变构件或者将密封的相变材料置于建筑体中；混合使用，将相变材料与建筑材料混合使用，或者通过浸泡吸附等方式将相变材料渗入多孔的建筑材料体中复合使用。

参考相变材料的两种复合工艺，相变材料在能量桩中的使用方法为：将相变材料与桩身基体材料混凝土按一定比例混合，参考管桩形式，将相变材料直接封装在管状容器中并分散布设于桩体内。针对以上相变材料使用方法，本小节运用有限元模拟软件 COMSOL Multiphysics 对相变能量桩段进行传热分析。基于相变储能混凝土的相关研究，相变材料添加量分别为 0%、5%、10%。

1. 相变传热理论

相变能量桩传热模拟依旧采用固体传热模块，该简化桩段模型忽略换热管对传热过程的影响，理论公式如下：

$$\rho C_P \frac{\partial T}{\partial t} + \nabla(-k\nabla T) = 0 \qquad (5\text{-}6)$$

式中：ρ 为材料密度；C_P 为材料热容；k 为材料导热系数；T 为结构温度；t 为传热时间。

与普通材料不同，相变材料的热物理性能在相变过程中为一个动态变化的值。相变材料在相变前后，即处于固态和液态时其热物理性能数值不同，而相变是一个过程，在这个过程中材料的固液相同时存在。此时的材料热物理性能需根据固液态体积分数确定，则相变材料的 ρ 和 k 分别为

$$\rho = \theta(T)\rho_1 + [1-\theta(T)]\rho_2 \tag{5-7}$$

$$k = \theta(T)k_1 + [1-\theta(T)]k_2 \tag{5-8}$$

式中：$\theta(T)$ 为相 1 的质量分数，是温度 T 的函数，其中相 1 表示固态，相 2 表示液态。

采用等效热容法模拟相变材料的相变过程。材料相变过程与其潜热相关，所以相变材料的热容定义中有潜热项，计算公式为

$$C_P = \frac{1}{\rho}\{\theta(T)\rho_1 C_{P1} + [1-\theta(T)]\rho_2 C_{P2}\} + L\frac{\partial \alpha_m(T)}{\partial T} \tag{5-9}$$

式中：α_m 为平稳过渡函数，其目的是使热容数值缓慢变化以防失稳，其公式为

$$\alpha_m = \frac{1}{2}\frac{[1-\theta(T)]\rho_2 - \theta(T)\rho_1}{\theta(T)\rho_1 + [1-\theta(T)]\rho_2} \tag{5-10}$$

将相变材料引入普通混凝土中即构成相变混凝土，如图 5.10 所示，将其视为多孔基体混凝土和相变材料的混合物。采用多孔介质模块模拟相变混凝土的传热过程，相变前后的材料性能可由下式表示：

$$R_1 = (1-w)R_c + wR_{p,1} \tag{5-11}$$

$$R_2 = (1-w)R_c + wR_{p,2} \tag{5-12}$$

式中：R_1、R_2 分别为相变混凝土相变前后的热物理性能参数，包括密度 ρ、导热系数 k、热容 C_P；R_c 为普通混凝土的热物理性能参数；$R_{p,1}$，$R_{p,2}$ 为相变材料相变前后的热物理性能参数；w 为相变材料的质量分数。

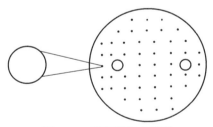

图 5.10　相变混凝土模型

2. 模型集合尺寸和边界条件

建立能量桩段有限元数值模型，可将其视为能量桩系统在达到稳定传热状态时某一深度的一截桩段，继而比较相变能量桩段与普通能量桩段的传热性能差异[15]。几何模型如图 5.11 所示：桩直径为 0.3 m，截取高度为 0.2 m；两换热管直径均为 3 cm，管芯相距 0.2 m；桩周土体尺寸为 1.2 m×1.2 m×0.2 m。

1）模型边界条件

图 5.12[16]为模型网格划分示意图，对换热管周围进行加密处理。桩段上下截面设置为绝热边界，土体四周竖直面为外部自然对流边界，只考虑水平方向的热量传递。换热

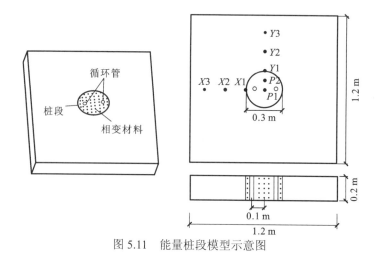

图 5.11　能量桩段模型示意图

管设置为空心,将温度荷载直接作用于管壁上。

2)换热管温度

传热稳定时,桩体中两侧换热管温度保持一致,对其作用的温度荷载如图 5.13 所示,首先施加 37 ℃的高温持续 24 h;然后模拟 24 h 自然降温工况,简化为线性降温过程,由 37 ℃降为桩土初始温度 20 ℃;最后将换热管内的温度稳定保持 24 h。

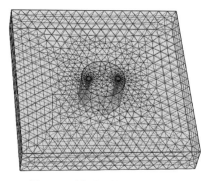

图 5.12　模型网格划分示意图

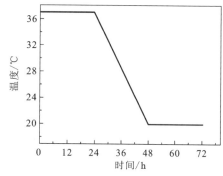

图 5.13　换热管温度设置

3)结果与分析

利用相变混凝土能量桩段模型开展瞬态传热模拟,分析相变材料添加量对桩体和桩周土体温度变化的影响,并提取桩体相变材料在传热过程中的实时固液相状态分布。

(1)桩体温度变化。

图 5.14 所示为普通能量桩和添加 10%相变材料能量桩桩体内 3 个代表位置点的温度,其中 $P1$ 点为桩芯,$Y1$ 为 Y 轴与桩土界面交点,$P2$ 为两者中心点。可见,桩芯处升降温速度都最快,距桩芯越远处温度变化越慢。当换热管被持续加热时,普通能量桩温度迅速上升之后渐趋稳定;图 5.14(b)中相变材料能量桩在升温 22.5 ℃之后温度变化趋势迅速放缓。这是因为桩身温度升高致使相变材料发生熔融相变,会吸收一部分由换热管传递来的热量,所以用于桩体升温的热量就相应减小。在自然降温之后,两桩体温

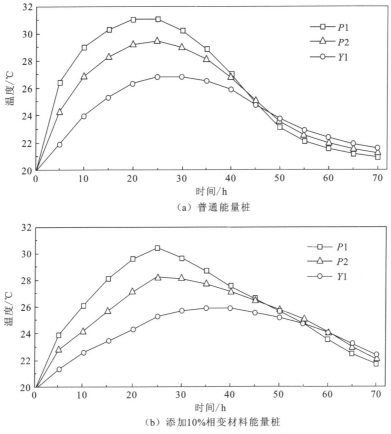

（a）普通能量桩

（b）添加10%相变材料能量桩

图 5.14　桩体不同位置处温度随时间变化

度都快速下降直至桩土初始温度；相变材料能量桩在降温过程中也会发生相变使温度变化速度放缓，且 72 h 时各位置点的最终温度都略高于普通能量桩。

为比较相变材料添加量（质量分数）对传热过程中桩体温度变化的影响，选取桩芯位置 $P1$ 及桩土界面 X 两点，不同添加量相变材料能量桩的温度变化如图 5.15 所示。由图 5.15（a）可见桩芯处温度变化，相变材料的添加可在相变区间（温度为 22.5～27.5 ℃）延迟桩体的温度升高进程，且随着相变材料添加量增大，该延迟效应越明显。在桩芯自然降温至 27.5 ℃之前，不同添加量的相变材料能量桩降温斜率相差不大；但温度降至 27.5 ℃之后，相变材料能量桩降温速度明显低于普通能量桩，且相变材料的添加量越高越平缓，这进一步说明相变材料可逆性较好，在降温阶段也发挥了相变延迟温度变化的作用。由图 5.15（b）可见，相变材料对桩土界面处的温度影响没有桩芯处明显。比较高温加热 24 h 时桩芯及桩土界面的温度，添加相变材料也可降低能量桩加热后的温度峰值。

（2）桩周土体温度变化。

图 5.16 为普通能量桩沿 X、Y 轴方向的桩周土体中各选点温度变化曲线。本小节模拟普通能量桩段传热 24 h 内的温度变化与得克萨斯农工大学的传热模型试验结果规律一致。由于该模型换热管沿 X 轴布置，所以距桩芯同距离位置 Y 轴方向土体温度整体低于

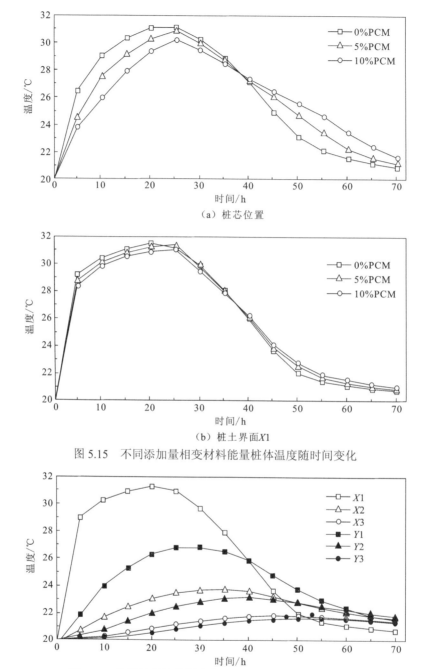

（a）桩芯位置

（b）桩土界面 $X1$

图 5.15　不同添加量相变材料能量桩桩体温度随时间变化

图 5.16　普通能量桩桩周土体不同位置处温度随时间变化

X 轴，且 Y 轴温度上升下降速度都较 X 轴慢。高温加热阶段，桩土界面处温度升降变化明显，而桩周土体中热量扩散速度较慢，温度变化幅值较小（均未超过 5 ℃）。图 5.17 为不同添加量相变材料能量桩桩周土 $X2$、$Y2$ 两点处温度随时间变化。可见，相变材料对桩周土温度的影响同桩身一致，相变材料的添加可延缓桩周土的温度升降，且添加量越多延缓效果越明显。进一步说明，相变材料能量桩较普通能量桩可缩小桩体温度影响半径。

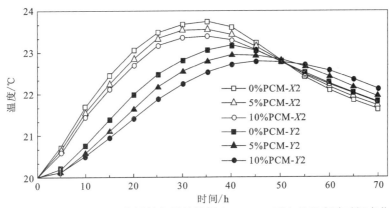

图 5.17 不同添加量相变材料能量桩桩周土 $X2$、$Y2$ 两点处温度随时间变化

选取高温加热初始阶段 5 h、传热结束 72 h 时 X 轴方向桩土截面温度分布,如图 5.18 所示。加热 5 h,桩身的温度迅速升高,桩周土温度上升幅值较小;观察位于两换热管之间的桩体温度,相变材料的质量分数越高,桩体温度上升幅值越小(即温度在桩体中的扩散速度越慢)。相变材料含量对桩周土初期温度变化影响可忽略不计。传热 72 h 时,桩体温度整体略低于桩周土体;同样,相变材料的添加降低了桩身温度下降幅值。

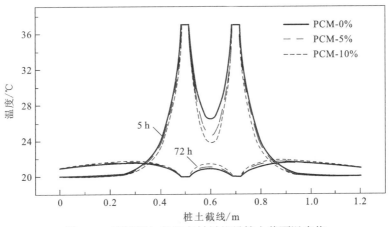

图 5.18 不同添加量相变材料能量桩土截面温度值

(3)相变材料固液相状态分布。

图 5.19 为添加 5%相变材料的能量桩模型中不同时刻桩体内相变材料的固液相状态分布。图中蓝色表示相变材料呈固态,红色则表示相变材料呈液态。由图 5.19(a)可见,初始状态时还未通过换热管对桩体进行加热,此时桩身温度保持为初始温度 20 ℃,所以整体为蓝色呈固态分布。图 5.19(b)为对桩体施加高温 110 min 时桩土界面处完全相变,桩芯部分温度低于 27.5 ℃呈固态,图 5.19(c)为桩体温度均高于 27.5 ℃,完全发生相变呈液态。在本模型中,桩土界面比桩芯更接近换热管,所以桩土界面先发生相变。

(4)相变材料对换热管布设间距敏感性分析。

由上述模拟结果分析可知,相变材料能量桩在传热初期桩土界面处就达到完全相变状态,桩芯处完全相变所需时间则较长。而能量桩是经由桩土界面与桩周土进行热量交

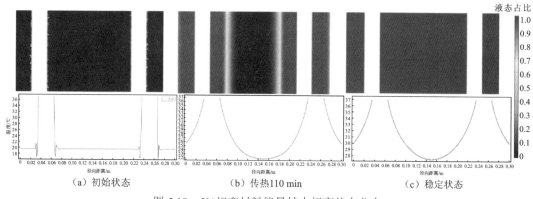

（a）初始状态　　　　　　　　（b）传热110 min　　　　　　　（c）稳定状态

图 5.19　5%相变材料能量桩内相变状态分布

扫描封底二维码看彩图

换，这可能会导致相变材料不能充分发挥作用。为此调整换热管间距分别为 0.20 m、0.15 m、0.10 m，观察换热管布设间距对相变材料发挥作用的影响。提取不同添加量相变材料能量桩桩土界面、桩芯达到 27.5 ℃完全发生相变所需时间，如图 5.20 所示。整体上，相变材料添加量越多，达到相变所需时间越长。换热管间距为 0.20 m 时桩土界面先发生相变，间距为 0.15 m、0.10 m 时桩芯处先发生相变。当换热管间距为 0.15 m 时，相变材料添加量变化，两点处的曲线斜率一致，即对两处的影响趋势相同；间距较大或较小时，两处的曲线斜率有较大差异，即添加量变化仅对一处影响显著。因此，在能量桩中添加相变材料时，需综合考虑添加量与换热管布设间距使其发挥最大功效。

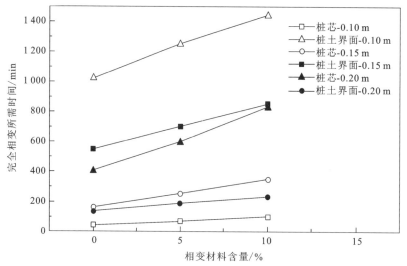

图 5.20　不同换热管间距能量桩相变所需时间

5.2.3　相变材料布设区域

为探究相变材料在能量桩中的直接利用效果，考虑能量桩受力均匀更有利于承载，本小节确定两种布设方式[17]，如图 5.21 所示。第一种，参考普通管桩布置形式，在换热管外围布设一圆管，将相变材料封装在管状容器中即填充于换热管与套管之间，桩体其余部位依旧采用普通混凝土。第二种，沿换热管所在桩体圆周上，均匀布置若干封装有相变材料的小管。为进一步说明相变材料的作用，在套管中填充砂进行传热对比分析。综上，本小节在原普通能量桩段模型基础上在不同位置添加相变材料，分别建立普通能量桩段、套管-砂能量桩段、套管-PCM 能量桩段、小管-PCM 能量桩段 4 个传热模型，综合分析相变材料布设位置对能量桩传热的影响。本小节模拟简化为换热管施加持续 48 h 的 37 ℃ 高温。

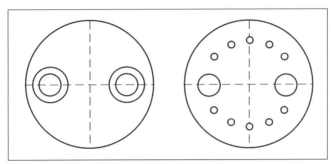

图 5.21　相变材料的两种不同布设方式

提取各模型桩芯温度随时间变化，如图 5.22 所示。其中，相变材料分散布设于小管内的桩芯温度与普通能量桩段桩芯温度上升基本一致，仅在温度上升区间有较小一段略微低。而将相变材料布设于换热管周围时，桩芯的温度升高速度相较于普通桩段有明显降低，且该点最终温度也显著降低。这是由于换热管的温度在向周围传递时，布设在周围的相变材料首先发生相变吸收了一部分热量，导致桩芯温度上升较慢，而分散布设的相变小管并不影响换热管的热量向桩芯的传递。比较套管中填充砂和相变材料的桩芯温度变化，进一步说明相变材料相变吸热性能对能量桩传热的影响。

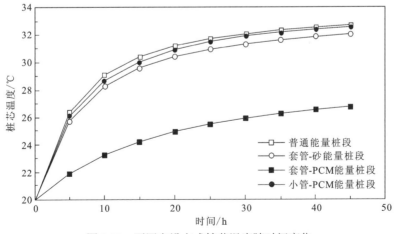

图 5.22　不同布设方式桩芯温度随时间变化

图 5.23 为传热 5 h 后 X 轴方向桩土截面温度图。普通能量桩段中换热管的温度迅速向桩身及桩周土传递，所以传热 5 h 时换热管周围温度较初始温度 20 ℃ 有明显升高。而

在套管内填充相变材料模型传热 5 h 时，相变材料正处于固液相变过程，套管内温度无明显变化，桩身、桩周土温度仅有 3 ℃ 的升温。可见，在套管内填充相变材料可显著延缓桩身及桩周土的温度升高，降低能量桩的热影响半径。相变小管、套管内填充砂对桩身及桩周土温度有较小影响。

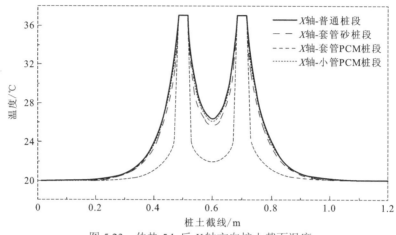

图 5.23　传热 5 h 后 X 轴方向桩土截面温度

图 5.24 为传热 5 h 后 Y 轴方向桩土截面温度图。与 X 轴最大不同之处，该方向没有换热管，最大温度位于桩芯处。不同的相变布设方案比较结果与 X 轴一致：套管内填充相变材料的温度上升值最小，其他三种方案温度上升都较大。观察相变小管位置温度，该点处对延缓温度上升有较小的作用：该点向桩内区域，小管布设方式温度高于套管内封砂；而向外区域，小管布设方式温度低于套管内封砂。这是由于相变材料仅在布设位置产生作用，小管中的相变材料含量较低，影响区域较小。

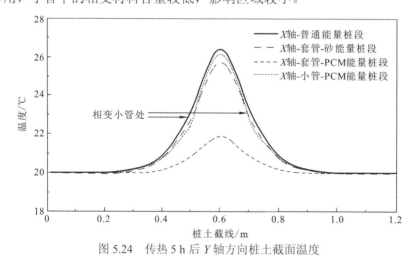

图 5.24　传热 5 h 后 Y 轴方向桩土截面温度

5.3　珊瑚砂混凝土能量桩研发

2013 年以来,国家对南海岛屿的开发与基础建设进行提速,出于政治、军事和海洋权益等各方面因素的考虑,我国重点开展了南海岛屿大规模海洋防护工程的建设,然而海洋工程建设需求大量的建筑材料,为了满足工程质量及进度要求,不得不从大陆区域运输大量的建筑材料,据不完全统计,运输到海岛的混凝土原材料的成本高达 0.3 万元/m³,大幅度提高了海岛工程建设的造价,受大量强台风天气等的影响,海洋运输也是一大问题。

南海岛屿多为珊瑚礁岛,拥有大量的珊瑚砂资源,珊瑚砂作为一种特殊的岩土工程材料,其为珊瑚虫分泌的产物,主要由方解石与文石等矿物组成,其中 $CaCO_3$ 含量高达96%以上[18]。其颗粒棱角突出、质脆易碎且多孔隙,并具有较大的比表面积及一定的力学强度[19]。早在二战期间,美国就在西太平洋海域部分岛屿上的军事基地建设中大量使用珊瑚混凝土,修建机场、公路和军、民用建筑,之后为解决大规模军事基地建设所用常规骨料短缺问题,提出利用珊瑚骨料替代常规骨料制备珊瑚混凝土的具体方案。20 世纪 60 年代,日本、英国、丹麦等海洋权益大国就以珊瑚砂礁为骨料拌养的混凝土作为海岛建设工程的材料。我国自 20 世纪 70 年代以来,就投入了大量资源在珊瑚砂混凝土的可行性研究中,并于 1990 年开始在西沙群岛中部分水工结构工程及道路工程、基础建设工程中投入使用,最近几年在南沙岛屿运用大量珊瑚砂混凝土进行堤坝、道路、港口等混凝土结构的建设[20]。

本章将珊瑚砂混凝土引入能量桩系统,研发新型珊瑚砂混凝土能量桩,对其桩身材料热物理性质开展研究。从珊瑚砂水泥入手,设计珊瑚砂水泥砂浆早期水化过程试验,通过 FBG 等先进传感技术,对不同砂灰比、水灰比的珊瑚砂水泥浆体早期水化过程中温度及收缩应变的变化进行监测,并制成珊瑚砂水泥试块,进行不同龄期的珊瑚砂水泥试块基础性能及微观结构扫描试验研究,以得到珊瑚砂混凝土的热物理力学性能,以此建立珊瑚砂能量桩数值模型进行珊瑚砂能量传热过程模拟研究。

5.3.1　珊瑚砂混凝土性能研究进展

珊瑚礁作为一种特殊的岩土体材料,从工程地质学角度可以分为珊瑚砂屑土和珊瑚礁灰岩,珊瑚礁是大量珊瑚虫死亡之后的骨骼和其他造礁生物胶结钙化而成的,因其特殊的成长环境和物质构成等因素,故具有较为独特的基础物理特性[21]。珊瑚砂的构成成分主要为 $CaCO_3$,又称钙质砂,珊瑚砂的堆积密度一般为 1 000 kg/m³ 左右,表观密度为2 100 kg/m³ 左右,孔隙率接近 55%,其钙质质量分数高达 96%,珊瑚砂具有大比重、高孔隙比、高摩擦角及低颗粒强度等典型的土力学特点[22-23]。

目前,对珊瑚混凝土尚无明确定义,一般是指以细骨料为珊瑚砂的新型建筑材料,由于与普通轻骨料混凝土具有相似的力学性能,珊瑚混凝土通常被归类为轻骨料混凝土[24]。珊瑚砂质轻多孔,具有高压缩性、强吸水性和易破碎性,使珊瑚混凝土的物理力学性能与普通混凝土相比差异较大[25]。

由于珊瑚砂水泥浆体的早期水化行为对混凝土的长期力学性能有显著影响。借助 X 射线计算机断层扫描、扫描电子显微镜（SEM）和机电阻抗（electromagnetic interference, EMI）能够对水泥的水化过程进行研究。这些方法虽然可以提供准确的分析，但很难提供实时监测和直观的收缩结果。光纤传感技术的发展，为监测珊瑚砂水泥浆体的早期水化行为提供了新的方法和途径。

5.3.2　早期水化特性

1. 试验材料及方法

研究中采用水泥、珊瑚砂和普通自来水制备珊瑚砂水泥浆体，其中水泥为山东省诸城市杨春水泥有限公司生产的 P.O 52.5 型硅酸盐水泥，其性能要求满足《通用硅酸盐水泥》（GB 175—2023）[26]的规定，其各项物理指标见表 5.1。

表 5.1　水泥的各项物理指标

指标	参数
比表面积/（m^2/kg）	381
体积安定性	合格
烧失量/%	1.4
初凝时间/min	115
终凝时间/min	184
3 天抗折强度/MPa	6.2
3 天抗压强度/MPa	33.8

为了更好地研究珊瑚砂水泥浆体的早期水化性能，所采用的珊瑚砂均为 2 mm 以下的细颗粒砂。通过扫描电子显微镜对珊瑚样品进行微观结构分析，测试结果如图 5.25[27]

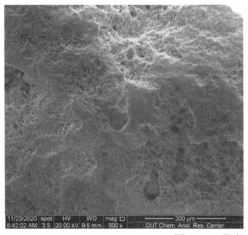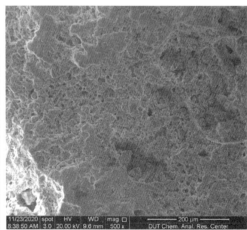

图 5.25　珊瑚砂 SEM 扫描图

所示，从图中可以看出，珊瑚砂颗粒表面不平整并且孔隙较多，而且每个珊瑚试样的孔隙分布各不相同，具有很明显的不确定性。

试验前，将珊瑚砂颗粒放入干燥箱中在 105 ℃的温度下干燥 24 h，并通过标准筛（2 mm、1 mm、0.5 mm、0.25 mm、0.1 mm）筛分得到珊瑚砂的筛分曲线，如图 5.26 所示。

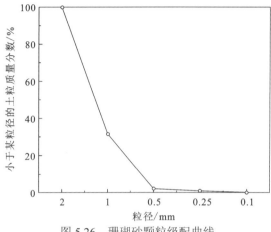

图 5.26　珊瑚砂颗粒级配曲线

采用光纤布拉格光栅（FBG）传感技术监测珊瑚砂水泥浆体试样在整个水化过程中温度的变化及收缩应变的发展。试验中采用了两种由美国 Micro Optic 公司所生产的高精度解调仪，分别为 SM125 型光纤光栅解调仪（图 5.27）及 si155 型 HYPERION 光纤光栅传感解调仪（图 5.28），基于可调谐法珀滤波器技术，能够实现全光谱扫描和数据采集，两个解调仪均有 4 个光学通道，其具体指标见表 5.2 和表 5.3。

图 5.27　SM125 型光纤光栅解调仪

图 5.28　si155 型 HYPERION 光纤光栅解调仪

表 5.2　SM125 型光纤光栅解调仪详细指标

指标	参数	指标	参数
光学通道	4	外部数据传输接头	以太网
波长范围/nm	1 510~1 590	光学接头	FC/APC
精度/pm	1	电源供应	+7~36 VDC
波长稳定性/pm	1	工作温度/℃	0~50
扫描频率/Hz	1	动态范围/dB	50
通道间同步采集	是	单机最大通道数	16

表 5.3　si155 型 HYPERION 光纤光栅解调仪详细指标

指标	参数	指标	参数
光学通道	4	波长范围/nm	1 460~1 620
波长分辨率/pm	1	波长稳定性/pm	1
波长重复率/pm	<1	扫描频率/Hz	100
动态范围/dB	40	光纤接头	LC/APC
工作温度/℃	−20~60	电源供应	+9~36 VDC
外部数据传输接口	以太网	通道间同步采集	是

　　采用 FBG 传感器监测早期水化过程的原理如图 5.29 所示,具体的操作如下:首先为了消除温度对早期水化过程的影响,提前将试验所需原材料放入恒温箱中 0.5 h,使其温度恒定在 20 ℃,然后将提前称量好的珊瑚砂及水泥倒入烧杯中干拌,干拌 0.5 min 后,加入所需水量进行拌和,将拌和好的水泥浆体倒入试管中,同时将一根 FBG 传感器和一根内径为 2 mm 的铜管插入水泥浆体中部,对试样进行轻微振动,使 FBG 传感器和铜管都顺利嵌入水泥浆体中,之后将另一根 FBG 传感器小心地插入铜管中,用来测量水泥浆体早期水化过程中温度的变化,将 FBG 传感器与解调仪连接,在计算机上采用 MOI 解调软件对其进行持续监测,监测频率为 10 次/s。插入水泥浆体的 FBG 传感器用来记录

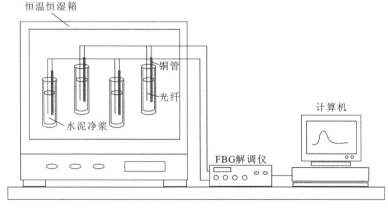

图 5.29　FBG 传感器监测早期水化过程原理示意图

早期水化过程中的干缩应变，而铜管具有良好的导热性能，用来记录早期水化中的温度变化，通过监测干缩应变的 FBG 传感器减去铜管中监测温度变化的 FBG 传感器，可以准确地得到水泥浆体早期干缩应变，测量周期为 3 天以上，当测量值保持在稳定状态时，测量终止。试验中用到的其他设备有真空干燥箱、光纤光栅解调仪、光纤光栅熔接机、光纤光栅切割机、恒温恒湿养护仪。

2. 配合比方案设计

水灰比、砂灰比均是影响珊瑚砂水泥浆体早期水化过程的主要指标，通过改变不同的水灰比、砂灰比进行试验设计，分析不同因素对珊瑚砂水泥浆体早期水化性能的影响，具体配合比设计见表 5.4。

表 5.4 珊瑚砂水泥浆体配合比

试样编号	水泥/g	珊瑚砂/g	水/g	水灰比	砂灰比
A-1	80	16	32	0.40	0.2
A-2	80	40	32	0.40	0.5
A-3	80	56	32	0.40	0.7
A-4	80	80	32	0.40	1.0
B-1	80	16	36	0.45	0.2
B-2	80	40	36	0.45	0.5
B-3	80	56	36	0.45	0.7
B-4	80	80	36	0.45	1.0
C-1	80	16	40	0.50	0.2
C-2	80	40	40	0.50	0.5
C-3	80	56	40	0.50	0.7
C-4	80	80	40	0.50	1.0
D-1	80	16	44	0.55	0.2
D-2	80	40	44	0.55	0.5
D-3	80	56	44	0.55	0.7
D-4	80	80	44	0.55	1.0

3. 结果与分析

1）珊瑚砂水泥浆体早期水化温度

温度是水泥水化过程中一个极其重要的指标，水泥水化过程总体来说是一个放热的过程，因为水泥浆体的传热性能不佳，所以在水泥水化过程中所产生的热会大量积累，从而在短时间内使水泥浆体内部的温度快速上升,然而温度又对水泥水化过程产生影响,随着水泥水化温度的升高,水化反应速率又会不断加快,这种相互影响作用会导致早期水化温度迅速升高,从而对后期水泥体系的强度与变形产生较大影响。

通过改变不同的砂灰比（0.2、0.5、0.7、1.0）和水灰比（0.40、0.45、0.50、0.55）来分析珊瑚砂对水泥浆体早期水化温度的影响。珊瑚砂水泥浆体在整个水化过程中的温度变化曲线如图 5.30～图 5.33 所示。从图中可以看出,在同一水灰比情况下不同砂灰比的珊瑚砂水泥浆体的水化温度变化趋势相同,整体呈现先上升后下降的趋势,将其分为升温和降温两个阶段：水化温度在短时间内达到峰值,随后逐渐降低,最后趋于平稳至温控箱中恒定温度。同时,在升温阶段,将到达峰值温度的时间作为初始凝结时间。可以看出,本试验中珊瑚砂水泥浆体的初始凝结时间在 500 min 左右。

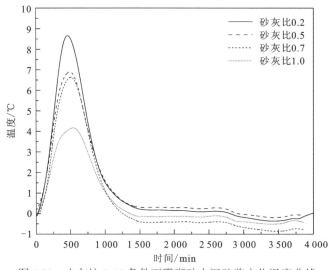

图 5.30　水灰比 0.40 条件下珊瑚砂水泥砂浆水化温度曲线

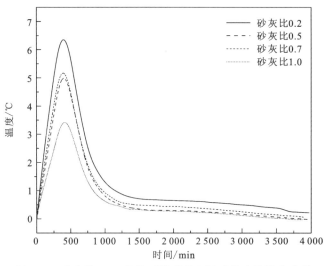

图 5.31　水灰比 0.45 条件下珊瑚砂水泥砂浆水化温度曲线

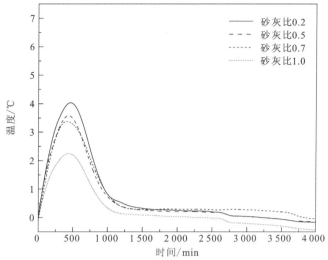

图 5.32　水灰比 0.50 条件下珊瑚砂水泥砂浆水化温度曲线

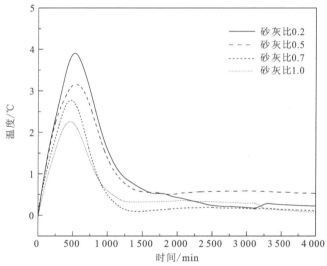

图 5.33　水灰比 0.55 条件下珊瑚砂水泥砂浆水化温度曲线

　　对比分析同一水灰比条件下不同砂灰比对水化温度的影响。可以看出，随着砂灰比的不断增大，水化峰值温度不断降低。在水灰比为 0.4 的条件下，砂灰比为 0.2、0.5、0.7 及 1.0 条件下，峰值温度分别为 8.66 ℃、6.92 ℃、6.63 ℃和 4.25 ℃，其他水灰比情况下，试验结果趋势也与之前相同。这说明珊瑚砂对硅酸盐水泥整个水化过程中温度变化有一定影响，硅酸盐水泥在早期水化阶段，水化反应所产生的部分热量被珊瑚砂所吸收，导致水化峰值温度大幅度降低。

　　根据温度曲线，可以看出随着水灰比的增大，水化温度峰值也会降低，在砂灰比为 0.2 的条件下，水灰比为 0.40、0.45、0.50 及 0.55 的情况下，水化温度峰值为 8.66 ℃、6.36 ℃、4.04 ℃和 3.88 ℃，其他砂灰比条件下，试验结果趋势也与之相同。

　　图 5.34 所示为相同水灰比（砂灰比）条件下水化温度峰值与水灰比（砂灰比）的实

测结果及拟合函数。由图 5.34（a）可见，在相同水灰比条件下，水化温度峰值随砂灰比的增大呈线性下降趋势。这说明珊瑚砂作为一种多孔矿物集料，能够有效吸收水泥水化过程中所产生的水化热，从而降低水泥后期温度收缩产生裂缝的概率。图 5.34（b）表明线性拟合更适合描述水灰比与峰值温度之间的关系，其线性相关系数 R^2 均大于 0.95。而水化温度峰值随着砂灰比下降而下降的原因可能是珊瑚砂的孔隙率较大，其吸水率随着水灰比的增大而增大，从而使热容增大。

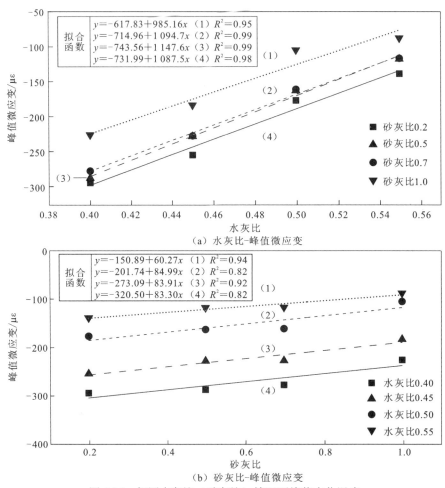

图 5.34 相同水灰比（砂灰比）情况下峰值水化温度

2）珊瑚砂水泥浆体早期水化收缩应变

水泥浆体的体积变形主要是收缩变形及膨胀变形两个方面，其中收缩变形又包括温度收缩、干燥收缩、化学收缩、自收缩等，其中温度收缩与干燥收缩占据了水泥浆体总收缩变形的 80% 以上，并且随着时间其占比不断加大。干燥收缩变形的原因主要是水泥浆体被置于未饱和空气中，导致内部水分逐渐蒸发而引起的体积收缩。

通过大量文献调研，目前收缩应变的测量方法主要有体积测量法和线性测量法两种：体积测量法主要用于水泥浆体的早期收缩测试，其优点是能够从拌和开始对浆体进行测量，缺点是可能会造成较大的误差；线性测量法是测量混凝土早期收缩的主要方法，需要在混凝土初凝之后开始测量。本章因主要研究珊瑚砂水泥浆体早期水化干缩应变，采用光纤光栅传感器自拌和开始就对水泥浆体的收缩应变进行测量，是一种新型且准确的测量方法。

通过改变不同的砂灰比和水灰比来分析珊瑚砂水泥砂浆水化过程中收缩应变变化，珊瑚砂水泥浆体水化过程应变变化如图 5.35～图 5.38 所示，图中所示的负应变为收缩应变。从图中可以看出，在同一水灰比条件下不同砂灰比的珊瑚砂水泥砂浆早期收缩应变变化趋势相同，整体表现为先增大后减小，最后应变稳定在一个相对恒定的数值，这与早期水化过程中温度变化的趋势相同。随着砂灰比的增大，初始收缩应变峰值不断增大，达到稳定状态下的最终收缩应变也有所减小。

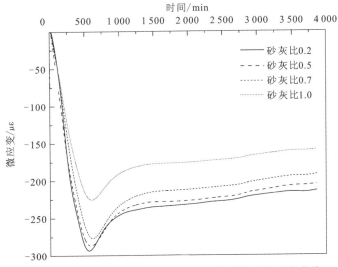

图 5.35　水灰比 0.40 条件下珊瑚砂水泥砂浆水化应变曲线

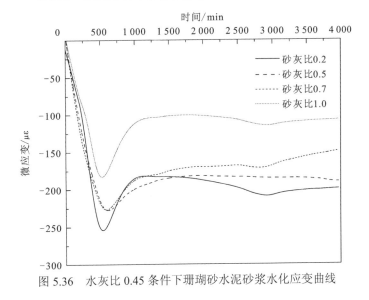

图 5.36　水灰比 0.45 条件下珊瑚砂水泥砂浆水化应变曲线

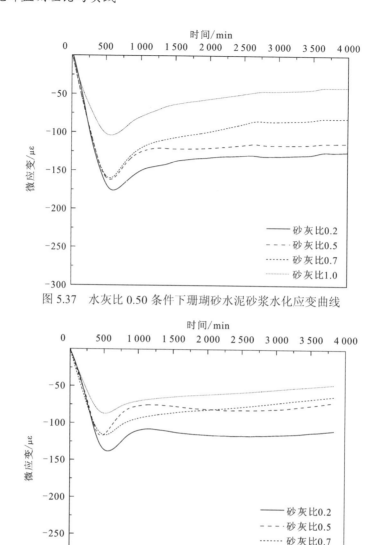

图 5.37　水灰比 0.50 条件下珊瑚砂水泥砂浆水化应变曲线

图 5.38　水灰比 0.55 条件下珊瑚砂水泥砂浆水化应变曲线

可见，在同一砂灰比条件下，随着水灰比的不断增大，珊瑚砂水泥砂浆水化过程中收缩应变峰值不断减小，达到稳定状态下的最终收缩应变也随之降低。这是因为在水灰比较低的情况下，珊瑚砂吸收了一部分水分，导致水化反应不充分，早期收缩应变较大，随着水灰比的不断增大，所能运用到水化反应的水量不断增多，水化反应较为充分，使得早期收缩应变相对降低。

图 5.39 所示为相同砂灰比（水灰比）下峰值应变（最小微应变）与砂灰比（水灰比）的关系，并给出了线性回归函数和拟合度。与砂灰比相比，水灰比对峰值收缩应变的影响更大，当水灰比从 0.40 变化到 0.55 时，在砂灰比为 0.2 条件下，峰值收缩应变从 -293.5 με 变化到 -138.2 με；在水灰比为 0.4 条件下，砂灰比从 0.2 变化到 1.0 时，应变从 -293.5 με 变化到 -225.2 με。峰值收缩应变随砂灰比和水灰比的增大呈线性减小。由收缩率峰值可

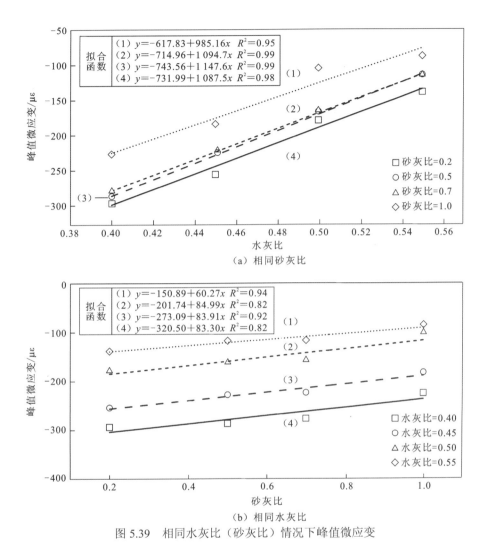

图 5.39 相同水灰比（砂灰比）情况下峰值微应变

知，随着水灰比和砂灰比的增大，收缩率峰值减小，这说明湿润状态下的珊瑚砂能有效降低混凝土收缩。

总的来说，珊瑚砂水泥浆体早期收缩应变的变化可分为以下几个原因：珊瑚砂骨料杨氏模量较大，可以有效限制收缩应变的发展，在相同水灰比的条件下，峰值收缩应变随砂灰比的增大而减小。因珊瑚砂为多孔材料，在水化过程中水化产物会吸附在珊瑚砂孔隙中，使得随着砂灰比的增大，孔隙中产生水化反应的概率增加，并且在其中形成较多的水化产物。由于孔隙的堵塞，自由水的蒸发减少，从而降低了收缩应变。随着水灰比的增大，水化温度降低，温度收缩率降低。由于孔隙率的存在，珊瑚砂集料能够在高水灰比的情况下吸收过量的游离水，并在蒸发过程中释放水分，保持水泥浆体湿润，从而降低自收缩。从这几方面原因分析可以进一步得出结论，珊瑚砂水泥浆体的收缩变形主要是由温度变化所引起的，因为在砂灰比和水灰比较高时，珊瑚砂骨料的多孔特性可以有效地避免自收缩的发生。

3）珊瑚砂水泥浆体早期水化试验

各试样的峰值温度增量、峰值应变及稳定应变结果见表 5.5。由表 5.5 可以看出，峰值温度增量、峰值应变及稳定应变的变化趋势一致，均随着水灰比和砂灰比的改变而改变，当砂灰比不变时，水灰比越小的情况下，峰值温度增量、峰值应变及稳定应变越大；而当水灰比不变时，砂灰比越大的情况下，峰值温度增量、峰值应变及稳定应变越大。

表 5.5 不同类型各试样早期水化试验结果

试样编号	峰值温度增量/℃	峰值应变/με	稳定应变/με
A-1	8.86	294	231
A-2	6.62	286	226
A-3	6.43	276	212
A-4	3.80	225	176
B-1	6.35	253	208
B-2	5.17	227	190
B-3	4.98	226	171
B-4	3.42	182	115
C-1	4.04	176	138
C-2	3.58	162	121
C-3	3.39	160	107
C-4	2.27	104	64
D-1	3.92	138	117
D-2	3.16	117	82
D-3	2.77	116	80
D-4	2.25	87	61

5.4 能量桩光纤监测模型试验

在实际工程中，设计能量桩时必须考虑当地气候特征。在气候炎热地区或者寒冷地区，温度荷载对能源桩的作用不一样，所以热力学特点也存在一定的差异，但是，目前循环温度荷载作用下能量桩的热力学特性研究主要集中于供暖与制冷需求相当的气温区域，而对供暖和制冷需求为主的气温区域研究较少。

针对以上问题，本节基于光纤监测技术，设计并搭建能量桩模型试验系统，测定桩体及土体温度、桩身应力、桩侧摩阻力、桩顶位移数据，开展供暖、制冷需求为主的气温区域下能量桩热力学特性研究，利用试验结果总结循环温度荷载作用下桩身应力和桩顶位移的变化规律，分析桩侧摩阻力形成机制，以期为相关工程设计提供一定的参考依据。

5.4.1　模型试验系统研发

1. 整体布置

能量桩热力学特性研究的物理模型试验系统必须具备以下功能：拥有一套控温系统，能够对桩埋管中循环液进行温控循环；能够对桩顶施加不同级别的荷载，实现不同桩顶约束条件的模拟；具有一系列传感器，测量桩顶荷载、桩顶位移、桩身应力、应变、轴力、桩体及周围土体温度等关键变量；试验系统应当构造简单，便于操作。

基于上述要求，自主设计了能量桩热力学特性物理模型试验系统，其整体布置如图 5.40 所示。该系统主要由模型箱装置、温控循环系统和量测系统三部分组成。其中，模型箱装置包括模型箱、加载装置和传力装置；温控循环系统包括高低温试验箱和循环泵两部分；量测系统则由力传感模块、位移传感模块、应变传感模块和温度传感模块组成。

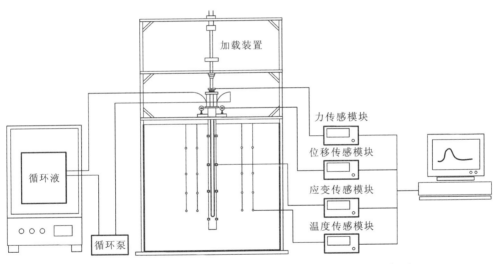

图 5.40　能量桩热力学特性物理模型试验系统整体布置示意图

该系统能够对能量桩桩顶施加不同级别机械荷载，同时可通过温控循环系统对桩体施加温度荷载。另外，通过量测系统，能够监测试验过程中桩顶荷载、桩顶位移、桩身轴向应力应变、桩体及周围土体温度等关键变量的变化情况，从而揭示能量桩的作用机理。下面将对模型试验系统各个组成部分进行详细介绍。

2. 模型箱装置

模型箱（图 5.41）尺寸为 800 mm×800 mm×1 100 mm（长×宽×高），内壁粘贴有厚度为 0.5 mm 的交联聚乙烯材料组成的隔热垫层，上部有横向钢支撑和竖向钢支撑组成的加载框架，加载框架上有顶部横梁、中部横梁和底部横梁，所述横梁中部分别有顶部直线轴承、中部直线轴承和底部直线轴承，起导向作用，使得荷载能够施加到桩轴心处。

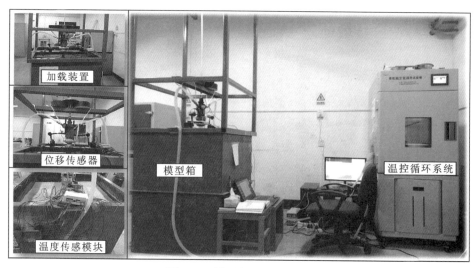

图 5.41 模型箱装置实物图

加载装置顶部设有球形传力槽，中部有力传感器和刚性块，底部有桩顶套筒。球形传力槽可将上部荷载传至下部桩顶；刚性块中间有孔隙，可允许换热管端部通过；套筒可套于桩顶处，将上部荷载施加于桩顶。传力装置由传力光轴组成，传力光轴穿过顶部轴承和中部轴承，在其下部有一个砝码托盘，可进行堆载，在其底部有一个球形传力端头，可进行荷载的传递。

3. 温控循环系统

温控循环系高低温试验箱由上海一恒科技有限公司生产，其控温范围为-20～130 ℃，控温精度为 0.1 ℃。试验时，将循环液和循环泵置于高低温试验箱的温控舱中，即可实现对循环温度的精确控制。循环泵为上海御张实业有限公司旗下"创宁"品牌产品生产，该循环泵为变频循环泵，有 10 个档位，可进行流量调节，调节范围为 3 800～8 000 L/h，扬程范围为 2.6～4.8 m。通过调节流量，可进行循环液流速与能量桩换热效率之间关系的研究。

4. 量测系统

量测系统的力传感模块由工字形力传感器和解调模块组成。试验之前，将传感器设置于桩顶加载装置上，置于托盘上的砝码重量通过传力杆传至球形传力端头，而后通过球形传力槽和传感器将上部荷载传递至桩顶套筒，从而实现桩顶加载。在试验过程中，桩顶荷载变化可通过力传感器和其解调模块实时采集和记录。

位移传感模块由两个数显百分表及其相应解调模块组成。在桩顶套筒下端固定有一刚性板，两个数显百分表对称布置于桩身两侧，二者读数平均值即为桩顶位移。试验开始前，须将数显百分表归零。在试验进行过程中，可通过位移解调模块和相应软件实时采集和记录桩顶位移变化情况。

温度传感模块由温度传感器及其解调模块组成。试验所采用的温度传感器为负温度系数（negative temperature coefficient，NTC）热敏电阻高精度温度传感器，测量范围为 $-50\sim105\ ℃$，测量精度为 $0.1\ ℃$。采集模块由长沙先淼电子科技有限公司生产，可同时进行 32 路温度的采集和记录。试验时，温度传感器与采集模块连接，可实时采集和记录桩身、土体、循环液进出水口等处温度变化情况。

应变传感模块由 FBG 应变传感器、光纤光栅解调仪和相应软件组成。模型桩预制完成后，沿着桩身对称开细槽，然后将两列 FBG 应变传感器置于其中，使用环氧树脂进行封装。在上部引出线处，需对光纤进行铠装保护；封装完成后，对 FBG 应变传感器进行调试，检查其成活率，可对桩身应力应变进行实时监测和记录。

5.4.2　试验方案

试验共包含以供暖需求为主的气温区域下的多次冷循环 E1 和以制冷需求为主的气温区域下的多次热循环 E2。考虑实际工程中能量桩温度变化范围为 $5\sim40\ ℃$，选取 $14\ ℃$ 和 $31\ ℃$ 作为桩体的目标温度。对桩身的应变进行连续测量，进而研究温度变化对桩身应力分布的影响情况。本小节主要研究目的在于评估短时间内桩身温度瞬态变化对桩体热力学特性的影响，以及多次温度循环作用下桩身热力学特性的变化规律。因而，选择 2 h 作为单次冷循环或热循环时间，这足够桩身温度达到设定的目标温度。经过 2 h 的温度循环后，进行 5 h 的自然恢复，使得桩体温度恢复至初始室温，而后进行下一轮温度循环。一轮温度循环共耗时 7 h，在 E1 和 E2 中，各进行 3 轮温度循环。试验中循环液温度与流速分别由高低温试验箱和循环泵控制，试验过程中流速均为 1.33 m/s。试验具体步骤如下。

1. 砂土地基填筑

试验时通过人工夯实将砂土地基相对密实度控制为 70%。将 1 126.4 kg 干砂分 10 级填入模型箱，每级填砂 112.64 kg，为保证模型箱各处砂土相对密实度相同，每级取控制高度为 10 cm 进行夯实。模型箱内砂土高度达到 30 cm 后，将桩置于模型箱中心处，将温度传感器布设于预定位置，而后继续填砂、夯实。

2. 传感器布置

温度传感器在砂土填筑过程中埋入预定位置；两个位移计对称布置于桩顶刚性板上。各传感器具体位置如图 5.42[28] 所示。

3. 温度荷载施加

在 E1 试验中，先对桩体施加 2 h 的冷荷载，而后停止温度循环进行 5 h 的自然恢复，此即 1 次冷循环，如此反复 3 次，即完成 3 次冷循环；在 E2 试验中，先对桩体施加 2 h 的热荷载，而后停止温度循环进行 5 h 的自然恢复，此即 1 次热循环，如此反复

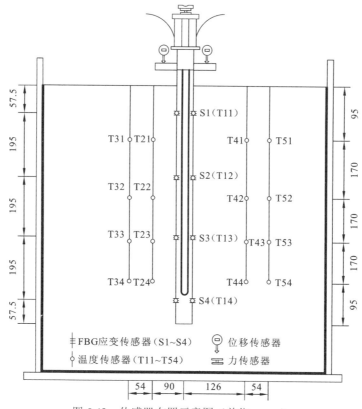

图 5.42　传感器布置示意图（单位：mm）

3 次，即完成 3 次热循环。试验在密闭地下室中进行，室温为 20 ℃，昼夜温差不超过 0.3 ℃。

需要指出的是，试验中桩顶仅施加加载装置自重 60 N，对桩顶位移不予限制。上述所有模型试验中几何常数取为 0.05，保证相似模型与原型物理性质相同，计算可知流速相似倍数和时间相似倍数分别为 20 和 400，相似模型设计参数如表 5.6 所示。

表 5.6　相似模型设计参数

参数	原型	相似模型
桩体直径/mm	720	36
桩体长度/mm	20 000	1 000
换热管直径/mm	160	8
循环液流速/（m/s）	0.066 5	1.33
温度循环时间/h	800	2
自然恢复时间/h	2 000	5

5.4.3　结果与讨论

1. 桩体及土体温度

图 5.43 所示为第一次冷循环和热循环结束时，温度沿桩深分布情况。从图中可以看出，桩体初始温度为 20 ℃。进行冷循环时，热量从土体和桩体传入循环液中，桩体温度降低，第一次冷循环结束时，桩体温度最高为 14.1 ℃，最低为 13.6 ℃，相差 0.5 ℃；进行热循环时，热量从循环液传入桩体和土体中，随着循环的进行，桩身温度逐渐升高，第一次热循环结束时，桩体温度最高为 31.2 ℃，最低为 30.7 ℃，相差 0.5 ℃。综合两种工况来看，桩身不同位置之间温度差异较小，因此可认为温度沿桩身均匀分布。

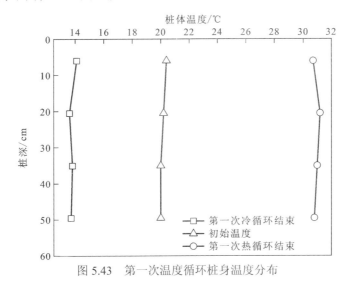

图 5.43　第一次温度循环桩身温度分布

1）冷循环

多次冷循环工况下，距土体表面 35 cm 处桩体及土体温度随时间变化规律如图 5.44（a）所示。从图中可以看出，每次循环开始后，桩体温度迅速下降 9.7 ℃左右，而后逐渐上升，结束冷循环时，相比于初始温度降低 6 ℃左右。其原因在于循环换热效率大于试验箱制冷功率，循环过程中循环液温度不断升高。土体温度变化趋势与桩体一致，距离桩轴线越远，温度降低越少，反映了热量沿径向传递的机制。

2）热循环

图 5.44（b）给出了多次热循环下距土体表面 35 cm 深度处桩体及土体温度随时间变化曲线。从图中可以看出，桩体及土体温度变化趋势一致，循环开始后，桩体温度逐渐上升，升高 9 ℃左右后逐渐趋于稳定，而土体温度仍在上升。值得注意的是，热量随循环次数的增加出现累积效应，3 次循环完成后，桩体及土体温度升高 2.5 ℃左右。这可能因为 5 h 的自然恢复时间不足以使土体吸收热量完全耗散。

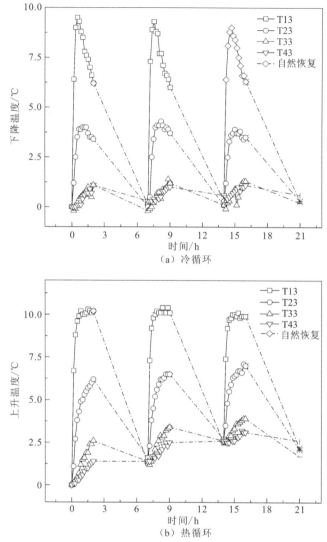

（a）冷循环

（b）热循环

图 5.44　多次循环工况下距土体表面 35 cm 处桩体及土体温度变化

根据试验中桩侧及土体温度传感器阵列测得的温度数据，进行插值处理后，可绘制出第一次温度循环结束时土体温度场云图，如图 5.45 所示。从图 5.45（a）可以看出，在第一次冷循环结束时，越靠近桩轴线处土体温度越低，距桩轴线 4.5D（D 为桩长）处土体温度变化幅度小于 1 ℃，因而冷循环时能量桩对土体温度场的影响范围在 4D 内；而由不同深度土体温度分布可以看出，靠近桩顶和桩端处土体温度受影响区域较小，其原因在于桩顶处土体与空气无隔热措施，换热较为迅速，因而其温度受到的影响较小；由于换热管弯曲部分距桩端 12 cm，桩端与附近土体热量交换较少，从而影响区域小于中部土体。从图 5.45（b）可见，热循环条件下土体温度场影响范围及不同深度土体温度分布规律与冷循环一致。另外，由图中还可看出，能量桩换热主要沿径向进行。

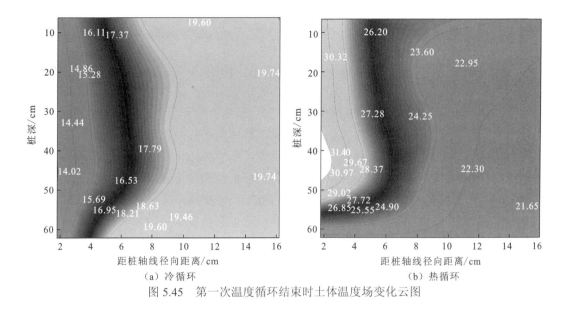

（a）冷循环   （b）热循环

图 5.45　第一次温度循环结束时土体温度场变化云图

2. 桩身热应力分布

图 5.46 所示为每次温度循环结束时桩身轴向热应力分布规律。从图中可以看出，冷循环时桩体产生拉应力，热循环时桩体产生压应力，且在桩身中部附近区域热应力最大，此处为位移零点。随着循环次数的增加，热应力也逐渐增大，说明无论是冷循环还是热循环，都将使能量桩轴向热应力持续增大。产生这一现象的原因可能在于桩体受到冷循环荷载作用时，桩身收缩，界面土体在周围土压力的作用下迅速挤密，温度恢复后，界面土体的挤密作用不能复原，随着循环次数的增加，界面土体挤密作用越来越明显，从而导致其轴向应力增大。而当桩体受到热循环作用时，桩身膨胀，挤压周围土体，且桩身与土体产生轴向相对位移，温度的升高与降低使得桩体相当于受到循环荷载的作用，界面土体在循环剪切作用下逐渐硬化，从而使桩身热应力逐渐增大。此外，从图中还可看出，位移零点位置并未随循环次数的增加而发生改变。

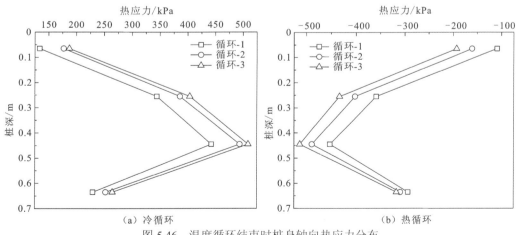

（a）冷循环   （b）热循环

图 5.46　温度循环结束时桩身轴向热应力分布

3. 温度荷载引起的桩侧摩阻力分布

温度荷载作用下，桩体与土体均发生胀缩，从而出现相对位移，导致侧摩阻力发生变化。定义摩阻力方向向上为正，向下为负，假定桩顶侧摩阻力为零，则每次循环温度循环作用结束时所引起的桩侧摩阻力计算结果如图 5.47 所示。可见，位移零点处侧摩阻力方向发生了改变。在冷循环时，位移零点以上桩体向下收缩，位移零点以下桩体向上收缩，侧向土体分别产生向上和向下的侧摩阻力，对桩体进行约束；在热循环时，位移零点以上桩体向上伸长，位移零点以下桩体向下伸长，侧向土体分别产生向下和向上的侧摩阻力，对桩体进行约束。随着循环次数的增加，位移零点下部桩体侧摩阻力逐渐增大，而位移零点上部桩体侧摩阻力则逐渐减小，这说明温度作用改变了桩体受力状态，从而将对其长期承载性能造成影响。

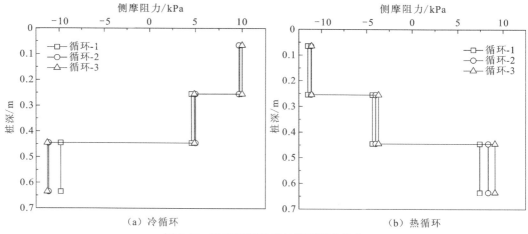

图 5.47　温度循环结时桩侧摩阻力分布

在多次冷循环工况中，桩体以位移零点所在截面为界限收缩，桩侧土体分别产生方向相反的摩阻力约束桩体；同时，桩体径向遇冷收缩，桩侧与土体之间产生了空隙，桩侧土体在周围土压力的挤压作用下填充空隙；温度升高时，桩体径向膨胀，挤压土体，在周围土压力的作用下，土体与桩侧之间因桩体径向收缩而产生的空隙并不能恢复，因而界面土体的挤密作用会使桩-土之间的接触性质发生改变，从而对桩侧摩阻力产生影响。

4. 温度荷载引起的桩顶位移分布

图 5.48 所示为温度荷载作用引起的桩顶位移随时间变化规律，其中位移向上为正，向下为负。从图中可以看出，在第一次冷循环时，随着循环的进行，桩顶产生沉降，并在桩体温度最低时达到最大值，而后随着桩体温度的上升逐渐减小。经过 5 h 的自然恢复，桩顶位移并未完全恢复，而是产生了 0.1%D 的残余沉降量；随着循环次数的增加，桩顶残余沉降量不断累积，但累积速率逐渐减小。三次冷循环试验结束时，桩顶最终残

余沉降量达到 0.14%D。多次热循环时，桩顶位移随着桩体温度的升高而增大，而后桩体温度降低，桩顶位移也随之减小。第一次热循环结束，经过 5 h 自然恢复后，桩顶产生了 0.08%D 的残余沉降，并且随着循环次数的增加，残余沉降不断累积，但累积速率逐渐减小。经过三次热循环后，桩顶残余沉降量为 0.15%D。

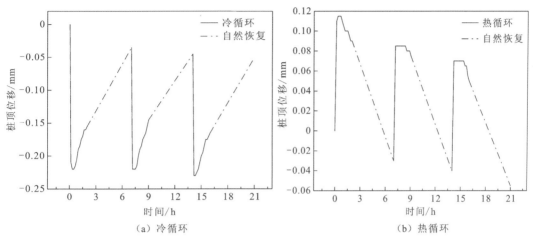

图 5.48　温度荷载作用引起的桩顶位移时程曲线

在循环温度荷载作用下，桩身会产生多次胀缩，桩体和土体受到循环荷载作用。一方面，界面土体和桩端土体在循环温度荷载的作用下多次加卸载，产生了累积残余变形；另一方面，在循环剪切作用下，桩土间界面土体出现剪缩现象，引起界面土颗粒重新排布，桩端阻力逐渐发挥，使得端部土体压缩变形逐渐增大，且在卸除温度荷载后不能完全恢复，因而产生了残余沉降。

为进一步研究桩顶残余沉降与温度荷载循环次数之间的关系，采用如下公式计算桩顶塑性沉降量：

$$\delta_1 = \delta_1\big|_{N_c \to \infty} + \left(\delta_1\big|_{N_c=1} - \delta_1\big|_{N_c \to \infty}\right) e^{-\beta N_c} \tag{5-13}$$

式中：δ_1 为桩顶残余沉降量；N_c 为温度荷载循环次数；$\delta_1\big|_{N_c \to \infty}$ 为温度荷载循环次数趋近于无穷大时桩顶残余沉降量；$\delta_1\big|_{N_c=1}$ 为第一次施加温度荷载结束时桩顶残余沉降量；β 为残余沉降和循环次数之间拟合方程参数，代表拟合曲线的形状。

图 5.49 所示为桩顶残余沉降量随循环次数变化的试验值和计算值。可见，计算值与试验值较好地吻合。通过将计算结果和试验结果进行比对分析，可知在多次冷循环时，$\delta_1\big|_{N_c \to \infty}$ =0.051 mm；在多次热循环时，$\delta_1\big|_{N_c \to \infty}$ =0.068 mm，即当桩顶无机械荷载时，多次冷循环桩顶最终残余沉降量达到 0.051 mm，为 0.14%D；多次热循环桩顶最终残余沉降量达到 0.068 mm，为 0.189%D。值得注意的是，虽然无桩顶机械荷载作用（或桩顶机械荷载较小）时桩顶残余沉降量较小，但是桩顶残余沉降量会随桩顶荷载的增大而增大。因此，能量桩工程设计中对此应予以重视。

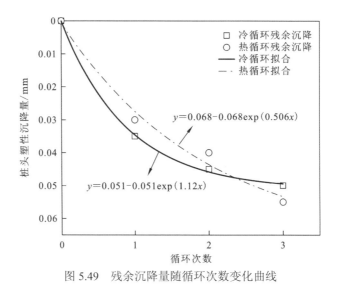

图 5.49　残余沉降量随循环次数变化曲线

5.5　竖向循环荷载–温度耦合作用下能量桩承载特性

交通运输是国民经济的动脉，对国家经济的发展有着举足轻重的作用。我国位于北温带，大部分地区的气温在冬季降至 0 ℃，易发生路面结冰现象，导致行车安全事故频发。将清洁、可再生的地热能用于道桥的融雪除冰，是解决冬季行车安全问题的绿色方法。能量桩将地源热泵技术与桩基相结合，既满足了桩基的承受上部荷载功能，又作为热交换系统的核心，为路桥路面提供热源用于融雪，降低除冰成本，且绿色低碳。

本节针对能量桩用于桥梁融雪除冰这一工况，考虑桩基受到的静偏载、循环荷载及温度荷载耦合作用，搭建对应的模型试验系统，并开展热力耦合作用下的能量桩试验，探究不同静偏载、循环荷载、温度荷载及加载频率对能量桩承载性能的影响。

5.5.1　模型试验

1. 传感器系统

光纤光栅传感器解调设备方面，采用由美国 Micro Optic 公司生产的高精度解调仪，为 SM125 型光纤光栅解调仪，基于可调谐法珀滤波器技术，能够实现全光谱扫描和数据采集；同时，采用上海狄佳传感科技有限公司生产的 DJYB-HF 仪表监测试验过程中桩头荷载的变化，采用型号为 DJYB-HF(0-5K)，量程为 0～5 000 N，精度为 ±1 N；位移监测手段通过数显百分表实现，数显百分表的量程为 0～50.8 mm，分辨率为 0.01 mm，结合位移采集软件可实现对位移的实时监测与记录；温度场依靠上海松导加热传感器有限公司的 K 型铠装热电偶 WRNK-191 电热偶针监测，电热偶针的直径为 0.5 mm，长度为 1 000 mm，温度测量范围为-10～800 ℃，测量精度为±0.1 ℃。使用相匹配的采集仪为 16 路万能输入智能巡检仪，采集软件为 485 标准 MODBUS-RTU 电脑记录组态软件，连接上 16 个 K 型热电偶，可实现桩周土体的精准温度监控。

2. 温控循环系统

试验过程中所采用的温控循环系统构成包括：恒温水浴箱、循环水泵、U 形金属管、L 形金属管、细软水管。恒温水浴箱采用的是 Labfish 单孔不锈钢水箱；循环水泵为创宁 40 W 超静音水泵，流量为 3 500～6 000 L。水浴箱调节温度范围为室温至 100 ℃，通过循环水泵可以调节进水口温度，从而改变能量桩模型的温度；其中制冷工况通过添加冰水混合物完成，进水口温度可降低至 5 ℃。在桩头螺纹下方 2 cm 处，以铝管圆心为对称中心分别在铝管两侧各开一个直径 6 mm 的圆洞，用两段长 35 cm 的细软水管将两个 L 形金属管与 U 形金属管相连接。将水管与金属管的组合物放置于铝管中，L 形金属管从两侧的孔洞中伸出，分别与循环水泵的出水口、恒温水浴箱中的水体相连接，循环水泵的进水口与水浴箱相连接，构成循环流动的加热/制冷系统。

3. 试验装置整体布置

模型试验系统如图 5.50[29]所示，其中标记含义为：1.加载架；2.模型箱；3.桩周土体；4.能量桩模型；5.拉压传感器；6.荷载传递轴；7.刚性加载板；8.砝码；9.恒温水浴箱；10.循环水泵；11.K 型热电偶；12.FBG 光纤光栅传感器；13.U 形金属管；14.金属板；15.电子位移计；16.DJYB-HF 仪；17.1010-221 接口转换线；18.光纤光栅解调仪；19.智能多路巡检仪；20.计算机。

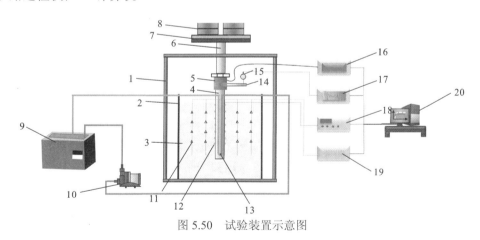

图 5.50　试验装置示意图

所使用的模型箱尺寸为 0.6 m×0.6 m×0.6 m，箱体厚度为 3 mm，箱体中部和顶部进行加肋处理，防止箱体出现过大的变形。在模型箱中放置砂土，埋置模型桩与传感器，通过反力架与加载板实现静载的施加，通过水浴箱、水泵与水管构成的温控循环系统完成对桩身温度的控制。

5.5.2 静载与温度耦合作用下单桩承载特性试验

1. 研究目的

在利用能量桩进行除雪融冰的工程实践中，道桥结构除在冬季承担的冷循环荷载，利用地热对桥面板进行加温之外，在夏季同样也能通过循环水泵与地表土体恒温的特性对桥面板进行降温。路桥结构在承担冬夏季的冷热循环温度荷载时，也在承受着上部结构的荷载，所以针对在一定静载下受到温度循环荷载作用的能量桩进行研究非常有必要。

针对上述问题，本小节基于 5.4.1 小节所搭建的模型试验系统，首先测得单桩在不同密实度下的极限承载力，选用合适的密实度并确定静载大小，随后对静载作用下能量桩进行温度循环荷载，最后对模型试验结果进行单桩极限承载力、桩体及桩周土体温度、桩头沉降、桩身应力、桩侧摩阻力的分析，为相关工程设计提供一定的设计依据。

2. 试验方法

（1）在模型箱内壁粘贴隔热垫层，在箱体内部四侧的隔热垫层上分别粘贴上卷尺，首先通过砂雨法制备三分之一厚度的土层，使用击实装置击实土体，通过控制倒入模型箱内的砂土质量，结合贴于箱体内部四周的卷尺控制砂土的体积，将砂土击实到预设的密度，埋设能量桩模型，再制备剩余土体并进行击实，在击实土体的过程中，分别在距桩身表面 1 倍、2 倍、3 倍、4 倍桩径处，距土体表面埋深 0.04 m、0.16 m、0.28 m、0.40 m 处布设 16 个 K 型热电偶监测试验过程中土体温度的变化，完成桩周土体温度场的监测。

（2）将桩头与拉压传感器相连接，依次连接荷载传递轴与刚性荷载板，其中通过竖向法兰轴承固定荷载传递轴，保证荷载的竖向传递，竖向法兰轴承固定在反力架的水平横隔板上；使用磁性大万向固定电子位移计，配合固定在桩头的金属板，监测桩头沉降的变化。

（3）将循环水泵的出水口与金属管水管结合体一侧用细软水管相连接，结合体另一侧与恒温水浴箱相连接，在接口处分别布置一个 K 型热电偶监测进水口与出水口温度；将恒温水浴箱与循环水泵的出水口相连接，构成一个完整的水循环温控系统。

（4）光纤光栅传感器终端均与光纤光栅解调仪连接，光纤光栅解调仪与计算机连接，可对实验中温度数据进行读取和记录。进行仪器调试，确定仪器工作正常后，开始施加静载，使用砝码进行静载的施加。将砝码放置在刚性加载板上，待到电子位移计的读数稳定后，再开始下一块砝码的放置。

（5）静载施加完毕并且桩头位移稳定后开始施加温度循环，将水浴箱设置某一预设温度，使得恒温箱循环液温度达到试验所需温度，并保持恒定；试验过程中保持循环泵功率稳定；记录进水管流量流速、进水管温度、出水管温度及试样距能量桩模型轴线不同径向距离的土体温度。经过一段时间后，终止循环水泵的工作；如此往复循环几个周期。

3. 加载方案

本小节一共进行 6 组试验（表 5.7），为了选择合适的砂土密实度进行试验，分别在密实度为 0.55、0.65、0.75 时进行模型桩的极限承载力测试，根据试验结果选择合适的砂土密实度。基于前三组试验确定的极限承载力，结合选择的密实度，选择 0.5 倍极限承载力作为后 4 组试验的静载值，并分别施加不同温度幅值的温度循环三次，以探究温度循环对单桩竖向承载性状的影响。

表 5.7　极限承载力及温度循环试验

试验编号	密实度	P_s/Q_s	温度幅值/℃	温度循环周期/h
1	0.55	—	—	—
2	0.65	—	—	—
3	0.75	—	—	—
4	0.65	0.5	—	—
5	0.65	0.5	45	2
6	0.65	0.5	5	2

表 5.7 中，P_s/Q_s 的含义为试验施加静载与极限承载力之比，温度幅值表示恒温水浴箱中液体变化温度，温度循环周期表示试验桩体中一次升温/降温与一次自然恢复所需要的时间。

4. 试验结果与分析

1）单桩极限承载力分析

首先，使用慢速荷载维持法对埋置在干砂中的模型桩进行静载试验，分别选用不同的砂土密实度进行试验，荷载沉降曲线如图 5.51 所示，试验 1、试验 2 曲线前半段没有明显的拐点，随着荷载的增大，桩顶沉降增长缓慢，属于缓变形荷载沉降曲线。当荷载添加到某一个限值时，荷载沉降曲线出现拐点，桩顶沉降出现较大幅度的增长，由拐点位置确定试验 1 极限静承载力 $Q_{s1}=500\,N$，同样可确定试验 2 极限静承载力 $Q_{s2}=600\,N$，在试验过程中，试验 3 曲线始终没有出现明显的拐点。可以观察到，随着砂土密实度的增大，荷载沉降曲线中的拐点也出现得越晚，也就是模型桩的极限静承载力也随之增大。综合考虑模型桩的桩径为 30 mm，试验 1 中所对应的桩头沉降已经超过了桩径的 1/10，故该密实度过低，在后续的竖向循环荷载试验中可能不会出现桩头随卸载而出现的回弹现象；对于试验 3 中的砂土密实度，考虑到较高的密实度在试验过程中难以实现，且在高密实度下的砂土可能不会出现塑性位移的累积沉降，不利于探究试验过程中的能量桩承载特性，故选用密实度为 0.65 的干砂进行试验，极限静承载力 $Q_s= 600\,N$。

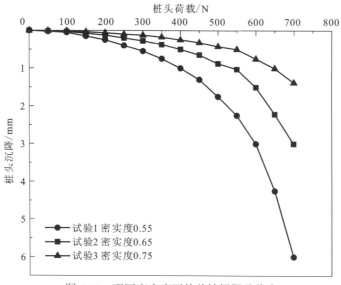

图 5.51　不同密实度下的单桩极限承载力

2）桩体及桩周土体温度分析

桩体在初始温度及经过第一次热循环、第一次冷循环的桩身温度如图 5.52 所示，桩身表面的初始温度为 18 ℃左右，与室内空气相接触的桩头部分温度略高于埋置在砂土中的桩身温度。进行热循环时，温控系统中加热到恒温的循环液通过从桩体中的流动，把热量向桩体及桩周土中传递，引起桩周的升温；冷循环时，则是冷循环液的流动吸收桩身及桩周土体的热量，从而引发桩周的降温。第一次热循环结束时，桩体最高温度出现在埋深 0.06 m 处，为 30 ℃，最低温度出现在桩头，为 29 ℃，相差 1 ℃；第一

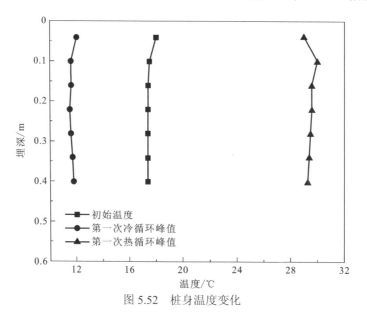

图 5.52　桩身温度变化

次冷循环结束时，桩体最低温度出现在埋深 0.2 m 处，为 11.5 ℃，最高温度同样出现在桩头处，为 12 ℃，相差 0.5 ℃。综合热循环与冷循环结束后的桩身温差来看，桩身温度差保持在 1 ℃以内，桩身不同位置之间温度差异比较小，可认为温度沿桩身均匀分布。

根据桩身及桩周土中布设的 K 型热电偶温度传感器，可绘制出第一次温度循环后的桩周土体温度云图，如图 5.53 所示。从图中可以看出，距离桩轴线越近的位置，温度变化的幅度也相应越大。桩轴线处温度变化幅值大的范围之所以停留在 0～0.4 m，是因为桩身入土深度为 0.4 m，且模型箱为铝合金制作，导热系数高，与外界空气的热交换速度快，所以在土体上部、底部及远离桩轴线的一侧温度都接近室温 18 ℃，与这三侧接近的砂土相较于其他位置温度变化的程度也较低，因为在不断受到能量桩影响的情况下，既在吸收/释放热量，同时也在与空气进行热交换的临近土体吸/放热。相比之下，中部土体处于一个相对保温隔热的环境中，故受到温度影响的程度较大。从图中还可以看出，能量桩换热主要沿径向进行，温度变化程度范围由桩体均匀向外辐射。

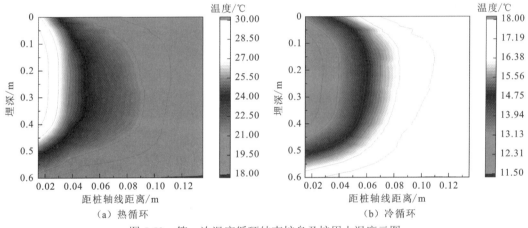

（a）热循环　　　　　　　　　　　　　（b）冷循环

图 5.53　第一次温度循环结束桩身及桩周土温度云图

3）桩头沉降分析

图 5.54 给出了在模型桩受到 0.5 倍极限承载力下的静载与三次热循环作用下的桩顶沉降随时间变化规律，规定位移向上为正、向下为负。从图中可以看出，在进行热循环时，随着桩身温度的上升，桩顶沉降不再向下发展，而是呈现出向上的趋势，这是因为桩身受热膨胀，而在桩端处受到一定程度的约束，桩身膨胀的量同时一边朝着桩端发展，一边向桩头发展，即桩头沉降升高。同时可以观察到，桩头沉降变化规律与桩身温度变化是吻合的，在温度最高时沉降达到最大值，而后随着桩身温度的降低，桩头沉降也逐渐回落，一次循环结束后，产生了 0.01 mm 的残余沉降；随着循环次数的增加，桩头的残余沉降也在不断累积，但是累积速度随着循环次数的增加而降低。三次热循环结束后桩头最终残余沉降达到 0.04 mm，即 0.13%D。

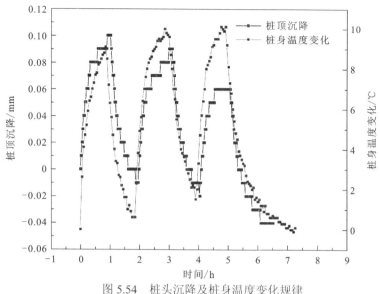

图 5.54　桩头沉降及桩身温度变化规律

4）桩身应力分析

由粘贴在桩身表面的光纤光栅可得到试验过程中桩身的应变与温度变化，通过紧贴桩身的铜管中插入于桩身光栅位置一一对应的光纤光栅测得温度变化，进一步计算得到桩身应变，结合模型桩的杨氏模量、尺寸可计算得到桩身的应力，绘制常温、热循环及冷循环下的桩身应力变化如图 5.55 所示。可以观察到，在没有温度的影响下，模型桩从桩顶到桩端的桩身应力是逐渐减小的，在热循环过程中，当桩身温度达到峰值时，由于热致应力的作用，桩身最大应力出现在桩身的中上部分，并非桩头，且桩头到桩端的应力都有一定程度的增长。在冷循环过程中，桩身应力分布类似于常温状态下，由桩头向桩端逐渐减小，且桩身各位置应力均小于常温状态。

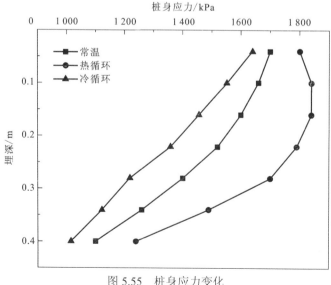

图 5.55　桩身应力变化

5）桩侧摩阻力分析

在冷热循环的作用下，桩身及桩周土温度发生变化，由于热膨胀系数的不同，桩身与桩周土体不是同步进行胀缩的，从而出现相对位移，产生新的侧摩阻力。侧摩阻力的计算公式如下。

$$f_{s,\text{mob},i} = \frac{D}{4\Delta l}(\sigma_{T,i+1} - \sigma_{T,i}) \tag{5-14}$$

式中：i 为从桩顶到桩端光栅的编号，分别为 1、2、…、7；D 为桩身外径，为 3 cm；Δl 为相邻两光栅之间的距离，为 6 cm；$\sigma_{T,i}$ 为第 i 个光栅的热致应力。规定热致摩阻力方向向上为负、向下为正，假定桩头的热致摩阻力为零，则每次热循环桩身温度达到峰值时的热致侧摩阻力如图 5.56 所示。

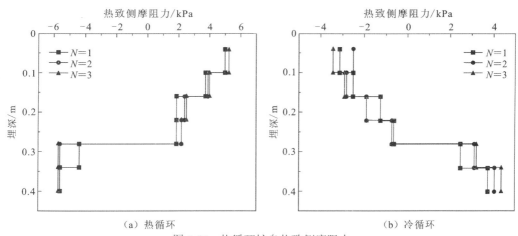

图 5.56　热循环桩身热致侧摩阻力

在热循环过程中，伴随着温度的升高，不仅存在桩身轴向的膨胀，还有桩身径向的膨胀，桩身径向膨胀挤密桩周土体，而后在温度回落时，桩身与桩周土体产生空隙，在周围土体的挤压作用下，又把挤密的土体重新填充在桩周附近。由于循环荷载作用下结构物和砂土之间的接触特性通常表现为硬化，由温度降低产生的空隙不能完全恢复，随着循环的进行，界面土体逐渐密实，桩-土接触特性发生改变，影响桩侧摩阻力分布，从而改变桩身应力分布，进而对桩体承载特性和正常使用产生影响。冷循环时同理，在温度低时桩身收缩，与周围土体产生间隙，同时又在周围土压的作用下重新填充，使得桩土之间的接触性质发生改变，从而改变侧摩阻力的分布。

5.5.3　竖向循环荷载与温度耦合作用下单桩承载特性试验

1. 研究目的

应用于道桥结构除雪融冰的能量桩，除要承担上部结构的荷载及温度荷载之外，同时还受到交通荷载的作用，桩周土体在竖向循环与温度荷载耦合作用下，与桩身的接触可能会发生变化，从而引发桩端桩侧承载力发生变化，进一步造成上部结构的破坏。

为了进一步探究桩基在竖向循环荷载-温度耦合作用下的荷载传递机理及桩头位移发展规律，本小节基于搭建的模型试验系统，添加上循环加载系统完成竖向循环荷载的施加，结合温控系统实现温度荷载的耦合作用，开展循环荷载作用下的室内桩基模型试验，研究不同静偏荷载、循环荷载幅值及温度组合作用下桩头位移、桩身应力、桩侧摩阻力的发展规律，揭示各指标随循环次数增加的演变机理。

2. 模型试验装置

模型试验系统如图5.57[29]所示，其中标记含义为：1.加载架；2.模型箱；3.桩周土体；4.能量桩模型；5.拉压传感器；6.荷载传递轴；7.刚性加载板；8.砝码；9.砝码串；10.铝合金圆盘；11.电机；12.海绵垫；13.水浴箱；14.水泵；15.K型热电偶；16.FBG光纤光栅传感器；17.U形金属管；18.金属板；19.电子位移计；20.DJYB-HF仪；21.1010-221接口转换线；22.光纤光栅解调仪；23.智能多路巡检仪；24.计算机。

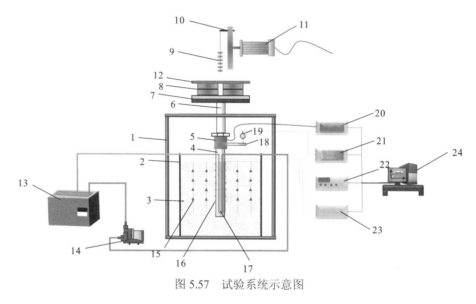

图5.57 试验系统示意图

本节试验所采用的模型试验系统沿用 5.5.2 小节中使用的试验系统，其中加载装置略作改动，考虑到本节的竖向循环加载需求，在静载的基础上添加循环加载装置。循环加载装置由电机、铝合金管、铝合金圆盘、弹簧及砝码盘组成，电机采用的是伟创机电120 W 调速减速电机，频率为 0.1～1 Hz，电机转子与加工过的空心铝合金管啮合在一起，通过转子的转动带动铝合金管的转动，继而带动与铝合金管焊接在一起的铝合金圆盘转动，在圆盘边缘处固定一个铝制圆环，连接上弹簧，弹簧末端与砝码盘相连接，通过圆盘的转动带动砝码盘不断升落，实现竖向循环荷载的施加。通过刚性加载板上布设的海绵垫及铝合金圆盘上的弹簧，可以保证最大程度上避免冲击荷载的影响。

3. 试验方法

（1）在模型箱内壁粘贴隔热垫层，在箱体内部四侧的隔热垫层上分别粘贴卷尺，首先通过砂雨法制备三分之一厚度的土层，击实土体，通过控制倒入模型箱内的砂土质量，结合贴于箱体内部四周的卷尺控制砂土的体积，将砂土击实到预设的密度，埋设能量桩模型，再制备剩余土体并进行击实，在击实土体的过程中，分别在距桩轴线不同桩径、不同深度处埋设 K 型热电偶进行桩周土体温度场的监测。

（2）将桩头与拉压传感器相连接，依次连接荷载传递轴与刚性荷载板，其中通过竖向法兰轴承固定荷载传递轴，保证荷载的竖向传递，竖向法兰轴承固定在反力架的水平横隔板上；使用磁性大万向固定电子位移计，配合固定在桩头的金属板，监测桩头沉降的变化。

（3）将循环水泵的出水口与金属管水管结合体一侧用细软水管连接，结合体另一侧与恒温水浴箱连接，在接口处分别布置一个 K 型热电偶监测进水口与出水口温度；将恒温水浴箱与循环水泵的出水口相连接构成一个完整的水循环温控系统。

（4）光纤光栅传感器终端均与光纤光栅解调仪连接，光纤光栅解调仪与计算机连接，可对试验中温度数据进行读取和记录。进行仪器调试，确定仪器工作正常后，开始添加静载，使用砝码进行静载的施加。将砝码放置在刚性加载板上，待到电子位移计的读数稳定后，再开始下一块砝码的放置。

（5）静载施加完毕且桩头位移稳定后开始施加温度荷载，将水浴箱设置某一预设温度，使得恒温箱循环液温度达到试验所需温度，并保持恒定；试验过程中保持循环泵功率稳定；记录进水管流量流速、进水管温度、出水管温度及试样距能量桩模型轴线不同径向距离的土体温度。在桩身及桩周土体温度达到稳定状态时，在砝码盘上放置与选定好的工况对应的砝码重量，调整电机与砝码盘的位置，保证循环加载的曲线波形近似于正弦函数，加载曲线如图 5.58 所示，电机通电开始竖向循环加载。

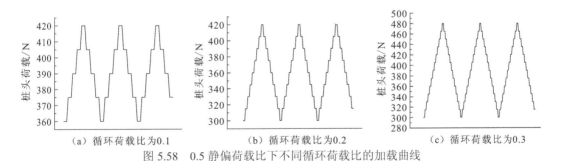

（a）循环荷载比为0.1　　　（b）循环荷载比为0.2　　　（c）循环荷载比为0.3

图 5.58　0.5 静偏荷载比下不同循环荷载比的加载曲线

4. 加载方案

本小节一共进行 15 组试验，分别在室温、热荷载、冷荷载三个不同的温度条件下开展试验，其中的热荷载选用的是与 5.5.2 小节中热循环荷载相同的温度，冷荷载选用的也是同样的温度。在不同的温度荷载下，分别选用 0.4 倍、0.5 倍、0.6 倍极限承载力的静偏荷载搭配 0.2 倍极限承载力的循环荷载，以及 0.5 倍极限承载力的静偏荷载搭配 0.1 倍、0.2 倍、0.3 倍极限承载力的循环荷载，以探究不同静偏荷载、循环荷载幅值及温度对单桩竖向承载性状的影响。试验工况见表 5.8。

表 5.8　循环加载实验工况

试验编号	P_s/Q_s	P_c/Q_s	P_{max}/Q_s	$P_{average}/Q_s$	N/次	温度/℃
1	0.5	0.1	0.6	0.55	1 000	—
2	0.5	0.2	0.7	0.65	1 000	—
3	0.5	0.3	0.8	0.60	1 000	—
4	0.4	0.2	0.6	0.50	1 000	—
5	0.6	0.2	0.8	0.70	1 000	—
6	0.5	0.1	0.6	0.55	1 000	45
7	0.5	0.2	0.7	0.60	1 000	45
8	0.5	0.3	0.8	0.65	1 000	45
9	0.4	0.2	0.6	0.50	1 000	45
10	0.6	0.2	0.8	0.70	1 000	45
11	0.5	0.1	0.6	0.55	1 000	5
12	0.5	0.2	0.7	0.60	1 000	5
13	0.5	0.3	0.8	0.65	1 000	5
14	0.4	0.2	0.6	0.50	1 000	5
15	0.6	0.2	0.8	0.70	1 000	5

注：P_s/Q_s 为试验施加静载与极限承载力之比，记为 SLR；P_c/Q_s 为试验施加竖向循环荷载幅值与极限承载力之比，记为 CLR；P_{max}/Q_s 为试验过程中桩身受到最大荷载与极限承载力之比；$P_{average}/Q_s$ 为试验过程中桩身受到平均荷载与极限承载力之比；N 为竖向荷载循环施加次数；温度幅值表示恒温水浴箱中液体变化温度。

5. 试验结果与分析

1）循环次数-桩头沉降分析

循环荷载作用下的累积沉降发展规律主要受到以下几种因素的影响：循环荷载幅值、静偏载、循环次数及加载频率。在以上因素的影响下，循环累积沉降的发展特性可以分为三种类型：①不发展型，当循环幅值很小时，循环加载对桩头沉降的影响很小，桩周土体几乎完全处于弹性状态，累积沉降在前 10 个周期内基本完成；②持续发展型，随着循环荷载增大到某个临界值，桩周土会在局部进入塑性状态，塑性区域随着循环次数的累积扩大，此时累积沉降会随着循环次数的增加而持续发展，但是累积沉降的发展速率逐渐变慢；③破坏型，当循环荷载继续增大，超过某一循环荷载比（临界循环荷载比）后，桩周土完全进入塑性状态，循环累积沉降会随着循环次数的增加而产生急剧的发展，通常表现为"刺入破坏"的形式。本节中的所有循环加载工况均未出现破坏型的沉降发展规律，故破坏型工况不在本节讨论范围之内。

　　图 5.59～图 5.61 分别展示了在常温、热荷载、冷荷载与不同的静荷载比、循环荷

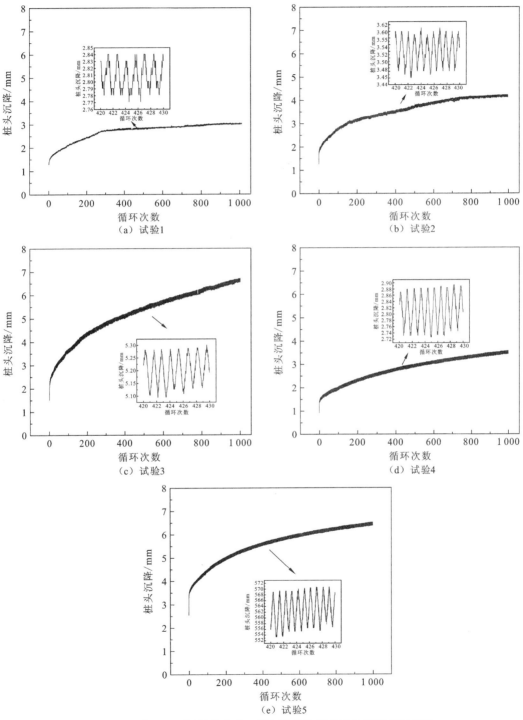

图 5.59　常温下不同静荷载比、循环荷载比下的桩头沉降发展规律

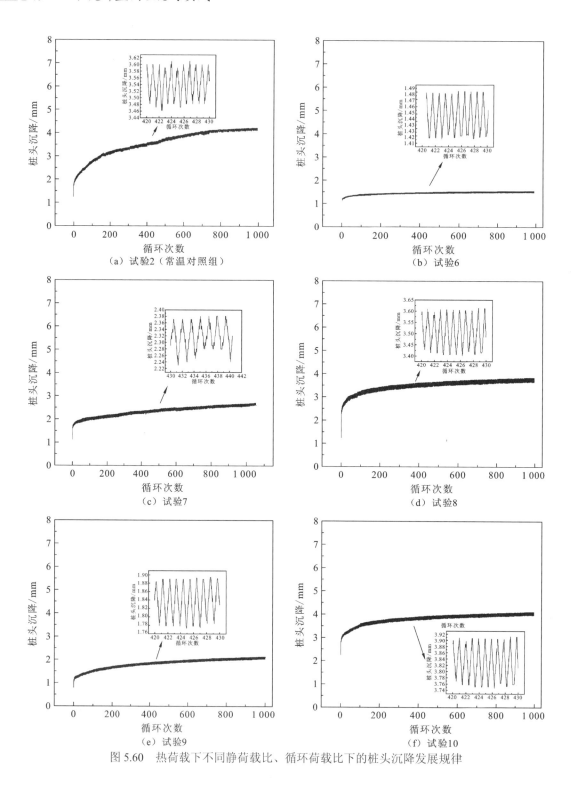

图 5.60 热荷载下不同静荷载比、循环荷载比下的桩头沉降发展规律

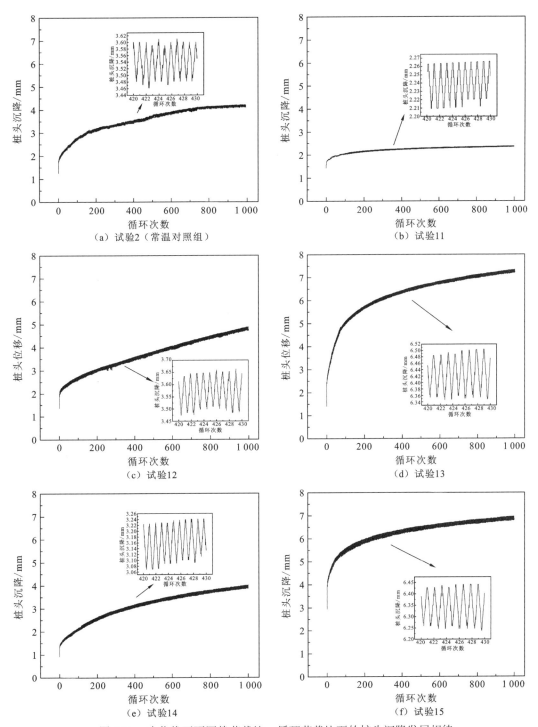

图 5.61 冷荷载下不同静荷载比、循环荷载比下的桩头沉降发展规律

载比的热力耦合作用下桩顶沉降随循环次数发展情况，因监测频率较高，桩顶沉降的数据点采集较多（图中展示为带状），带状区域的上边界为各个循环振次的沉降峰值包

络线，带状区域下边界则为各个循环振次的沉降峰谷包络线。以图 5.59 为例可发现以下结论。

（1）桩头沉降由三部分组成，其中：第一部分是初始施加的静载造成的沉降，静载造成的沉降中包含弹性沉降及塑性沉降，在本试验中静载始终保持在预设水平，不对其进行移除，故静载造成的弹性沉降与塑性沉降归类为同一种；第二部分是由单次循环加载过程所引起的弹性沉降，即单次循环加载桩头沉降曲线中波峰与波谷的差值，其在荷载卸去后可恢复；第三部分是单次循环加载过程导致的塑性沉降，即单次循环过程中后一个波谷与前一个波谷的差值，其在荷载卸去后不可恢复。

（2）桩头沉降与循环荷载施加的周期完全同步，即沉降曲线与加载曲线的波峰波谷都在同一时刻出现，每次的循环加载过程都会带来一定程度桩头沉降的累积。

（3）在一定的静载幅值下，随着循环荷载幅值的增加，单次循环下的桩头弹性沉降也变得越大，在图中表现为带状的沉降曲线在纵轴上变宽，同时单次循环带来的塑性沉降也更大，桩头沉降累积得更快且趋于稳定，所需要的循环次数也更多。

（4）在一定的循环荷载幅值下，随着静载的增大，单次循环过程中的弹性沉降变化不明显，塑性沉降的累积速度明显加快。

（5）在循环荷载初期，单次循环产生的塑性沉降明显大于后期，桩头沉降累积速度较快，随着循环次数的增加，桩头沉降累积速度逐步放缓并趋于稳定。

通过对桩身施加一定的温度，模拟能量桩在夏季工作时的工况，再加以与常温下一致的机械荷载进行热荷载下的桩头沉降对比分析，如图 5.60 所示，可以发现以下结论。

（1）在热荷载作用下，单次循环带来的弹性沉降略有减小，且桩头沉降累积得更慢，在更少量的循环次数中能趋于稳定状态。

（2）相对于常温下的工况，热荷载工况下的桩头沉降随静载、循环荷载幅值变化的程度也有所减小，即桩头累积沉降在达到 1 000 次循环时，有

$$\frac{S_{\text{常SLR}=0.5,\text{CLR}=0.3}}{S_{\text{常SLR}=0.5,\text{CLR}=0.2}} > \frac{S_{\text{热SLR}=0.5,\text{CLR}=0.3}}{S_{\text{热SLR}=0.5,\text{CLR}=0.2}}$$

对桩身施加冷荷载，模拟能量桩在冬季用于融雪除冰工作时的工况，同时加以与常温下一致的机械荷载进行冷荷载下的桩头沉降对比分析，如图 5.61 所示，可以发现以下结论。

（1）在冷荷载作用下，单次循环带来的弹性沉降略有增大，且桩头沉降累积得更快，需要在更多次的循环中才能趋于稳定状态。

（2）相对于常温下的工况，冷荷载工况下的桩头沉降随静载、循环荷载幅值变化的程度也有所增大，即桩头累积沉降在达到 1 000 次循环时，有

$$\frac{S_{\text{冷SLR}=0.5,\text{CLR}=0.3}}{S_{\text{冷SLR}=0.5,\text{CLR}=0.2}} > \frac{S_{\text{常SLR}=0.5,\text{CLR}=0.3}}{S_{\text{常SLR}=0.5,\text{CLR}=0.2}}$$

为了进一步探究静偏载 P_s、循环幅值 P_c 及温度作用对循环累积沉降的影响，将不同静偏载、循环幅值及温度幅值组合下的 1 000 次循环结束沉降数据绘制成图 5.62。

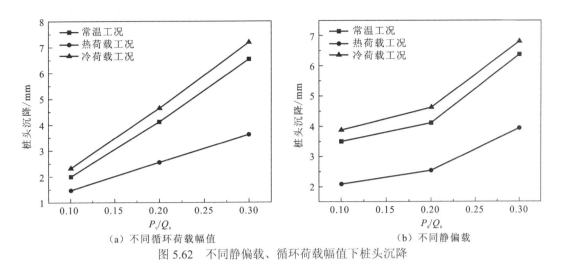

图 5.62　不同静偏载、循环荷载幅值下桩头沉降

图 5.62（a）所示为在一定的静偏载下不同温度作用、循环幅值对桩头沉降的影响，可以观察到，随着循环荷载幅值的增大，桩头沉降也呈现出几乎线性的增长，且热荷载对桩头沉降有着明显的抑制作用，出现这一情况可能存在两方面的原因：一是桩身受到热荷载后，桩身轴向膨胀，轴向延伸向桩端及桩头发展，在向桩头发展时，与机械荷载带来的沉降方向相反，抵消了一部分沉降，造成了桩头沉降的减小；二是桩身在受到热荷载时，桩身径向同时也发生膨胀，径向的膨胀加强了桩侧与土体接触的法向应力，从而增大了桩侧的摩阻力，而桩头荷载是由桩侧摩阻力与桩端阻力共同承担的，在循环荷载的加荷部分，桩身有整体向下的位移趋势，桩侧摩阻力方向与位移方向相反，所以此时与桩端阻力共同承担桩头荷载，当桩侧摩阻力增大时，与施加同样机械荷载的常温工况桩身对比，桩端的阻力受到一定程度的削弱，因此桩端对土体的压实挤密过程放缓，桩端的沉降速度变慢。桩头沉降在能量桩的试验中一般由三部分组成：桩端沉降，桩身受到机械荷载作用下的压缩量，桩身受到温度变化的膨胀或冷缩，在本试验中，桩身采用的是铝合金管材，杨氏模量较大，故桩身受到机械荷载作用下的压缩量远远小于其他两个部分对桩头沉降的影响，故忽略不计，暂不考虑这一因素的影响。

图 5.62（b）为在一定循环荷载下不同静偏载、温度作用对桩头沉降的影响，可以观察到，同样随着静偏载的增大，桩头沉降也呈现出增长的趋势，并且在同样的增幅下，静偏载的增大相对于循环荷载的增大对桩头沉降的影响效果更为明显，这可能是因为静偏载的初始幅值相对较大，随着静偏载的增大，静偏载与循环荷载同时作用下，最大机械荷载幅值更接近于桩基的极限承载力，故桩头沉降的增长速度变快。同时可以观察到，冷荷载对桩头沉降有促进作用，与热荷载一样，可能有两方面的原因：一是桩身受到冷荷载的作用，发生冷缩，相较于热荷载在桩头部分的延伸，冷荷载不仅在桩头位置产生冷缩，加速桩头沉降的发展，在桩端部分的冷缩也因为机械荷载的作用被转化为桩头沉降；二是桩体在轴向发生冷缩时，同时在径向也缩小，减弱了桩侧与土体间的接触，导致桩侧摩阻力的减小，与常温工况对比，冷荷载工况下的桩端应力更大，对土体的压实挤密过程也更显著，促进了桩端沉降的发展，进而传递到桩头，加速了桩头沉降的累积。

2）桩头沉降-桩头荷载分析

桩顶沉降-桩头荷载滞回曲线是在循环荷载作用下得到的关于桩头各个时刻荷载与沉降的关系，能反映出该桩-土体系在循环荷载及温度耦合作用下的刚度及耗能特性。图 5.63 给出了在常温工况下不同静偏载及循环荷载幅值的桩头沉降-桩头荷载曲线，可

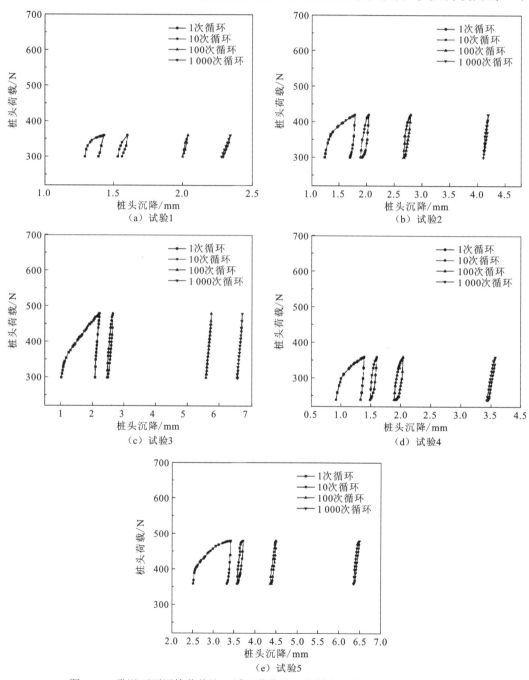

图 5.63　常温下不同静荷载比、循环荷载比下的桩头沉降-桩头荷载滞回曲线

以发现以下结论。

（1）在静偏载与循环荷载的共同作用下，桩周土呈现出弹塑性的特性，在后期的循环次数中，单次循环过程中的桩头沉降-桩头荷载曲线体现为一个滞回圈，体现了在卸载时单次循环的弹性沉降恢复的现象。

（2）桩基在不断循环的过程中，桩头沉降的塑性沉降在不断累积，表现为滞回圈不断向桩头位移增大的方向移动。单次循环过程中的塑性沉降累积速度在逐渐放缓，表现为早期循环次数下滞回圈起始点与终止点间有较为明显的位移差，后期滞回圈的起始点与终止点几乎重合，且在前 100 次的循环过程累积的塑性沉降几乎占据了 1 000 次循环过程中的一半。

（3）滞回性随着循环次数的增加而逐渐减小，表现为早期循环次数下的滞回圈包络的面积远大于后期循环次数下的面积，在循环次数达到 1 000 次时，部分工况下的滞回圈几乎已经演变为一条斜直线，滞回圈围成的面积接近于 0，这表明桩周土体的变形特性已经接近于完全弹性状态。这是因为在不断的循环过程中，桩侧摩阻力的弱化和桩端阻力的增大到了接近稳定的状态，所以桩基的沉降变形接近于弹性状态。

（4）桩头沉降的发展随着静偏荷载及循环荷载幅值的增大而增大，且在循环荷载幅值很小时，几乎体现不出滞回性，说明循环荷载幅值对桩头沉降的滞回曲线影响较大。

（5）土体刚度随循环加载次数的增加而减小，在单次的循环加载过程中，初始加载及卸载的刚度最大，随后逐渐减小。

图 5.64 给出了在热荷载工况下不同静荷载比及循环荷载比下的桩头沉降-桩头荷载曲线，可以发现以下结论。

（1）热荷载作用下的桩头弹性沉降、塑性沉降均小于常温工况，且桩头沉降趋于稳定的速度更快，在图 5.64（d）和（f）中可以明显观察到，前 100 次循环荷载带来的沉降几乎占据了 1 000 次循环中的四分之三，分别对比图 5.64（b）、（c）、（d）及图 5.64（c）、（e）、（f）两组图可知，随着静偏载及循环荷载幅值的增大，桩头塑性沉降累积速度放缓的程度就越大。

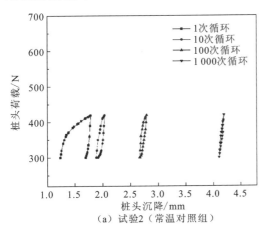

（a）试验2（常温对照组）

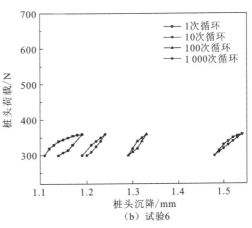

（b）试验6

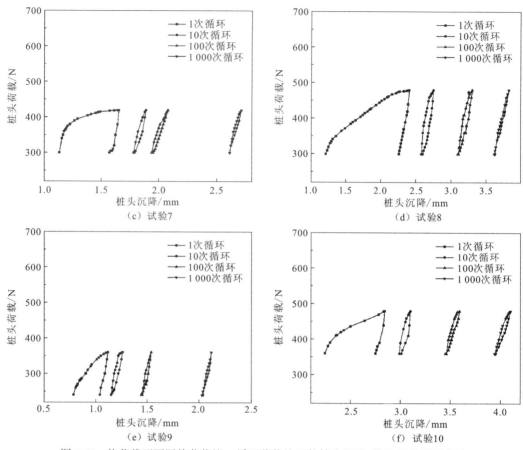

图 5.64　热荷载下不同静荷载比、循环荷载比下的桩头沉降-桩头荷载滞回曲线

（2）对比图 5.64（b）、（c）、（d）可得到，循环荷载幅值越小，桩周土刚度变化的程度就越明显。

3）桩端阻力变化

本小节中桩端阻力通过 FBG 光纤光栅与解调仪进行监测,定制的光栅串包含 7 个栅区,将光纤沿桩身刻槽粘贴,使用环氧树脂进行封装处理,保护光纤的同时加强光纤与桩身的耦合,其中的 7 个栅区能分别监测沿桩身平均分布的 7 点位置温度与应变变化。通过布置在靠近桩端处的栅区及放置在同一位置由铜管保护进行温度补偿的另一根光纤的栅区,可得到靠近桩端处的应变,结合桩身材料的弹性模量、桩径可计算得到一个近似于桩端阻力的值,在本小节后续的讨论中用该值代替桩端阻力。在监控过程中,由于采集频率较高,桩端阻力变化曲线呈现带状。

图 5.65 为常温工况下不同静荷载比、循环荷载比下的桩端阻力发展规律,图 5.65（a）～（e）分别为不同组合荷载下的桩端阻力随循环次数的变化规律,图 5.65（f）为经过不同循环次数之后,桩基础仅受到静偏载作用桩端的阻力变化。对比 6 张图可以观察到以下结论。

（1）在循环的初期,桩端阻力的增长速度大于循环后期,且随着循环次数的增加,

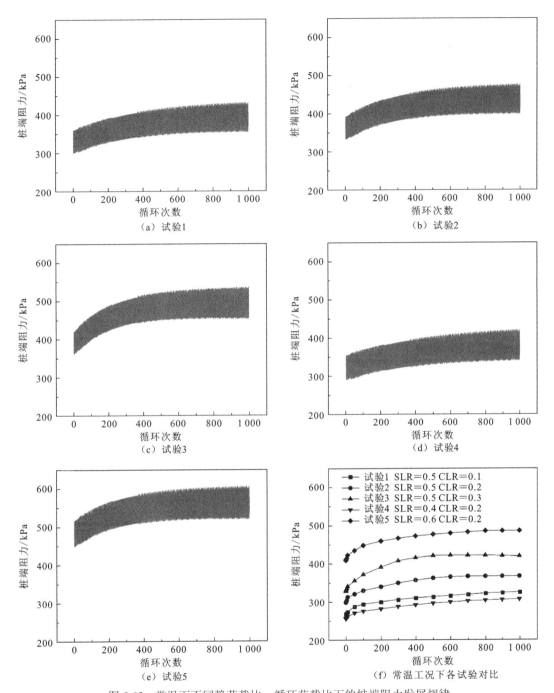

（a）试验1　　　　　　　　　　　（b）试验2

（c）试验3　　　　　　　　　　　（d）试验4

（e）试验5　　　　　　　　　（f）常温工况下各试验对比

图 5.65　常温下不同静荷载比、循环荷载比下的桩端阻力发展规律

桩端阻力的增速也在逐渐放缓。

（2）由图 5.65（a）～（c）对比可知，随着循环幅值的增大，桩端阻力在早期循环的增长速度增大，与此同时桩端阻力也能更快达到稳定状态，即在更少的循环次数之下可使桩端阻力趋于稳定。结合桩头位移分析可知，在更大循环荷载幅值的作用下，桩身

与土体的相对滑移范围也更大,从而加强了桩侧摩阻力的弱化过程,桩侧摩阻力承担的桩头荷载减少部分转移至桩端部分,同时桩端部分的土体在循环荷载的作用下被进一步压实,进而能承担更多的荷载,桩端阻力在循环过程中逐步增大。

（3）对比图 5.65（b）、（d）、（e）可以观察到,静偏载对桩端阻力在循环过程中的稳定过程存在一定的抑制作用,随着静偏载的增大,桩端阻力趋于稳定的速度更快,即在更少的循环次数之下达到稳定状态。大静偏载作用下的桩基相较于小静偏载在桩端部分承担的荷载也会更大,所以对桩端土体的挤密作用也更加明显,结合桩头位移变化可知,在同一循环荷载幅值下,静偏载更大的桩端土更容易发生大的弹性沉降,桩侧与桩周土的相对位移也增大,桩侧摩阻力的弱化速度变快,从而桩端阻力的增大也变快,在图中表现为较高静偏载工况下的桩端阻力趋于稳定所需要的循环次数更少。

图 5.66 为热荷载工况下不同静荷载比、循环荷载比下的桩端阻力发展规律,图 5.66（a）～（e）分别为不同组合荷载下的桩端阻力随循环次数的变化规律,图 5.66（f）为经过不同循环次数之后,桩基础仅受到静偏载作用下桩端的阻力变化。

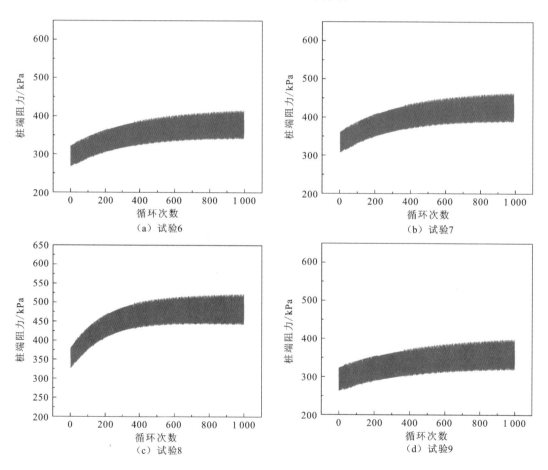

（a）试验6 （b）试验7

（c）试验8 （d）试验9

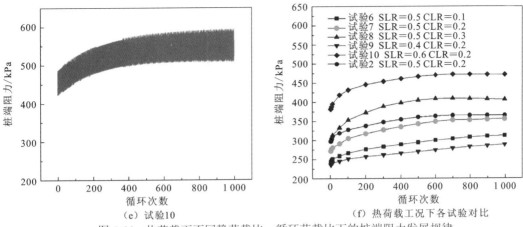

（e）试验10　　　　　　　　　（f）热荷载工况下各试验对比

图 5.66　热荷载下不同静荷载比、循环荷载比下的桩端阻力发展规律

图 5.67 所示为冷荷载工况下不同静荷载比、循环荷载比下的桩端阻力发展规律，图 5.67（a）～（e）分别为不同组合荷载下的桩端阻力随循环次数的变化规律，图 5.67（f）为经过不同循环次数之后，桩基础仅受到静偏载作用下桩端的阻力变化。对比图 5.67 可以观察到以下结论。

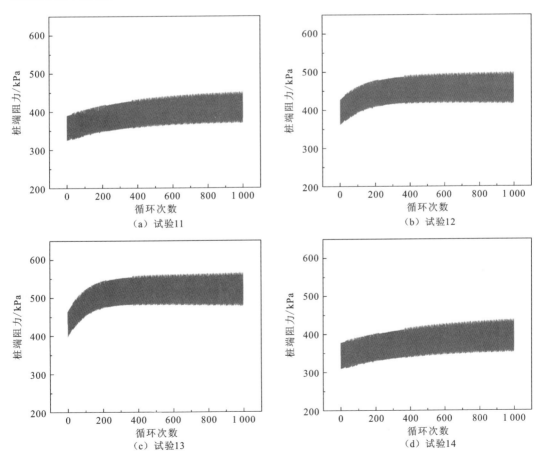

（a）试验11　　　　　　　　　　（b）试验12

（c）试验13　　　　　　　　　　（d）试验14

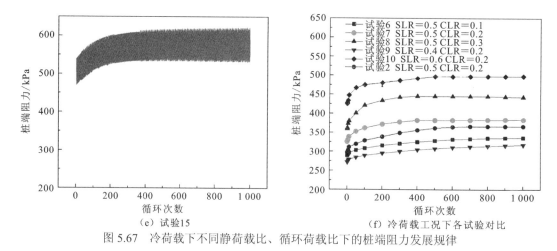

（e）试验15　　　　　　　　　　（f）冷荷载工况下各试验对比

图 5.67　冷荷载下不同静荷载比、循环荷载比下的桩端阻力发展规律

（1）与常温工况下类似，在循环的初期，桩端阻力的增长速度大于循环后期，且随着循环次数的增加，桩端阻力的增大也在逐渐放缓。

（2）在冷荷载作用下，桩端阻力的增长程度也随着循环荷载幅值的增加而加速进入稳定状态，同时也存在静偏载越大，桩端阻力发展趋于稳定越快的现象，但桩端阻力的发展速度小于常温工况，趋于稳定的速度也更快。

（3）通过常温工况与冷荷载工况下相同机械荷载下的两两对比，例如图 5.65（a）与图 5.67（a）对比、图 5.65（b）与图 5.67（b）对比，可以发现，即使施加了相同的机械荷载，在循环加载刚开始时，冷荷载工况下的桩端阻力也要大于常温工况，这是因为在冷荷载的作用下桩径受冷收缩，减小了桩侧与土体之间的法向应力，从而增大了桩的侧摩阻力，故桩端承受的荷载有所减小。另外，在本次试验中，热荷载中桩身升高的温度大于冷荷载中桩身降低的温度，但是在循环初期，热荷载作用下的桩端阻力与常温下桩端阻力的降幅和冷荷载作用下桩端阻力的升幅相差不大，这是因为在热荷载作用下，桩身还会产生轴向上的延伸，这部分延伸受到桩端与桩头的两重约束，阻碍了桩身轴向的延伸，从而在桩身内产生了热致应力，这一部分应力同样由桩端阻力与桩侧摩阻力承担，故桩端阻力减小的幅值偏小。在冷荷载工况下，由于试验过程中桩头的约束仅限于向下的荷载，桩身轴向的收缩方向与荷载方向一致，并未受到约束，只有桩侧土体与桩侧的摩阻力约束桩身的收缩，故冷荷载作用下产生的热致应力远小于热荷载，冷荷载下的桩端阻力增长几乎都是来自桩侧阻力的减小，热致应力影响较小，所以在升温降温幅值不同的情况下，桩端阻力的变化差异不大。

（4）同样把常温工况与冷荷载工况下相同机械荷载下的两两对比，除在桩端阻力的发展速度、初始桩端阻力有所差异外，随着循环荷载而波动的桩端阻力也与常温工况下略有不同，冷荷载作用下后期循环桩端阻力波动幅值与早期循环的差值相较于常温工况更小，这一现象同样是因为冷荷载作用下的桩侧与土体接触更少，所以桩侧摩阻力的弱化现象更不明显，在桩端阻力上体现为带状曲线后期循环与早期循环的"厚度"差值相较于常温工况下更小。

4）桩侧摩阻力变化

在前文中已经提及，桩头荷载由桩侧摩阻力与桩端阻力工程承担，桩端阻力的强化过程同时可以看作桩侧摩阻力的弱化过程。分别提取经过 1 次、3 次、5 次、10 次、100 次及间隔 100 次循环下仅受静偏载作用下的桩侧摩阻力，绘制成图 5.68。

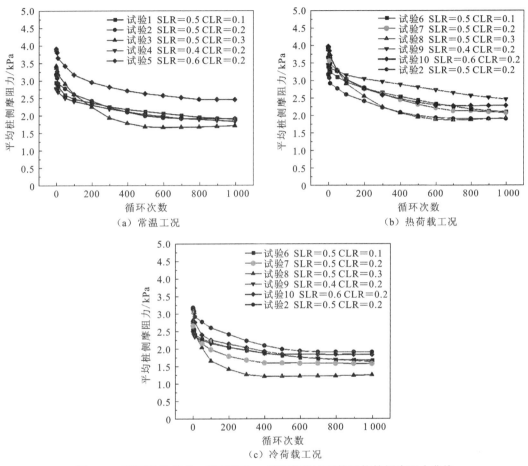

图 5.68 不同温度荷载、静荷载比、循环荷载比下的平均桩侧摩阻力曲线

通过桩头荷载及桩端阻力的变化，可计算得到仅受静偏载作用下的平均桩侧摩阻力，计算公式如下：

$$f = \frac{4Q - \pi D^2 P}{4\pi D} \tag{5-15}$$

式中：Q 为桩头荷载；D 为桩身直径；P 为桩端阻力。

由式（5-15）可得，桩端阻力与平均桩侧摩阻力的变化呈线性关系，所以在桩侧摩阻力的发展规律上来看，与桩端阻力基本一致。从图 5.68 可以得出以下结论。

（1）在循环的初期，平均桩侧摩阻力的弱化速度大于循环后期，且随着循环次数的增加，平均桩侧摩阻力的减小速度也在逐渐放缓。

（2）由图 5.68（a）可知，随着循环幅值的增大，平均桩侧摩阻力在早期循环的弱化速度也随之增长，与此同时平均桩侧摩阻力也能更快达到稳定状态，即在更少的循环次数之下可趋于稳定。由桩头位移分析可知，在更大循环荷载幅值的作用下，桩身与土体的相对滑移范围也更大，从而加强了桩侧摩阻力的弱化过程。

（3）如图 5.68（a）所示，静偏载对平均桩侧摩阻力在循环过程中的稳定过程存在一定的促进作用，随着静偏载的增大，平均桩侧摩阻力趋于稳定的速度加快，即在更小的循环次数之下达到稳定状态。静偏载的增大意味着桩端承担的荷载会更大，桩端下的土体受到的挤密压实作用会更强烈，结合桩头位移变化可知，在同一循环荷载幅值下，压实程度更大的桩端土更容易发生大的弹性沉降，桩侧与桩周土的相对位移也增大了，桩侧摩阻力的弱化速度变快，在图中表现为较高静偏载工况下的平均桩侧摩阻力趋于稳定所需要的循环次数更少。

（4）通过图 5.68（a）～（c）的对比，可以发现，即使施加了相同的机械荷载，在循环加载刚开始时，热荷载工况下的平均桩侧摩阻力也要大于常温工况，而冷荷载工况下则是相反，这是因为在热荷载的作用下桩径受热膨胀，增大了桩侧与土体之间的法向应力，从而增大了桩的侧摩阻力，冷荷载作用下桩径收缩，减小了桩侧与土体间的法向应力，从而减小了桩的侧摩阻力。

参 考 文 献

[1] 刘汉龙, 孔纲强, 吴宏伟. 能量桩工程应用研究进展及 PCC 能量桩技术开发[J]. 岩土工程学报, 2014, 36(1): 176-181.

[2] 赵海丰. 能源桩换热性能及结构热-力学特性研究[D]. 武汉: 中国地质大学(武汉), 2016.

[3] 余闯, 潘林有, 刘松玉, 等. 热交换桩的作用机制及其应用[J]. 岩土力学, 2009, 30(4): 933-937.

[4] Akrouch G A, Sanchez M, Briaud J L. Energy geostructures in cooling-dominated climates[J]. Energy Geostructures: Innovation in Underground Engineering, 2013, 8: 175-191.

[5] 朱清宇, 徐伟, 沈亮. 《地源热泵系统工程技术规范》修订要点解读[J]. 暖通空调, 2010, 40(7): 40-43.

[6] Preene M, Powrie W. Ground energy systems: From analysis to geotechnical design[J]. Géotechnique, 2009, 59(3): 261-271.

[7] 马最良. 热泵技术应用理论基础与实践[M]. 北京: 中国建筑工业出版社, 2010.

[8] 侯景鹏, 史巍, 张雄. 石蜡相变控温混凝土热性能研究[J]. 建筑材料学报, 2012, 15(6): 767-770.

[9] Pei H F, Li Z J, Zhang B, et al. Multipoint measurement of early age shrinkage in low w/c ratio mortars by using fiber Bragg gratings[J]. Materials Letters, 2014, 131: 370-372.

[10] Pei H F, Yang Q, Li Z J. Early-age performance investigations of magnesium phosphate cement by using fiber Bragg grating[J]. Construction and Building Materials, 2016, 120: 147-149.

[11] 张航, 崔宏志. 相变储能材料在混凝土中的应用研究现状[J]. 材料导报, 2015, 29(1): 131-135.

[12] 沈澄, 徐玲玲, 李文浩. 相变储能材料在建筑节能领域的研究进展[J]. 材料导报, 2015, 29(5): 100-104.

[13] Lin C Q, Wei W, Hu Y H. Catalytic behavior of graphene oxide for cement hydration process[J]. Journal

of Physics and Chemistry of Solids, 2016, 89: 128-133.

[14] Pei H F, Li Z J, Li Y. Early-age shrinkage and temperature optimization for cement paste by using PCM and MgO based on FBG sensing technique[J]. Construction and Building Materials, 2016, 117: 58-62.

[15] Akrouch G A. Energy piles in cooling dominated climates[D]. State of Texas: Texas A&M University, 2014.

[16] 白丽丽. 能量桩换热性能优化及热力学特性研究[D]. 大连: 大连理工大学, 2020.

[17] Pei H F, Zhang S Q, Borana L, et al. Development of a preliminary slope stability calculation method based on internal horizontal displacements[J]. Journal of Mountain Science, 2018, 15(5): 1129-1136.

[18] 汪稔, 吴文娟. 珊瑚礁岩土工程地质的探索与研究: 从事珊瑚礁研究 30 年[J]. 工程地质学报, 2019, 27(1): 202-207.

[19] Coop M R. The mechanics of uncemented carbonate sands[J]. Géotechnique, 1990, 40(4): 607-626.

[20] 张家铭. 钙质砂基本力学性质及颗粒破碎影响研究[D]. 武汉: 中国科学院武汉岩土力学研究所, 2004.

[21] 王新志, 汪稔, 孟庆山, 等. 钙质砂室内载荷试验研究[J]. 岩土力学, 2009, 30(1): 147-151.

[22] Wang X Z, Wang X, Jin Z C, et al. Shear characteristics of calcareous gravelly soil[J]. Bulletin of Engineering Geology and the Environment, 2017, 76(2): 561-573.

[23] 王新志, 翁贻令, 王星, 等. 钙质土颗粒咬合作用机制[J]. 岩土力学, 2018, 39(9): 3113-3120.

[24] Song H B, Pei H F, Xu D S, et al. Performance study of energy piles in different climatic conditions by using multi-sensor technologies[J]. Measurement, 2020, 162: 107875.

[25] 佘殷鹏, 吕亚茹, 李峰, 等. 珊瑚砂剪切特性试验分析[J]. 解放军理工大学学报(自然科学版), 2017, 18(1): 29-35.

[26] 国家质量监督检验检疫总局, 中国国家标准化管理委员会. 通用硅酸盐水泥: GB 175—2023[S]. 北京: 中国标准出版社, 2023.

[27] 张朝. 珊瑚砂混凝土能量桩材料热物性能实验及传热过程模拟研究[D]. 大连: 大连理工大学, 2021.

[28] 宋怀博. 竖向受荷能量桩荷载传递机理及承载特性研究[D]. 大连: 大连理工大学, 2023.

[29] 肖达. 竖向循环荷载-温度耦合作用下能量桩承载特性研究[D]. 大连: 大连理工大学, 2023.

第 6 章

光纤传感技术在隧道工程中的应用

　　随着社会的快速发展，我国的城市化进程不断推进，城市地铁、高架桥等基础设施建设规模不断扩大。受施工空间的限制，桩基与隧道施工之间相互影响的问题越来越普遍。这种情况按施工顺序可分为两类：桩基施工对既有地铁隧道的影响；地铁隧道开挖对现有桩基的影响。我国后一种情况在基本建设活动中更为常见。研究和阐明隧道开挖与既有桩基的相互作用机制，已成为隧道工程中亟待解决的问题之一[1]。

　　在过去的 20 年中，已经进行了大量的理论和数值研究来分析隧道开挖与现有桩基之间的相互作用[2]。总体而言，目前想要通过理论分析和三维数值模拟准确评估隧道开挖的影响是十分困难的[3,4]。此外，隧道工程的现场监测难以定位，传感器易被损坏。由于参数易于控制和监测数据易获取等优点，模型试验已成为研究隧道开挖影响的首选方法。在模型试验中，变形监测是隧道开挖过程的重要组成部分。变形监测可以直观地显示隧道周围土体的稳定性，进而为指导隧道施工和支护参数提供进一步的反馈。近年来，光纤光栅传感器作为一种新型传感技术，由于其各种优势，已广泛应用于众多土木工程中，以感知应变和变形[5-8]。光纤布拉格光栅（FBG）传感器具有体积小、精度高、防腐性能好的优势，且具备多路复用能力，可以多个传感器串联，实现多点位同时测量。此外，还可以通过建立传感器网络来监控范围广泛的物体并进行多参数测量。因此，FBG 传感技术十分适用于隧道开挖模型试验或现场试验监测过程中[9-10]。

　　本章将 FBG 传感技术引入隧道建设。为了监测周围土体的变形，开发一种基于共轭光束法的 FBG 测斜仪，然后通过实验室校准进行验证。接下来根据相邻桩的实际隧道开挖情况进行室内模型试验。模型试验中使用基于 FBG 的测斜仪测量周围土壤的变形，并在桩上安装 FBG 传感器以监测开挖引起的桩扰动。此外，还介绍光纤光栅传感技术在隧道工程中的现场应用。

6.1 监测内容及方法

本节首先介绍研发的一种基于共轭梁原理的光纤光栅测斜仪，通过室内标定进行校准。所研发的测斜仪能够用于监测隧道开挖所引起的周围土体扰动变形，监测结果可为隧道的施工安全评估提供参考依据。

6.1.1 光纤光栅测斜仪研发

光纤光栅测斜仪选用圆形截面的具有良好弹性的聚氯乙烯棒，在隧道开挖过程中监测周围土体变形的关键是将变形与光纤光栅传感器中心波长的变化联系起来[11]。如图6.1所示，聚氯乙烯棒两侧对称形成细槽。然后将 FBG 传感器嵌入凹槽中并用环氧树脂封装。

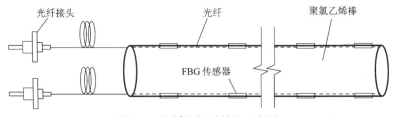

图 6.1　光纤光栅测斜仪示意图

在隧道开挖前预先选择桩与隧道之间的监测位置钻孔后，垂直放入光纤光栅测斜仪。光纤光栅测斜仪在初始状态下，由于不受土体挤压，可以保持静态平衡，监测不到变形信号。隧道开挖时，聚氯乙烯棒受到挤压，产生拉伸和压缩变形。由于波长变化与应变的对应关系，光纤光栅测斜仪传感器可以获取聚氯乙烯棒表面的应变，从而进一步实现隧道开挖引起的周围土体变形的计算。

6.1.2 计算方法

变形计算方法采用共轭梁算法[12-14]，详情参见第 3 章。温度补偿方法：由于光纤光栅的中心反射波长与应变和温度有关，对称放置在聚氯乙烯棒两侧的 FBG1 和 FBG2 的波长为

$$\frac{\Delta\lambda_{\text{FBG1}}}{\lambda} = c_1\Delta\varepsilon_{\text{FBG1}} + c_2\Delta T \qquad (6\text{-}1)$$

$$\frac{\Delta\lambda_{\text{FBG2}}}{\lambda} = c_1\Delta\varepsilon_{\text{FBG2}} + c_2\Delta T \qquad (6\text{-}2)$$

式中：c_1 和 c_2 分别为应变和温度敏感系数。为避免温度交叉灵敏度的影响，将两个光纤光栅传感器之间的波长偏移差记为传感信号：

$$\varepsilon = \frac{\Delta\varepsilon_{FBG1} - \Delta\varepsilon_{FBG2}}{2} = \frac{\Delta\lambda_{FBG1} - \Delta\lambda_{FBG2}}{2\lambda c_1} \tag{6-3}$$

6.1.3　室内标定

如图 6.2 所示,室内标定装置由钢架、电动位移计、夹具和负载螺栓组成。框架由 Q235 钢制成,支撑整个校准装置。三个臂可以针对不同的边界条件上下滑动。上下滑动臂各有一个夹具,而中间臂有一个导向槽,可以控制测斜仪在 x-z 平面产生二维变形。在螺栓的帮助下,可以对 FBG 测斜仪进行加载和卸载,以在不同位置产生水平变形。位移计通过磁力架安装到指定高度,监测测斜仪的实际变形。

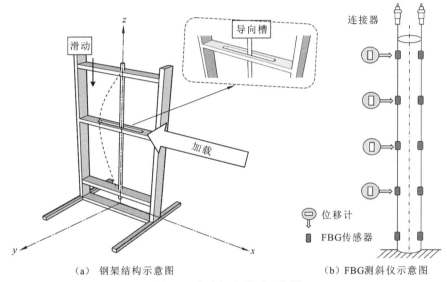

（a）钢架结构示意图　　　　　　（b）FBG测斜仪示意图

图 6.2　室内标定装置示意图

光纤光栅测斜仪的长度为 800 mm,外径为 15 mm。在校准过程中,首先通过夹具将测斜仪固定在底部滑臂上,形成悬臂结构。然后通过加载螺栓向测斜仪施加步进加载以产生变形,该变形可以被光纤光栅传感器感知。根据共轭梁算法,可计算出光纤光栅测斜仪测得的变形,并与位移计测得的变形进行比较,从而校准测斜仪。

通过旋转加载螺栓,测斜仪的变形逐渐增大。位移计监测的结果如表 6.1 所示。为确保可重复性,需要注意的是,每个倾角计的测量在校准测试中重复 3 次。此外,所有测试均在 22 ℃±1 ℃的温度控制室中进行。

表 6.1　位移计监测结果

高度/mm	初始值	第一次加载	第二次加载	第三次加载	第四次加载	第五次加载
200	0	0.50	1.10	2.05	3.00	3.50
400	0	1.19	2.30	3.21	5.30	7.00

高度/mm	初始值	第一次加载	第二次加载	第三次加载	第四次加载	第五次加载
600	0	2.14	3.91	6.82	8.12	11.05
800	0	3.00	5.62	8.90	11.50	14.79

通过共轭梁算法对 FBG 采集仪监测到的信号进行处理得到变形，与位移计测量值对比，如图 6.3 所示。结果表明，计算出的位移与百分表数据变化趋势一致，实际值与计算值的相对误差在 5%以内。这些结果证明了共轭梁算法的有效性，并验证了光纤光栅测斜仪监测变形的准确性。

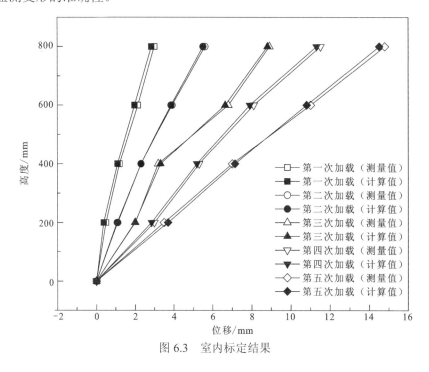

图 6.3　室内标定结果

6.2　隧道开挖模型试验

在模型试验中，采用光纤光栅测斜仪监测隧道开挖引起的周围土体变形。既有桥桩基础的扰动变形，也有光纤光栅传感器监测。本节详细介绍模型试验的方法和步骤，最后对得到的结果进行介绍和讨论。

6.2.1　工程原型概况

项目共分为两个地下匝道，A 匝道总长 224.9 m，其中暗埋隧道长 160 m，U 形槽段长约 64.9 m；B 匝道总长 246.1 m，其中暗埋隧道长 158.1 m，U 形槽段长约 88 m。隧道下穿龙岗大道段采暗挖法施工，A 匝道暗挖隧道长 76.4 m，B 匝道暗挖隧道长 76.5 m，其余均采用明挖法施工。

据野外钻探揭露、标准贯入试验、野外地质调研和室内土工试验结果分析，拟建场地的岩土层自上而下为：①第四系素填土（Q^{ml}）、②第四系冲洪积物（Q^{al+pl}）、③第四系残积层（Q^{el}）、④石炭系大理岩（C^{ls}），现从上至下分述如下。

（1）素填土（Q^{ml}）：灰褐、黄褐、杂色，稍湿，松散状，主要由黏性土、砂经人工杂乱回填而成，顶部含 10 cm 左右的混凝土，岩芯呈散块状。各孔均钻遇此层，揭露厚度为 0.80～6.50 m。

（2）粉质黏土（Q^{al+pl}）：褐黄色、褐灰色，可塑状，土质较均匀，黏性好，刀切面较光滑，具光泽，干强度及韧性中等至高，无摇振反应，岩心呈土柱状。揭露厚度为 0.70～14.50 m。

（3）砾砂：褐黄色，稍密至中密状，饱和，石英质，局部为砾砂，岩心主体呈散砂状。揭露厚度为 1.40～9.80 m。

（4）黏土（Q^{al+pl}）：褐黄色、褐灰色，可塑状，土质较均匀，黏性好，刀切面较光滑，具光泽，干强度及韧性中等至高，无摇振反应，岩心呈土柱状。揭露厚度为 2.40～9.40 m。

（5）含碎石黏性土（Q^{el}）：灰褐、褐、黄褐色，主要呈可塑至硬塑状；局部呈坚硬状，土质不均匀，黏性好，刀切面较粗糙，干强度及韧性中等至高，无摇振反应；碎石成分主要为灰岩，碎石粒径 2～40 mm，岩心呈土柱状。揭露厚度为 0.80～14.60 m。

（6）微风化大理岩（C^{ls}）：灰白色，灰色，主要矿物成分为方解石，变晶结构，块状构造，岩心呈块状、柱状，岩体较完整，属较硬岩，岩体质量等级为 III 级。未揭穿，揭露厚度为 0.90～6.10 m。

拟建场地内地下水主要为孔隙潜水及岩溶水，第四系土层中的孔隙潜水主要赋存于第四系粉质黏土中，整体富水性差、渗透性差，为弱含水、弱透水地层，水量较小；主要接受大气降水的垂直补给及周边的侧向补给，以渗流和蒸发方式排泄。岩溶水主要赋存于大理岩溶隙、溶洞中，主要接受大气降水入渗补给及上覆含水层的下渗补给，其次是地表水补给，多以泉水、地下河出口等形式排往区外，汇入地表支流，水量一般较丰富，是场区主要的地下水类型。

6.2.2　相似性设计

对线弹性模型而言，可以根据弹性力学的基本原理推导出相似关系，即模型内部所有点都要满足几何方程、平衡方程、相容方程[15-16]；模型表面所有点都要满足边界条件；模型材料应像原型一样服从胡克定理。概括地说，相似原理可以阐述为：若模型和原型是两个相似系统，则它们的几何特征和各物理量之间必然相互保持一定的比例关系，这样就可以根据模型系统的物理量推测原型对应物理量。本节使用相似材料的相似关系根据原型和模型的平衡方程式、结合方程式、物理方程式推导。用字母 C 代替相似比尺，定义 L 为长度，E 为杨氏模量，σ 为应力，σ_c 为抗压强度，σ_t 为抗拉强度，μ 为泊松比，c 为黏聚力，ε 为应变，δ 为位移，φ 为内摩擦角，γ 为容重，f 为摩擦系数，X 为体积力。各相似比尺表达式如下。

几何相似比尺：

$$C_L = \frac{\delta_p}{\delta_m} = \frac{L_p}{L_m}$$ （6-4）

应力相似比尺：

$$C_\sigma = \frac{\sigma_p}{\sigma_m} = \frac{(\sigma_t)_p}{(\sigma_t)_m} = \frac{(\sigma_c)_p}{(\sigma_c)_m} = \frac{c_p}{c_m}$$ （6-5）

应变相似比尺：

$$C_\varepsilon = \frac{\varepsilon_p}{\varepsilon_m}$$ （6-6）

位移相似比尺：

$$C_\delta = \frac{\delta_p}{\delta_m}$$ （6-7）

弹性模量相似比尺：

$$C_E = \frac{E_p}{E_m}$$ （6-8）

泊松比相似比尺：

$$C_\mu = \frac{\mu_p}{\mu_m}$$ （6-9）

材料容重相似比尺：

$$C_\gamma = \frac{\gamma_p}{\gamma_m}$$ （6-10）

摩擦角相似比尺：

$$C_f = \frac{f_p}{f_m}$$ （6-11）

体积力相似比尺：

$$C_X = \frac{X_p}{X_m}$$ （6-12）

1. 由平衡方程推导相似关系

原型平衡方程：

$$
\begin{cases}
\left(\dfrac{\partial \sigma_x}{\partial x}\right)_p + \left(\dfrac{\partial \tau_{yx}}{\partial y}\right)_p + \left(\dfrac{\partial \tau_{zx}}{\partial z}\right)_p + X_p = 0 \\[3mm]
\left(\dfrac{\partial \sigma_y}{\partial y}\right)_p + \left(\dfrac{\partial \tau_{zy}}{\partial z}\right)_p + \left(\dfrac{\partial \tau_{xy}}{\partial x}\right)_p + Y_p = 0 \\[3mm]
\left(\dfrac{\partial \sigma_z}{\partial z}\right)_p + \left(\dfrac{\partial \tau_{xz}}{\partial x}\right)_p + \left(\dfrac{\partial \tau_{yz}}{\partial y}\right)_p + Z_p = 0
\end{cases}
\tag{6-13}
$$

式中：X、Y、Z 分别表示 x、y、z 三个方向上的体积力。

模型平衡方程：

$$
\begin{cases}
\left(\dfrac{\partial \sigma_x}{\partial x}\right)_m + \left(\dfrac{\partial \tau_{yx}}{\partial y}\right)_m + \left(\dfrac{\partial \tau_{zx}}{\partial z}\right)_m + X_m = 0 \\[3mm]
\left(\dfrac{\partial \sigma_y}{\partial y}\right)_m + \left(\dfrac{\partial \tau_{zy}}{\partial z}\right)_m + \left(\dfrac{\partial \tau_{xy}}{\partial x}\right)_m + Y_m = 0 \\[3mm]
\left(\dfrac{\partial \sigma_z}{\partial z}\right)_m + \left(\dfrac{\partial \tau_{xz}}{\partial x}\right)_m + \left(\dfrac{\partial \tau_{yz}}{\partial y}\right)_m + Z_m = 0
\end{cases}
\tag{6-14}
$$

将几何、应力及体积力相似比尺 $C_L = C_\gamma$、$C_\sigma = C_\gamma$、$C_X = C_\gamma$ 代入式（6-14）得

$$
\begin{cases}
\left(\dfrac{\partial \sigma_x}{\partial x}\right)_m + \left(\dfrac{\partial \tau_{yx}}{\partial y}\right)_m + \left(\dfrac{\partial \tau_{zx}}{\partial z}\right)_m + \dfrac{C_L C_\gamma}{C_\sigma} X_m = 0 \\[3mm]
\left(\dfrac{\partial \sigma_y}{\partial y}\right)_m + \left(\dfrac{\partial \tau_{zy}}{\partial z}\right)_m + \left(\dfrac{\partial \tau_{xy}}{\partial x}\right)_m + \dfrac{C_L C_\gamma}{C_\sigma} Y_m = 0 \\[3mm]
\left(\dfrac{\partial \sigma_z}{\partial z}\right)_m + \left(\dfrac{\partial \tau_{xz}}{\partial x}\right)_m + \left(\dfrac{\partial \tau_{yz}}{\partial y}\right)_m + \dfrac{C_L C_\gamma}{C_\sigma} Z_m = 0
\end{cases}
\tag{6-15}
$$

为了让模型的应力状态能反映原型的应力状态，则可以得到几何相似比尺 C_L、容重相似比尺 C_γ、应力相似比尺 C_σ 三者之间的关系为

$$
\frac{C_L C_\gamma}{C_\sigma} = 1
\tag{6-16}
$$

2. 由几何方程推导相似关系

原型几何方程为

$$
\begin{cases}
(\varepsilon_x)_p = \left(\dfrac{\partial u}{\partial x}\right)_p; \quad (\varepsilon_y)_p = \left(\dfrac{\partial v}{\partial y}\right)_p; \quad (\varepsilon_z)_p = \left(\dfrac{\partial \omega}{\partial z}\right)_p \\[3mm]
(\gamma_{xy})_p = \left(\dfrac{\partial u}{\partial y}\right)_p + \left(\dfrac{\partial v}{\partial x}\right)_p; \quad (\gamma_{yz})_p = \left(\dfrac{\partial v}{\partial z}\right)_p + \left(\dfrac{\partial \omega}{\partial y}\right)_p \\[3mm]
(\gamma_{zx})_p = \left(\dfrac{\partial u}{\partial z}\right)_p + \left(\dfrac{\partial \omega}{\partial x}\right)_p
\end{cases}
\tag{6-17}
$$

模型几何方程为

$$
\begin{cases}
(\varepsilon_x)_m = \left(\dfrac{\partial u}{\partial x}\right)_m;\quad (\varepsilon_y)_m = \left(\dfrac{\partial v}{\partial y}\right)_m;\quad (\varepsilon_z)_m = \left(\dfrac{\partial \omega}{\partial z}\right)_m \\[2mm]
(\gamma_{xy})_m = \left(\dfrac{\partial u}{\partial y}\right)_m + \left(\dfrac{\partial v}{\partial x}\right)_m;\quad (\gamma_{yz})_m = \left(\dfrac{\partial v}{\partial z}\right)_m + \left(\dfrac{\partial \omega}{\partial y}\right)_m \\[2mm]
(\gamma_{zx})_m = \left(\dfrac{\partial u}{\partial z}\right)_m + \left(\dfrac{\partial \omega}{\partial x}\right)_m
\end{cases}
\tag{6-18}
$$

将几何、位移、应变相似比尺 C_L、C_δ、C_ε 代入式（6-18）得

$$
\begin{cases}
(\varepsilon_x)_m \dfrac{C_L C_s}{C_\delta} = \left(\dfrac{\partial u}{\partial x}\right)_m;\quad (\varepsilon_y)_m \dfrac{C_L C_s}{C_\delta} = \left(\dfrac{\partial v}{\partial y}\right)_m;\quad (\varepsilon_z)_m \dfrac{C_L C_s}{C_\delta} = \left(\dfrac{\partial \omega}{\partial z}\right)_m \\[2mm]
(\gamma_{xy})_m \dfrac{C_L C_s}{C_\delta} = \left(\dfrac{\partial u}{\partial y}\right)_m + \left(\dfrac{\partial v}{\partial x}\right)_m;\quad (\gamma_{yz})_m \dfrac{C_L C_s}{C_\delta} = \left(\dfrac{\partial v}{\partial z}\right)_m + \left(\dfrac{\partial \omega}{\partial y}\right)_m \\[2mm]
(\gamma_x)_m \dfrac{C_L C_s}{C_\delta} = \left(\dfrac{\partial u}{\partial z}\right)_m + \left(\dfrac{\partial \omega}{\partial x}\right)_m
\end{cases}
\tag{6-19}
$$

将相同形式的式（6-18）和式（6-19）比较，则可以得到几何相似比尺 C_L、位移相似比尺 C_δ、应变相似比尺 C_ε 三者之间的关系：

$$
\frac{C_L C_\varepsilon}{C_\delta} = 1
\tag{6-20}
$$

3. 由物理方程推导相似关系

原型物理方程：

$$
\begin{cases}
(\varepsilon_x)_p = \dfrac{1}{E_p}\left[\sigma_x - u(\sigma_y + \sigma_z)\right]_p \\[2mm]
(\varepsilon_y)_p = \dfrac{1}{E_p}\left[\sigma_y - u(\sigma_x + \sigma_z)\right]_p \\[2mm]
(\varepsilon_z)_p = \dfrac{1}{E_p}\left[\sigma_z - u(\sigma_x + \sigma_y)\right]_p \\[2mm]
(\gamma_{yz})_p = \left(\dfrac{2(1+\mu)}{E}\tau_{yz}\right)_p \\[2mm]
(\gamma_{zx})_p = \left(\dfrac{2(1+\mu)}{E}\tau_{zx}\right)_p \\[2mm]
(\gamma_{xy})_p = \left(\dfrac{2(1+\mu)}{E}\tau_{xy}\right)_p
\end{cases}
\tag{6-21}
$$

模型物理方程：

$$\begin{cases}
(\varepsilon_x)_m = \dfrac{1}{E_m}\Big[\sigma_x - u(\sigma_y + \sigma_z)\Big]_m \\[2mm]
(\varepsilon_y)_p = \dfrac{1}{E_m}\Big[\sigma_y - u(\sigma_x + \sigma_z)\Big]_m \\[2mm]
(\varepsilon_z)_m = \dfrac{1}{E_m}\Big[\sigma_z - u(\sigma_x + \sigma_y)\Big]_m \\[2mm]
(\gamma_{xy})_m = \left(\dfrac{2(1+\mu)}{E}\tau_{xy}\right)_m \\[2mm]
(\gamma_{yz})_m = \left(\dfrac{2(1+\mu)}{E}\tau_{yz}\right)_m \\[2mm]
(\gamma_{zx})_m = \left(\dfrac{2(1+\mu)}{E}\tau_{zx}\right)_m
\end{cases}$$

（6-22）

将应力、应变、杨氏模量、泊松比相似比尺 C_σ、C_ε、C_E、C_μ 代入式（6-22）得

$$\begin{cases}
(\varepsilon_x)_m = \dfrac{C_\sigma}{C_s C_E}\dfrac{1}{E_m}\Big[\sigma_x - u(\sigma_y + \sigma_z)\Big]_m \\[2mm]
(\varepsilon_y)_p = \dfrac{C_\sigma}{C_s C_E}\dfrac{1}{E_m}\Big[\sigma_y - u(\sigma_x + \sigma_z)\Big]_m \\[2mm]
(\varepsilon_z)_m = \dfrac{C_\sigma}{C_s C_E}\dfrac{1}{E_m}\Big[\sigma_z - u(\sigma_x + \sigma_y)\Big]_m \\[2mm]
(\gamma_{yz})_m = \dfrac{C_\sigma}{C_s C_E}\left(\dfrac{2(1+\mu)}{E}\tau_{yz}\right)_m \\[2mm]
(\gamma_{zx})_m = \dfrac{C_\sigma}{C_s C_E}\left(\dfrac{2(1+\mu)}{E}\tau_{zx}\right)_m \\[2mm]
(\gamma_{xy})_m = \dfrac{C_\sigma}{C_s C_E}\left(\dfrac{2(1+\mu)}{E}\tau_{xy}\right)_m
\end{cases}$$

（6-23）

将相同形式的式（6-21）和式（6-22）相比较，则可以得到应力相似比尺 C_σ、应变相似比尺 C_ε、弹性模量相似比尺 C_E 三者之间的关系：

$$\frac{C_\sigma}{C_\varepsilon C_E} = 1$$

（6-24）

同时得到泊松比的相似比尺 $C_\mu = 1$。

本节通过充分分析确定几何相似尺度为 10。根据相似理论，可以推导出相似尺度的材料参数。为使模型试验更接近样机的真实情况，试验所用土体采用重晶石粉和河沙充分混合作为骨料。然后利用石蜡作为水泥来满足强度和密实度要求。混合土料中河沙、重晶石粉、石蜡的质量比为 1∶0.6∶0.05。多次直剪试验测得的混合土物理力学参数见表 6.2。

表 6.2　混合土物理力学参数

种类	黏聚力/kPa	内摩擦角/(°)
原型	24.6	19.0
模型	2.5	31.0
相似比	9.8	0.6

6.2.3　光纤光栅监测系统

模型箱尺寸为长×宽×高=6 000 mm×2 000 mm×2 000 mm。模型箱正面预留方形隧道开挖面，尺寸为长×宽=900 mm×600 mm。开挖面距模型箱底部和顶部分别为 520 mm 和 880 mm。现有的桩使用石膏预制，直径为 120 mm，长度为 1 375 mm。浇筑后，模型桩对称开槽，光纤光栅传感器植入封装。最后将桩预置在模型箱内，距隧道开挖面中轴线 1 350 mm 和 1 040 mm。在灌装过程中，将重晶石粉、河沙、完全融化的石蜡混合均匀，然后快速倒入模型箱中，人工充分压实。

在填土前，在开挖段（分别命名为 1 号和 2 号）的两侧和顶部预埋了 6 个测斜仪。部分的深度为 500 mm 和 1 500 mm。侧面和顶部测斜仪有 8 个间距为 160 mm 的 FBG 传感器和 5 个间距为 180 mm 的光纤光栅传感器。为监测开挖过程中表层土体的沉降情况，在每个开挖段的中心段地表处还设置了位移计。模型试验中采用的集成多种传感技术的监测系统如图 6.4 所示。图中括号为 2 号开挖段的传感器代号。

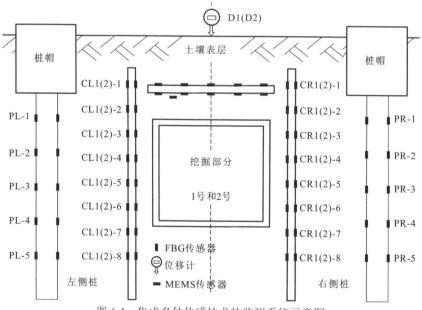

图 6.4　集成多种传感技术的监测系统示意图

6.2.4　隧道开挖方案

隧道开挖分为 6 个导洞,分基坑按每个导洞进行。开挖前,利用石膏材料在隧道两侧和顶部提供预支护。第一个导洞开挖 10 cm,其余导洞依次开挖。下一个和前一个导洞之间的间隙保持在 10 cm。每个导洞开挖完成后,采用石膏材料进行初步临时支护。导洞全部开挖后,拆除导洞之间的隔墙和横撑,用石膏材料支撑隧道墙体,完成二次衬砌。按照这种施工方法,完成整个隧道的开挖。隧道开挖全过程按施工工艺分为 22 个步骤。

6.2.5　结果与讨论

1. 隧道两侧土体变形

隧道 1 号段开挖长度为 50 cm。图 6.5 所示为 1 号隧道开挖段两侧的水平位移。隧道开挖两侧土体的水平位移与断面中心线大致呈上下对称分布。隧道开挖对同一水平两侧土体的影响较显著,但对两侧土体的上下部影响较小。此外,400 mm、600 mm 和 800 mm深度两侧的土体在步骤 7(开挖步-7)后呈现出水平位移减小的趋势。600 mm 和 800 mm深度的趋势比 400 mm 更明显,并且 800 mm 处的最终位移小于前几个开挖步骤引起的位移。这一现象表明,在开挖过程中隧道的形状已经逐渐呈椭圆形,椭圆形对下部区域的影响更为显著。另外,2 号隧道开挖两侧的位移如图 6.6 所示,变形规律与 1 号段相似。

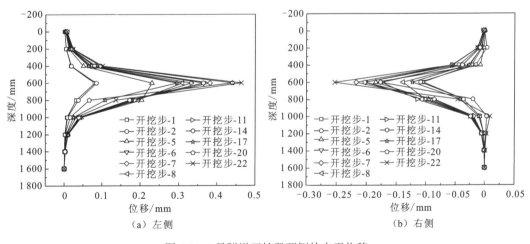

图 6.5　1 号隧道开挖段两侧的水平位移

2. 隧道顶部土体变形

图 6.7 为 1 号和 2 号隧道开挖段的上部土体沉降图。在 1 号开挖段,隧道上部土层因隧道开挖而形成一个中间凹陷。两边的沉降沟壑高。从挖掘过程的步骤 17 开始,左侧甚至出现了隆起。左侧的隆起是由于试验土层过于坚硬,土层可以被认为是一层梁和板。

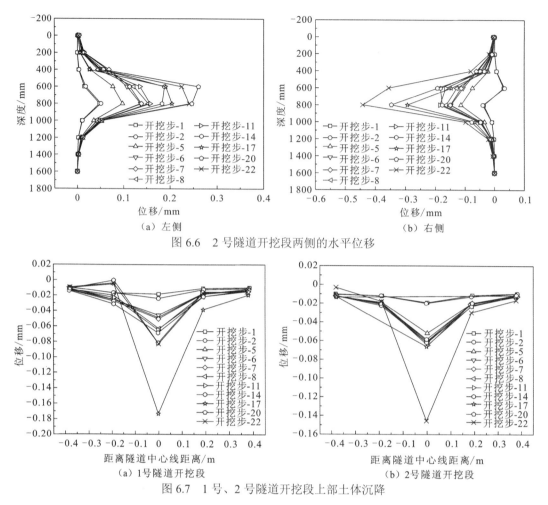

（a）左侧　　　　　　　　　　　（b）右侧

图 6.6　2 号隧道开挖段两侧的水平位移

（a）1号隧道开挖段　　　　　　　（b）2号隧道开挖段

图 6.7　1 号、2 号隧道开挖段上部土体沉降

隧道开挖会在土体中形成一个空洞，该空洞最靠近洞口。开挖边界上方的梁板断裂产生岩梁隆起效应，并扩散到隧道上方的土层，形成左侧的隆起。此外，可以看出在步骤 17 中突然沉降发生在中心点，并在随后的步骤中减少。这种现象可能是由隧道周围最初支撑的石膏被拆除造成的。

2 号开挖段土层的沉降与 1 号开挖段相似。然而，注意到在步骤 17 中突然沉降不会发生在中心点。这是因为在步骤 17 中拆除的第一个分支尚未到达 2 号开挖段。此外，最后的步骤 22（挖掘所有剩余的土体）会导致沉降的突然变化。这一现象表明，当上覆土层较薄时，全断面开挖会产生较大的沉降。

图 6.8 为 1 号和 2 号开挖段不同深度的土体沉降。1 号段从第 11 步开始（初始拆除至 40 cm），以及地表土体与隧道的沉降差 10 cm 的开挖界面开始增加。表面的最终沉降为 0.076 9 mm。10 cm 处的最终沉降为 0.271 6 mm。地表沉降在步骤 20（初始拆卸至 100 cm）中减小，隧道开挖界面上的 10 cm 土体在步骤 17（初始拆卸至 80 cm）减小。这一现象表明，隧道上方区域因开挖而发生的土体沉降具有时滞性，地表土体的沉降大于地表以下土体的沉降。这是因为土体中含有大量的河沙和重晶石粉。隧道的开挖导致

隧道上方的土颗粒之间出现间隙。应力重分布导致土体被进一步挤压,从而导致最终沉降更大。由于开挖顺序和深度不同,截面 2 没有出现与截面 1 类似的沉降,由地面引起的最终沉降为 0.144 3 mm,土体的最终沉降为 10 cm 以上。隧道开挖边界为 0.657 5 mm。全断面开挖导致地表与地下沉降差进一步扩大。此外,由于土体中含有的大量河沙和重晶石粉,土粒间的间隙变多,应力重分布进一步挤压土体,土颗粒的累积位移随着向上移动而变大,导致地表沉降大于地下沉降。值得注意的是,2 号开挖段与 1 号开挖段的结算方式不同。这一现象是由于两段开挖方式不同,第 2 段采用全断面开挖,会导致地表沉降随着开挖而进一步扩大。

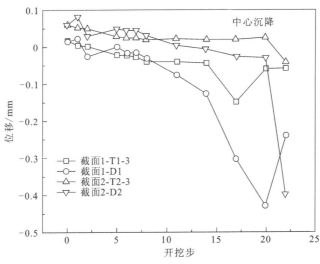

图 6.8　1 号和 2 号开挖段不同深度的土体沉降

3. 既有桥桩基础水平变形

隧道开挖引起的左右既有桥桩的水平位移如图 6.9 所示。从桩顶到桩底,共有 5 个 FBG 应变传感器,编号为 PL(R)-1~PL(R)-5。左桩的水平位移的幅度随着左桩深度而逐渐减小。

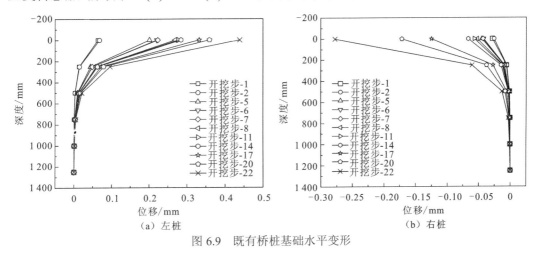

图 6.9　既有桥桩基础水平变形

PL-1 和 PL-2 的最终位移分别为 0.438 6 mm 和 0.096 2 mm，远大于桩下部的变形位移。这是因为桩的下侧受土层的约束，只能产生很小的变形。此外，注意到 PL-1 在开挖步-5 中的位移为 0.200 7 mm（即开挖面最靠近桩），是最终位移 0.438 6 mm 的 46%。桩身左右两侧土体的挤压力失衡，桩身自身承受部分土体的挤压作用。因此，在隧道接近桩基时，应注意施工工艺和开挖长度，以保护现有桩基。

右侧桩的变形规律与左侧桩相似，水平位移随桩身深度逐渐减小。左右桩产生的最终水平位移分别为 0.438 6 mm 和 0.277 9 mm。可以发现一个有趣的现象，虽然左桩比右桩离隧道开挖边界更远，但因开挖产生的位移更大。这可能是因为开挖到左右桩之间的连接处，6 个导孔分步操作，左侧优先开挖导致左桩位移大于右桩，说明在开挖影响范围内，开挖顺序的影响比距离的影响更明显。

6.3 工程应用

6.3.1 吉林某隧道监测实例

1. 工程背景介绍

吉林省中部城市引松供水工程（简称中部饮水工程）是国务院确定的 172 项重大水利工程之一，是吉林省有史以来投资规模最大、输水线路最长、受益面积最广、施工难度最高的大型跨区域引调水工程。中部引水工程已于 2013 年 12 月开工建设，计划到 2019 年 12 月全部完工。主要建设任务是继续实施总干线、长春干线和冯家岭分水枢纽工程，新开工建设四平干线和辽源干线工程，同步进行环评水保监测、安全监测、通信工程、调度控制工程等工作。

为提高长距离输水效率，该工程隧道采用水压式隧道工程设计。隧道周围为严重风化凝灰岩，围岩质量较差。隧道最小覆土深度为 11.8 m，初始应力只有 0.28 MPa，最大内水压力为 0.60 MPa。在内水压力的作用下，较低的应力场不能满足最小主应力准则和水压式隧道衬砌设计的抗倾覆标准。为了研究在内部水压下的机械性能并确保结构安全，在一个长 3 m 的隧道上进行了原位加载试验。该隧道断面具有典型的截面和多层多箍无黏结环锚衬砌（multi-layer multi-hoop un-bonded annular anchors，MUAA）。

2. 衬砌结构

锚固在衬砌下部的内侧交叉排列。在凹槽内锚固孔设置在自由锚头的锚固端和张拉端。环形锚杆从锚固端延伸到衬砌的外部，然后绑在外部的常规钢筋上，这些钢筋以 720° 被围住。最后固定在张拉端（典型的单层和双环）。衬砌的对称结构与无黏结的环形锚，确保了预应力负荷的均匀分布。衬砌混凝土的等级为 C40，钢筋混凝土的弹性模量为 35 GPa。一束预应力环形锚是由四根钢绞线组成的，在轴向的间距为 500 mm。对于单个环形锚，设计的预应力为 195.2 kN，横截面积为 140 mm²，标准抗拉强度为 1 860 MPa。

3. 传感器布设

在原位测试中，MUAA 衬里内设置了周向和纵向监测部分。纵向部分用于监测衬砌的应力状态，而周向部分则用于监测以下内容。

（1）衬砌应变。光纤光栅传感器被嵌入，用于测量混凝土的周向应变和纵向应变。

（2）沿环形锚的张力。磁通量传感器被嵌入，以监测环形锚的张力。

（3）环形锚杆末端的张力。环形锚杆的测力计被放置在锚杆的自由头，用于监测环形锚杆末端的张力。

（4）围岩与衬砌之间的相互作用力。土压力表被嵌入围岩和冠层、侧壁之间的区域，以监测接触应力。

（5）周围岩石的变形。多点位移计安装在隧道拱顶和侧壁的围岩中，深度为 3 m、10 m 和 20 m。

（6）围岩和衬砌之间的接触模式。测缝计被嵌入拱顶、侧壁等处的围岩和衬砌之间的区域，以监测接缝闭合和开口宽度。此外，一个压力表被用来测量内部水荷载值。

光纤光栅 FBG 应变计监测衬砌混凝土在不同工期的受力情况。在 D1～D4 四个监测断面分别布设了光纤光栅 FBG 应变计进行监测，如图 6.10 和图 6.11 所示。D1 和 D3 为环锚断面，每个断面布设 30 个，D2 和 D4 为环锚间断面，每个断面布置 32 个。其中截面类型 1：共 3 个截面，3×15×2=90 个。内侧红色：圆半径 3.5 m、周长 22 m、测点间距 1.38 m、测点 15 个；外侧绿色：圆半径 3.8 m、周长 23.8 m、测点间距 1.48 m、测点 15 个。截面类型 2：共 3 个截面，3×16×2=96 个。内侧红色：圆半径 3.5 m、周长 22 m、测点间距 1.38 m、测点 16 个；外侧绿色：圆半径 3.8 m、周长 23.8 m、测点间距 1.48 m、测点 16 个。光纤应变计按监测断面中数字进行编号，D1 断面编号为 GX-D1-1～GX-D1-30，外侧为单数，内侧为双数，D2～D4 断面编号以此类推，光纤应变计在衬砌内部安装时，绑扎在附近的非预应力钢筋上，所测结果可与振弦式钢筋计和应变计进行对比。

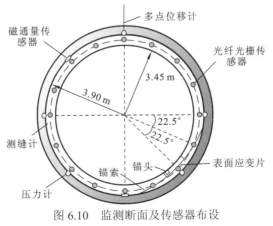

图 6.10　监测断面及传感器布设

扫描封底二维码看彩图

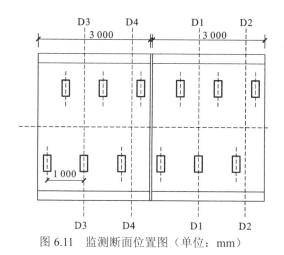

图 6.11 监测断面位置图（单位：mm）

4. 原位试验步骤

为了在 MUAA 衬里上实现均匀、精确和稳定的内部水荷载，开发了一个带有环形平顶的内部水荷载系统。它主要由一个环形平板千斤顶、反作用力支架和加压装置组成。环形平面千斤顶是由几个圆弧形的平板千斤顶组成，并通过螺纹连接水压钢管连接，以分配水压。弧形平板千斤顶是一个薄的空心压力舱，由一块薄钢板焊接而成。它能够通过高压水泵注入水以产生径向变形，使压力直接作用于 MUAA 衬里和反作用力支撑，从而实现内部的水载荷。

为了便于安装，在圆弧形的衬垫之间设置一定的周向和纵向间距。其结果是实际作用在衬里上的水压比设计值略小。因此，引入一个内部水压补偿系数 α：

$$P = \alpha P_0 \tag{6-25}$$

式中：P_0 为设计水压；P 为注水压力；α 为纵向和周向间距，试验中的 α 值为 1.06。

内部水载荷被设定为 0.1 MPa，0.2 MPa，$\cdots$，0.7 MPa，分七步进行。加载时间为 130 min，除了最后一步，即 260 min。由于没有在压力隧道内的这种原位测试中相关的稳定性要求，单位时间内衬砌的周向变形值为 0.05 $\mu\varepsilon$/min。衬砌在单位时间内的圆周变形值被用作原位测试的控制标准。0.05 $\mu\varepsilon$ 代表了约 1/2 000 的周向变形。为了确保 MUAA 衬砌和周围岩石的长期稳定性，开发了一个由 ABB（ABB Ltd.）变频泵和一个多级压力罐组成的压力加载伺服装置，用于注水。在加载过程中，控制面板上的压力值被提前设定。装载精度为 0.02 MPa。伺服加压装置将自动施加压力。在现场加载的过程中，结构力被认为是稳定的。同一层压力表的测量结果几乎相同。这表明内部水荷载达到了预期效果。

5. 监测结果

由于整个原位试验从传感器安装、衬砌浇筑到加载试验完成历时一年以上。其间吉林省吉林市发生特大洪水，试验所在隧道段被洪水淹没，导致绝大多数传统监测传感器（如多点位移计、表面应变片、测缝计等）损毁。光纤光栅传感器具有长寿命、防水、抗电磁干扰等优点，保证了 50%以上的传感器成活率，为现场试验保留了珍贵的试验数据。以断面 D1 为例，图 6.12 所示为加载过程中钢筋应力计监测的锚索应力变化。图 6.13 所示为加载过程中光纤光栅传感器监测外衬和内衬应变变化。可以看出衬砌的应变变化与锚索应力是同步的，能够很好地反映不同加载阶段衬砌的应变变化。在 10~20 h 和 35~50 h 的试验停滞期间，锚索应力出现了应力松弛现象，相应的光纤应变计也反映出了应变减小的情况。不同衬砌位置应变数据对比可知，在衬砌中部两端产生最大的应力和应变，而在锚头所在位置的衬砌产生最小的应力应变。衬里的薄弱环节是锚定的两端出现拉伸裂缝，因此必须加强加固，以减少局部开裂的可能性。综上所述，光纤监测传感器能够在复杂环境中保持良好的工作性能，能够全寿命监测隧道监测衬砌应变变化，在原位试验中，随着加载过程，能够实时监测衬砌应变变化，相比于传统传感器在埋设、寿命和精度等方面都有显著的优势。

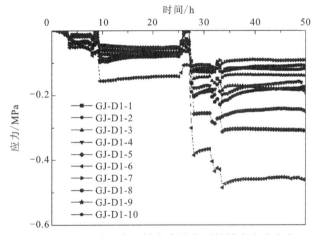

图 6.12　加载过程中钢筋应力计监测的锚索应力变化

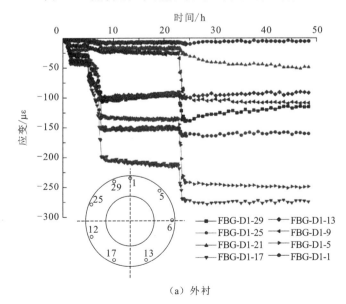

（a）外衬

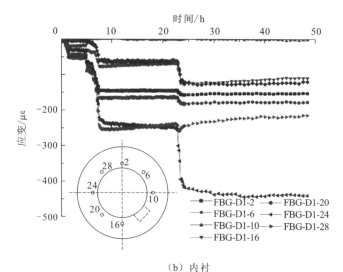

（b）内衬

图 6.13　加载过程中外衬和内衬预埋光纤光栅传感器应变数据

6.3.2　深圳某隧道监测实例

1. 监测项目

根据隧道所处的内外环境不同，隧道结构安全监测可分为工作条件、结构受力、结构变形、结构材料和环境因素等内容，监测项目与隧道类型、埋深、地质情况和环境因素密切相关。

本实例中监测隧道为深圳地区某高速隧道[17]，主要采用盾构法。针对盾构隧道，其受力模式是需要关注的重点，包括结构所受荷载、结构和螺栓的内力。盾构隧道存在大量接缝，结构刚度较小，因此隧道的收敛变形、接缝位移和纵向不均匀沉降也需特别关注；位于海域环境的隧道钢筋腐蚀也应作为监测项目。

综上所述，选取的监测内容包括以下几个方面。

（1）结构外力：土压力、水压力。

（2）结构内力：混凝土应变、钢筋应力。

（3）结构变形：隧道倾斜、收敛、管片接缝位移、纵向不均匀沉降。

（4）结构材料：混凝土温度、钢筋腐蚀。

（5）环境因素：环境温湿度。

2. 监测断面

根据隧道所处地质条件、受力特点和周边环境，确定影响隧道结构安全的关键断面。该高速隧道工程选取如下监测断面。

在 A、B 和 C、D 匝道埋深最大和埋深最小的不利荷载位置对隧道的受力、变形进行监测。

盾构沿线掘进地层主要包括中砂、粗砂、砂质黏性土、淤泥质黏土、黏土、全风化花岗岩、强风化花岗岩、中风化花岗岩、微风化花岗岩等，地层起伏大，面临土层、岩层、上软下硬地层组成的复杂地质条件，因此在隧道地质条件变化处，主要为全风化-中风化界面处，设置监测断面，对隧道的受力和横纵向变形进行监测。

隧道处于海域和近海环境，易受干湿交替影响和氯离子腐蚀，分别在陆域和海域布置监测断面，对钢筋腐蚀进行监测。

隧道沿线穿越大量道路和地铁线路，对该隧道造成一定影响；同时隧道沿线还有大量规划项目，包括高速主线隧道、轨道交通线等，这些项目的实施也必将成为该隧道的风险点，因此在该隧道与上述已建和待建工程交叉点处，也应设置监测断面，对隧道的受力和横纵向变形进行监测。

1）隧道监测断面一

隧道监测断面一布置如图 6.14 所示，监测断面一的特征及监测项目见表 6.3。

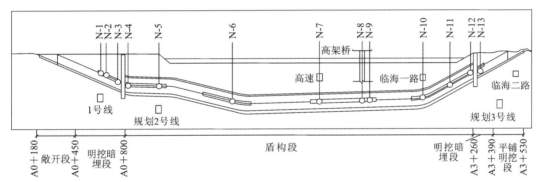

图 6.14　隧道监测断面一

表 6.3　断面一特征及监测项目

编号	断面(区段)位置	断面(区段)特征	监测项目
N-1	A0+550	西暗埋段	③、④、⑦~⑨、⑪
N-2	A0+620	西暗埋段，上跨地铁 1 号线，平曲线小半径处	③、④、⑦~⑨、⑪
N-3	A0+910	西暗埋段，邻近西工作井	③、④、⑦~⑪
N-4	A0+950	盾构段，邻近工作井，埋深浅	①~⑨、⑪
N-5	A1+040	盾构段，上跨地铁 2 号线	①~⑨、⑪
N-6	A1+565	盾构段，全风化花岗岩-中风化花岗岩界面处	①~⑨、⑪
N-7	A1+960	盾构段，下穿高速隧道	①~⑨、⑪
N-8	A2+260	盾构段，下穿高架桥	①~⑪
N-9	A2+290	盾构段，全风化花岗岩-中风化花岗岩界面处	①~⑨、⑪
N-10	A2+900	盾构段，下穿临海一路	①~⑨、⑪
N-11	A3+140	盾构段，海陆交界、埋深最小	①~⑨、⑪
N-12	A3+240	盾构段，邻近东工作井	③、④、⑦~⑪

编号	断面（区段）位置	断面（区段）特征	监测项目
N-13	A3+300	东暗埋段，邻近东工作井	⑪

注：监测项目①—土压力；②—水压力；③—混凝土应变；④—钢筋应力；⑤—管片接缝变形；⑥—隧道断面收敛；⑦—隧道倾斜；⑧—混凝土温度；⑨—环境温湿度；⑩—钢筋腐蚀；⑪—纵向不均匀沉降。

2）隧道监测断面二

隧道监测断面二布置如图 6.15 所示，隧道监测断面二的特征及监测项目见表 6.4。

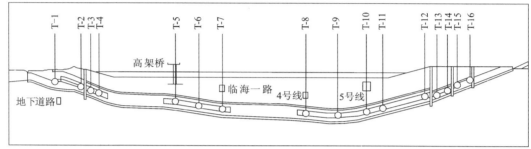

图 6.15　隧道监测断面二

表 6.4　断面二特征及监测项目

编号	断面(区段)位置	断面(区段)特征	监测项目
T-1	A0+380	西暗埋段，邻近高速改造隧道	③、④、⑦～⑨、⑪
T-2	A0+490	西暗埋段，邻近西工作井	③、④、⑦～⑨、⑪
T-3	A0+530	陆域盾构段，邻近西工作井	①～⑨、⑪
T-4	A0+630	陆域盾构段，海陆分界处，埋深最小	①～⑨、⑪
T-5	A1+536	海域盾构段，下穿高架桥	①～⑨、⑪
T-6	A1+760	海域盾构段，全风化花岗岩-中风化花岗岩界面处	①～⑪
T-7	A1+955	海域盾构段，下穿滨江大道	①～⑨、⑪
T-8	A2+700	陆域盾构段，下穿地铁 4 号线	①～⑨、⑪
T-9	A2+890	陆域盾构段，全风化花岗岩-中风化花岗岩界面处	①～⑨、⑪
T-10	A3+258	陆域盾构段，下穿 5 号线	①～⑨、⑪
T-11	A3+381	陆域盾构段，下穿 1 号线段 A	①～⑨、⑪
T-12	A3+735	陆域盾构段，下穿 1 号线段 B	①～⑨、⑪
T-13	A3+851	陆域盾构段，下穿 1 号线段 C	①～⑨、⑪
T-14	A3+970	陆域盾构段，邻近东工作井	①～⑨、⑪
T-15	A4+020	东明挖段，邻近东工作井	③、④、⑦～⑨、⑪
T-16	A4+050	东明挖段，匝道交会处	③、④、⑦～⑨、⑪

注：监测项目①—土压力；②—水压力；③—混凝土应变；④—钢筋应力；⑤—管片接缝变形；⑥—隧道断面收敛；⑦—隧道倾斜；⑧—混凝土温度；⑨—环境温湿度；⑩—钢筋腐蚀；⑪—纵向不均匀沉降。

3. 监测点布置

隧道结构安全监测点的布置必须反映隧道的实际状态及变化趋势，监测点应布置在内力及变形关键特征断面的特征点上，该高速隧道的监测重点在于盾构隧道部分，标准断面为圆形盾构断面，针对此监测断面形式，监测点布置方式如下。

1）结构外力

隧道结构外荷载主要包括土压力和水压力，采用土压计和渗压计进行监测。管片浇筑时在管片外侧（迎土面）根据土压计和渗压计的形状，预留好土压计和渗压计的安装位置（预留安装孔深度应与传感器厚度匹配、一致，底部应平整），并在管片上预留导线穿孔，在管片拼装前安装土压计和渗压计，导线通过预留孔引至管片内侧，并对预留孔进行防水保护，同时用环氧树脂密封导线穿孔，然后将导线连接至自动测量集线箱即可，对隧道内的导线要进行必要的保护，避免施工过程中破坏导线影响监测的正常进行。土压力和渗压力监测点布置在 N-4～N-11 监测断面，以及 T-3～T-14 监测断面，每个监测断面上传感器位置如图 6.16 所示，分别布置在隧道管片的 0°、90° 和 180° 位置（从拱顶顺时针开始），每个监测断面布置土压计 3 支、渗压计 3 支。

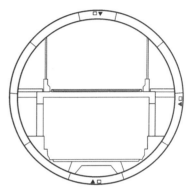

□光纤光栅土压计　▲光纤光栅渗压计

图 6.16　隧道结构外力监测传感器布置图

2）结构内力

结构内力通过对混凝土应变及钢筋应力进行监测，分别采用混凝土应变计和钢筋计布置在结构受力的关键部位。混凝土应变计安装时顺着管片钢筋布设的连接光缆适当松弛，在预制管片时将光缆头引入管中进行保护。所有光缆在与传感器连接处和进入藏线盒前均应各设置一道遇水膨胀橡胶止水环。光缆要沿着钢筋绑扎引入藏线盒内。钢筋应力计安装首先对待测钢筋进行抛光，然后打磨，使钢筋表面平整光滑；将打磨处擦洗干净，避免粉尘、油污对表面的污染；把钢筋计沿着钢筋待测应变方向纵向布设，将钢筋计与钢筋平整粘贴；采用环氧树脂封裹，纱布缠裹进行密封、缓冲保护，引出段需用护套保护。将钢筋计光缆沿纵向钢筋下表面引出，保证光缆在混凝土浇筑振捣等施工过程中不受直接磨损，尽量减少传输光纤在混凝土内部的布设长度。

监测点布置在 N-1～N-12 监测断面，以及 T-1～T-16 监测断面，每个监测断面上传感器位置如图 6.17 所示，监测点布置在盾构隧道从拱顶至拱底的半环管片上，混凝土应变计和钢筋计分别布置在每块管片内外两侧的主筋位置，每个监测断面布置混凝土应变计 12 支、钢筋计 12 支。

3）隧道倾斜

针对隧道可能出现的倾斜变形，采用双轴 MEMS 倾角计同时监测隧道横向和纵向的倾斜。MEMS 倾角计内装有 2 个互成 90° 的倾斜传感器，可测量两个方向的倾斜变化。监测点布置在南坪快速衔接 N-1～N-12 监测断面及南坪快速衔接 T-1～T-16 监测断面。每个监测断面上传感器位置如图 6.18 所示，倾角计安装在所选监测断面隧道的左右侧墙，每个断面布置 2 支。

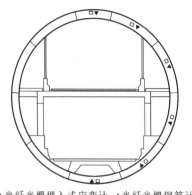

□光纤光栅埋入式应变计　▲光纤光栅钢筋计

图 6.17　隧道结构内力监测传感器布置图

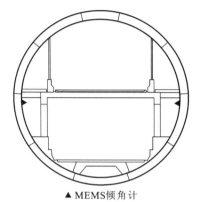

▲ MEMS倾角计

图 6.18　隧道倾斜监测传感器布置图

4）管片接缝位移

管片接缝是盾构隧道的薄弱部位，在外荷载的作用下可能发生变形。利用表面位移计，分别对隧道环缝和纵缝进行监测。安装时对安装点表面进行打磨，把表面位移计按照平行于监测方向置于测点安装面上，根据表面位移计两端安装杆钻安装孔，并将安装孔内杂质及灰尘吹出，清理安装孔周围及整个安装面，在膨胀螺丝外部及内部均匀涂抹环氧树脂胶，然后塞入安装孔内，安装表面位移计。

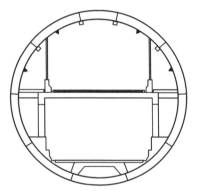

□表面位移计（横向）　▲表面位移计（纵向）

图 6.19　管片接缝位移监测传感器布置图

监测点布置在 N-4～N-11 监测断面及 T-3～T-14 监测断面。表面位移计布置如图 6.19 所示，在管片上外露的环缝和纵缝布置监测点，每个监测断面布置 8 支。

5）隧道收敛变形

盾构隧道收敛变形采用激光位移计进行监测。由于隧道被分割成多空间结构，隧道收敛变形很难直接测量得出，可利用隧道顶部空间，在行车道上方结构外露的部位布置激光位移计，分别测量位移计至拱顶和至另一侧的弦长，通过分析盾构隧道的变形模式，来计算收敛值大小。激光收敛计由激光测距模块、高精度对准装置和目标靶三部分组成，其中激光测距模块为核心部件；高精度对准装置需满足水平角和竖直角微调功能，以便激光对准目标靶中心点；目标靶需标明刻线，以便每次照准。监测点布置在 N-4～N-11 监测断面及 T-3～T-14 监测断面，每个监测断面布置 2 支激光收敛计。激光收敛计的布置如图 6.20 所示。

6）纵向不均匀沉降

隧道纵向不均匀沉降采用静力水准仪进行监测。静力水准仪安装在隧道检修道的管片上，静力水准仪之间通过连通管进行连接，安装时使仪器表面水平及高程满足要求。在 N-1～N-13 及 T-1～T-16 监测区段，每间隔 20 m 布置 1 处监测断面，考虑隧道纵坡变化，在静力水准仪量程不能满足时适当增设转点。静力水准仪的布置如图 6.21 所示。

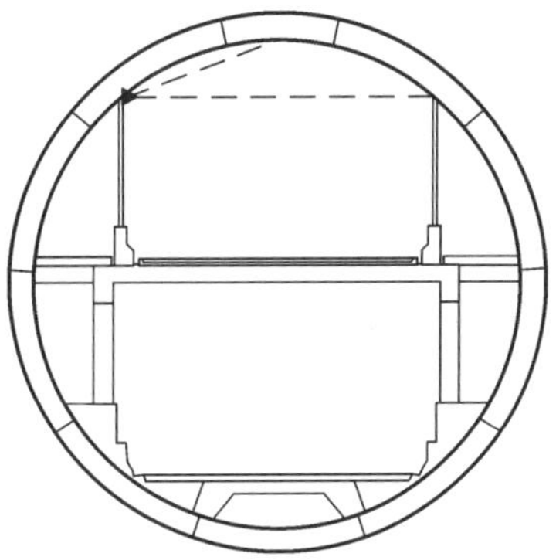

▲ 激光收敛计

图 6.20　隧道收敛监测传感器布置图

7）混凝土温度

隧道结构混凝土内部温度采用埋入式温度计进行监测。管片浇筑前将温度计固定在指定位置，导线通过预留孔引至结构内侧，并对预留孔进行防水保护，同时用环氧树脂密封导线穿孔，然后将导线连接至自动测量集线箱即可，对隧道内的导线要进行必要的保护，避免施工过程中破坏导线影响监测的正常进行。混凝土温度监测点布置在 N-1～N-12 监测断面及 T-1～T-16 监测断面。光纤光栅埋入式温度计分别布置在盾构隧道从拱顶至拱底的半环管片上的跨中位置，每个监测断面布置 6 支，监测断面传感器布置如图 6.22 所示。

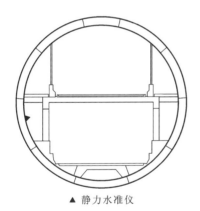

▲ 静力水准仪

图 6.21　隧道纵向不均匀沉降监测传感器布置图

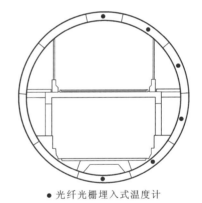

● 光纤光栅埋入式温度计

图 6.22　混凝土温度监测传感器布置图

8）钢筋腐蚀

在隧道陆域和海域选择的代表断面位置，采用腐蚀传感器监测钢筋腐蚀。腐蚀传感器安装时固定在钢筋架上，在预制管片时将线缆头引入管中进行保护，所有线缆在与传感器连接处和进入藏线盒前均应各设置一道遇水膨胀橡胶止水环。腐蚀传感器监测点布置在 N-3、N-8 和 N-12 监测断面，以及 T-6 监测断面，每个监测断面布置 1 台，监测断面传感器布置如图 6.23 所示。

9）环境温湿度

隧道内部环境温湿度采用温湿度传感器进行监测，传感器的周围要有足够的空间保证空气的流通，监测点布置在 N-1～N-12 监测断面，以及 T-1～T-16 监测断面，每个监测断面在隧道侧墙上布置 1 台，监测断面传感器布置如图 6.24 所示。

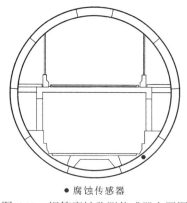

● 腐蚀传感器

图 6.23　钢筋腐蚀监测传感器布置图

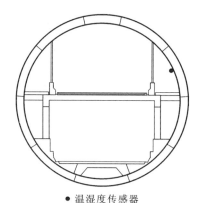

● 温湿度传感器

图 6.24　环境温湿度监测传感器布置图

4. 传感器选型

1）传感器性能参数

通过对类似海底隧道健康监测项目的调研，一般水下隧道监测均采用振弦式及光纤光栅式传感器作为监测仪器。根据本项目的特点，考虑传感器在隧道服役期内能长期稳定运行，建议首先采用耐久性和稳定性较好的光纤光栅类传感器，具体指标如表 6.5 所示。

表 6.5　隧道健康监测项目及传感器参数

序号	监测项目	传感器类型	技术指标
1	土压力	光纤光栅土压计	量程：1 MPa 精度：≤1.0%FS 分辨率：1 kPa 工作温度：-30～+80 ℃
2	水压力	光纤光栅渗压计	量程：1 MPa 精度：≤1.0%FS 分辨率：1 kPa 工作温度：-30～+80 ℃
3	混凝土应变	光纤光栅埋入式应变计	量程：±1 500 $\mu\varepsilon$ 精度：≤1.0%FS 分辨率：1 $\mu\varepsilon$ 标距：150 mm 工作温度：-30～+80 ℃
4	钢筋应力	光纤光栅钢筋计	量程：-200～300 MPa 精度：≤1.0%FS 分辨率：0.1 MPa 直径：12～40 mm 工作温度：-30～+80 ℃

续表

序号	监测项目	传感器类型	技术指标
5	沉管接头位移、盾构管片接缝位移	表面式位移计	量程: 50 mm 精度: ≤1.0%FS 分辨率: 0.05 mm 工作温度: -30～+80 ℃
6	隧道断面收敛	激光收敛计	量程: 0.5～40 m 精度: 0.5 mm 输出信号: RS485 工作温度: -15～+50 ℃
7	隧道倾斜	MEMS 倾角计	量程: ±15° 精度: ≤0.05%FS 分辨率: 0.001° 测量轴: X、Y 轴
8	隧道纵向不均匀沉降	静力水准仪	量程: 300 mm 精度: 0.3 mm 分辨率: 0.01 mm
9	混凝土温度	埋入式温度计	量程: -30～+70 ℃ 精度: 0.3 ℃ 绝缘电阻: ≥50 MΩ
10	钢筋腐蚀	腐蚀传感器	电压测量范围: ±2 000 mV 电压测量精度: ±2.0 mV 电流测量范围: ±2 000 μA 电流测量精度: ±2.0 μA 电阻测量范围: 1 Ω～20 MΩ
11	隧道渗漏水	碳纤维加热光纤光栅渗漏系统	频率: 100～5 000 Hz 响应时间: 3 s

2）传感器寿命和耐久性

隧道结构健康监测系统需要在隧道运营服役过程中长期运行，时间长达数十年之久，这就要求健康监测传感器必须长期稳定可靠。通过对我国类似海底或水底隧道的调研，早期隧道结构健康监测多采用振弦式传感器，如宁波甬江隧道、上海长江隧道等。近年来更多的隧道结构健康监测采用了光纤光栅式传感器，如南京长江隧道、港珠澳大桥沉管隧道等。振弦式传感器拥有较长的应用时间，其技术较为成熟，但从传感器的耐久性考虑，光纤光栅传感器的理论使用寿命为目前各类传感器中最长的。

由于隧道结构的特殊性，内埋式传感器（如土压计、渗压计、混凝土应变计、钢筋计等）在埋入混凝土结构之后便很难更换，选择传感器时建议采用寿命较长的光纤光栅类传感器。此外，考虑到传感器的存活率和故障率，在传感器布置时需考虑一定的冗余度，以保证数据的连续采集。表面式传感器（如激光收敛计、表面位移计、静力水准仪等）可在发生损坏或出现故障时进行更换，同样要求传感器的布设要具有一定的冗余度，保证更换期间数据的正常收集。

根据监测数据的变化规律，隧道在施工期和运营初期，由于外部荷载和环境变化较大，结构外力和内力会有较明显变化，需要重点关注；隧道进入稳定运营期后，结构受力也趋于稳定；随着隧道的长期服役，隧道结构性能逐步退化，变形和位移成为结构安全监测的关键所在。从传感器的角度来看，内埋式传感器的寿命需要满足施工和运营初期对隧道受力监测的要求，表面式传感器则需在隧道长期运营中持续发挥作用。

考虑到传感器固有寿命和健康监测长期性之间的矛盾，本项目采用以下保证措施。

内埋式传感器选用寿命最长的光纤光栅传感器，并且在布设时考虑一定冗余度，以满足隧道施工和运营初期的监测需求。当内埋式传感器接近使用寿命或不能正常工作时，可根据监测需要在结构表面粘贴表面式应变计进行补充监测。

表面式传感器可更换，在传感器故障或接近使用寿命时及时更换，确保监测数据准确连续。

5. 监测周期和频率

隧道施工期的监控量测数据是隧道全寿命周期工作状态的重要组成部分，可以为运营期的结构安全提供初始值。为保证数据采集的连续性和完整性，最大程度利用既有资源，统筹考虑健康监测与施工监测阶段，相同的监测项目采用相同的传感器及采集设备，以实现设备的通用。本项目应力、应变等传感器将于施工初期在关键风险断面完成布设，可在施工期开始采集数据，作为施工安全监测数据为施工监测提供依据。

监测频率应能满足监测项目的重要变化过程且不遗漏其变化时刻的要求，应根据隧道所处的阶段、地质条件、受力条件及当地经验等因素确定。隧道结构安全监测频率不是一成不变的，隧道在运营期各阶段对监测工作的要求各不相同，应针对不同监测时段，提出不同监测频率。相对于施工期，隧道在运营期的受力条件和环境变化较小，因此监测频率相对施工期较低。隧道运营初期和相对稳定运营期，外部荷载和环境变化较大，监测数据非常关键，监测频率设置较高。一年以后，可认为隧道进入稳定运营期，监测频率可降低。数据发生异常或临近预警状态时，应提高监测频率或连续监测。监测频率可参考表 6.6 制订。

表 6.6　隧道结构健康监测周期及频率

监测周期	监测时段	监测频率
施工期	施工影响期内	按施工监测要求
运营期	第一年	在线监测，2 次/天
	一年后	在线监测，1 次/天
	发生异常时	在线监测，1 次/h

6. 人工巡测

采用自动化监测方法可对结构的受力和变形实时把握，但隧道在运营中可能会出现结构裂缝、渗漏、混凝土剥落等病害，这些病害的发生存在随机性，健康监测系统难以把握。因此，作为实时健康监测的补充，应对隧道开展人工巡测，对隧道运营过程中出现的病害进行有效把握，当发现问题后可转化为自动监测，同时将监测数据纳入隧道结构健康监测系统。人工巡测主要内容如表 6.7 所示。

表 6.7　隧道人工巡测内容

巡查对象	巡查项目	巡查方法
主体结构	污染	目测
	破损	目测
	开裂	尺测/自动化监测
	位移	尺测/自动化监测
	变形	尺测/自动化监测
	渗漏水	目测/自动化监测
附属设施	路面	污染、积水、破损	目测
	排水设施	淤积、破损、变形、开裂	目测/尺测
	装饰层	污染、破损、开裂、变形、脱落	目测/尺测
	监测系统	位移、变形、污染	目测/尺测
外部环境	沉管隧道	回淤/冲刷	单（多）波束探测仪
	盾构隧道	壁后注浆	探地雷达

7. 数据处理与信息反馈

1）数据处理

本项目健康监测数据纳入统一的结构健康监测系统进行处理和分析，采用自动化手段，实现隧道相关信息、监测数据的全过程管理，主要包括以下方面。

对各类传感器采集的数据进行实时处理，绘制监测数据时程曲线，对数据进行回归分析，预测数据的发展趋势。

数据出现异常时，分析原因并通过健康监测平台及时向有关单位报告，提交监测结果和分析报告。

定期对监测数据进行整理，向隧道养护及相关单位提交监测报表，作为日常维护和维修的参考依据。

2）预警制度

建立预警制度的目的是实时、可视化地监控和识别隧道结构在长期运营阶段中出现的任何安全隐患，并能科学、及时地做出相应的应急决策，从而保障隧道结构的安全性。预警级别的确定应结合现场监测数据信息，通过核查、综合分析和专家咨询等，判定工程风险大小，确定相应预警级别，并进行实时预警。预警机制如表6.8所示。

表6.8　预警机制

预警级别	预警颜色	预警标准	严重程度
安全状态	绿色	监测值<50%控制值	安全
三级预警	黄色	50%控制值≤监测值<75%控制值	关注
二级预警	橙色	75%控制值≤监测值<90%控制值	预警
一级预警	红色	监测值≥90%控制值	报警

各级状态说明如下。

安全状态：监测数据位于绿色状态区间，无须采取措施，正常实施监测。

三级预警：监测数据达到黄色预警要求，须引起关注，监测系统提高监测频率，分析数据的下一步发展趋势，同时向相关单位和人员发送三级预警信息，采取防范措施。

二级预警：监测数据达到橙色预警要求，工程处在不安全状态，监测系统提高监测频率，提示后台及时对结构当前状态进行安全评估，同时向相关单位和人员发送二级预警信息，采取处理措施。

一级预警：监测数据达到红色预警要求，工程处在危险状态，监测系统进行连续监测，同时向相关单位和人员发送一级预警（报警）信息，立即进行现场调查，研究应急措施。

3）控制指标

隧道结构健康评价可从三个层次进行，如图6.25所示：一是单支传感器的实时预警，二是基于在线实时监测数据中多监测指标融合的实时评价，三是基于在线监测数据及人工巡测数据的综合评价。

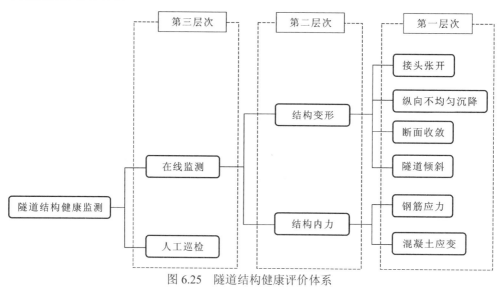

图6.25　隧道结构健康评价体系

监测指标控制值的确定是对隧道工程正常、异常和危险状态进行判断的重要依据，针对本项目沉管隧道和盾构隧道两类主要的结构形式，其监测指标和控制值应根据结构特点分别选取。沉管隧道的监测指标包括混凝土应变、钢筋应力、接头位移、隧道倾斜等；盾构隧道的监测指标包括混凝土应变、钢筋应力、接缝张开、断面收敛、隧道倾斜、纵向不均匀沉降等。其他监测项目可作为控制指标的补充和验证。

控制值的确定可在资料调研、理论分析的基础上，根据相关规范标准、理论分析、数值计算、现场实测资料统计及专家经验等给出。依据《沉管法隧道施工与质量验收规范》（GB51201—2016）[18]及《盾构法隧道施工及验收规范》（GB 50446—2017）[19]的相关规定，结合其他相关资料[20-22]，本项目监测指标的控制值可参考表 6.9 制订。

表 6.9　健康监测指标控制值

结构类型	监测指标	控制值
沉管隧道	混凝土应变、钢筋应力	设计值
	接头张开/压缩	±16 mm
	接头水平/垂直位移	20 mm
盾构隧道	混凝土应变、钢筋应力	设计值
	接缝张开	8 mm
	收敛变形	6‰D（直径）
	管片倾斜	1°
	纵向不均匀沉降	2‰L（相邻点间距）

4）监测系统

本工程的结构安全监测包括对整个项目的施工过程安全监测和隧道结构的运营期健康监测两个部分。施工过程安全监测或运营期健康监测期间使用的传感器及数据采集、传输、存储等硬件设备及云端服务器、计算分析模块、预警决策功能模块等软件资源，很大一部分可以共享。因此，为有效利用监测系统及设备资源以节省成本，以及实现监测系统的功能一体化，本工程拟建立结合施工期过程安全监测与运营期隧道健康监测功能为一体的综合监测系统。综合监测系统的总体架构如图 6.26 所示。

综合监测系统由感知层、通信层、数据层、计算层和应用层组成。其中，感知层由传感器及具有数据采集、处理功能的设备组成；通信层由具有数据网络传输功能的设备组成；数据层由本地存储设备和云端数据库共同组成；计算层由云端的数据清洗功能和转码功能组成；应用层主要由数据分析模块、BIM 模型展示模块和具有预警功能的结构状态分析模块等共同组成。

该系统目的是搭建数字一体化联动管理系统平台，突破各系统各自独立、无法关联共享等瓶颈，利用各类传感器采集影响施工和结构安全的关键参数，通过光纤、4G/5G和互联网等方式传输至数据管理中心，利用监测数据及结构的基础信息，通过大数据分

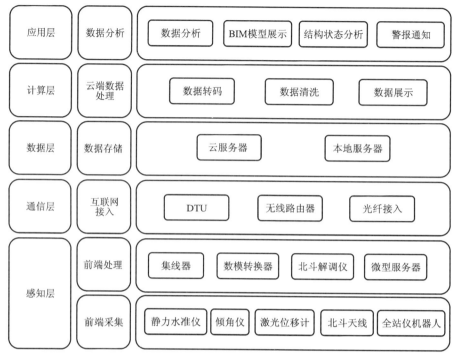

图 6.26　综合监测系统架构示意图

BIM 为建筑信息模型（building information modeling）；DTU 为数据传输单元（data tranfer unit）。

析、模型计算及智能评估等手段，实时掌握工程在施工和运营过程中的安全状态，动态展示各项监测数据的发展过程，预判关键参数的变化趋势，动态调整监测频率并实现预警功能。将结构模型及监测内容、数据展示、报警功能等进行一体化整合，并接入工程整体 BIM 系统。

该系统平台的构建目标及特色归纳如下。

（1）建立统一管理平台：将施工过程监测及健康监测所监测所有结构的安全及健康信息实时传递至集中监控中心进行统一的分析管理。

（2）可复制性模块：针对各个不同结构，按监测子项模块化分类，统一数据处理格式，统一数据传输协议，统一系统构架体系，实现可复制操作，为统一监测平台的建设提供切实可行的操作方法。

（3）采集分析监管一体化：监测系统全自动化连续运行，覆盖工程施工及运营的各个时段，采集分析同步运行，结构监测数据实时接入监控中心，通过对大量数据的整合分析，及时查明结构缺陷及安全隐患，并评估其可能的发展势态及其对结构安全造成的潜在威胁，为施工安全及养护需求、养护措施的决策提供科学依据，以达到运用合理的资金获得最佳养护效果、确保施工过程及运营期结构安全的目的。

（4）建立稳定可靠、实时采集与分析、数据远程传输的监测系统，为结构的施工过程及长期安全运营和养护提供强有力的技术支持。

（5）能够提供结构长期数据累积的平台，通过建设该监测系统可以给业主提供工程施工过程及运营期间长期的数据，还可以把业主的日常检测报告中巡检的数据及各专项检测的数据纳入平台中。为同类工程结构的施工及健康监测、设计和养护维修提供宝贵经验，推进监测技术向前发展。

（6）能够通过该监测系统来进一步掌握结构施工安全及运营期病害的变化规律及演变规律，分析问题主要产生的因素，以及这些问题的发展对结构安全和性能可能造成的影响。

（7）建立远程控制监测系统，根据需求通过远程网络发送日报表、周报表及年度报表等数据报表，及时了解结构的运行情况及各测点的特征值和预处理结果。通过大量的特征值和实时采集数据的分析，以期实现结构损伤识别，并建立实用的安全评估和预警系统。当监测到的结构数据超过某一等级预警值时，系统会自动进行相应等级的预报警，并采用多种方式将信息及时转达给相关管理人员，提示后台及时对结构当前状态进行安全评估，通知相关人员采取一定的安全控制措施，避免重大安全事故发生。

（8）积累结构状态数据，为结构长期运营和养护、维修、加固提供必要的决策依据，并为结构在突发事件发生后的安全状态评估提供依据。

参 考 文 献

[1] 洪开荣. 我国隧道及地下工程发展现状与展望[J]. 隧道建设, 2015, 35(2): 95-107.

[2] 张志强, 何川. 深圳地铁隧道邻接桩基施工力学行为研究[J]. 岩土工程学报, 2003, 25(2): 204-207.

[3] 杨晓杰, 邓飞皇, 聂雯, 等. 地铁隧道近距穿越施工对桩基承载力的影响研究[J]. 岩石力学与工程学报, 2006, 25(6): 1290-1295.

[4] 李早, 黄茂松. 隧道开挖对群桩竖向位移和内力影响分析[J]. 岩土工程学报, 2007, 29(3): 398-402.

[5] Wang X, Shi B, Wei G Q, et al. Monitoring the behavior of segment joints in a shield tunnel using distributed fiber optic sensors[J]. Structural Control and Health Monitoring, 2018, 25(1): e2056.

[6] Wang D Y, Zhu H H, Huang J W, et al. Fiber optic sensing and performance evaluation of a water conveyance tunnel with composite linings under super-high internal pressures[J]. Journal of Rock Mechanics and Geotechnical Engineering, 2023, 15(8): 1997-2012.

[7] Ye X W, Ni Y Q, Yin J H. Safety monitoring of railway tunnel construction using FBG sensing technology[J]. Advances in Structural Engineering, 2013, 16(8): 1401-1409.

[8] Zhu H H, Wang D Y, Shi B, et al. Performance monitoring of a curved shield tunnel during adjacent excavations using a fiber optic nervous sensing system[J]. Tunnelling and Underground Space Technology, 2022, 124: 104483.

[9] Guo J Y, Fang J H, Shi B, et al. High-sensitivity water leakage detection and localization in tunnels using novel ultra-weak fiber Bragg grating sensing technology[J]. Tunnelling and Underground Space Technology, 2024, 144: 105574.

[10] 魏广庆, 施斌, 胡盛, 等. FBG 在隧道施工监测中的应用及关键问题探讨[J]. 岩土工程学报, 2009, 31(4): 571-576.

[11] 张峰, 裴华富. 一种用于滑坡位移监测的 OFDR 测斜仪研发[J]. 中国测试, 2023, 49(1): 119-125.

[12] 沈圣, 吴智深, 杨才千, 等. 基于改进共轭梁法的盾构隧道纵向沉降分布监测策略[J]. 土木工程学报, 2013, 46(11): 112-121.

[13] 柳红霞. 共轭梁法在梁变形计算中的运用[J]. 长沙大学学报, 2002, 16(2): 63-66.

[14] Song H B, Pei H F, Zhu H H. Monitoring of tunnel excavation based on the fiber Bragg grating sensing technology[J]. Measurement, 2021, 169: 108334.

[15] 陈星烨, 马晓燕, 宋建中. 大型结构试验模型相似理论分析与推导[J]. 长沙交通学院学报, 2004, 20(1): 11-14.

[16] 宋二祥, 武思宇, 王宗纲. 地基-结构系统振动台模型试验中相似比的实现问题探讨[J]. 土木工程学报, 2008, 41(10): 87-92.

[17] 余小强. 城市浅埋暗挖隧道穿越既有桥桩模型试验研究[D]. 大连: 大连理工大学, 2019.

[18] 中华人民共和国住房和城乡建设部. 沉管法隧道施工与质量验收规范: GB 51201—2016[S]. 北京: 中国计划出版社, 2017.

[19] 中华人民共和国住房和城乡建设部. 盾构法隧道施工及验收规范: GB 50446—2017[S]. 北京: 中国建筑工业出版社, 2017.

[20] 中华人民共和国交通运输部. 公路隧道施工技术规范: JTG/T 3660—2020[S]. 北京: 人民交通出版社, 2020.

[21] 中华人民共和国住房和城乡建设部. 建筑变形测量规范: JGJ 8—2016[S]. 北京: 中国建筑工业出版社, 2016.

[22] 中华人民共和国住房和城乡建设部. 工程测量标准: GB 50026—2020[S]. 北京: 中国计划出版社, 2020.

第 7 章

光纤传感技术在其他工程中的应用

　　除了前面介绍的滑坡监测、桩基工程、能量桩工程和隧道工程，光纤传感技术因具有抗电磁干扰、灵敏度高、稳定性好、长距离传输信号损失小等优势，在其他多种工程领域中也得到了广泛应用。在大坝工程中，光纤传感技术在大坝健康监测方面具有巨大的应用价值，尤其是全分布式光纤传感技术，可用于大坝大范围的变形、应力和渗漏监测，为大坝的运行安全提供重要的数据支持[1]；在基坑工程中，运用光纤传感技术可实现对基坑支护结构变形、周围土体沉降、地下水位变化等关键参量的精准测量，为工程设计和施工提供可靠的依据[2-3]；在管道工程中，通过光缆合理布设，可以对管道泄漏、变形进行实时监测，发现问题及时预警，在相当程度上节约管道的监测和维护成本，有效减少因管道泄漏导致的灾害事故[4-5]；在海洋工程中，光纤因其具有良好的抗腐蚀性而被广泛应用于钢筋锈蚀监测、海水离子浓度监测和海水 pH 监测等，从而为海上建筑结构的长期稳定维护提供数据依据[6]。

　　本章主要简要介绍光纤传感技术在大坝工程、基坑工程、管道工程和海洋工程的监测应用，并通过列举具体工程应用案例阐明光纤传感如何作为一种先进监测技术，为这些工程提供精确可靠的数据。同时，还探讨光纤传感技术在岩土工程监测中的实际应用成果、潜在价值及未来发展方向。

7.1　大　坝　工　程

大坝工程作为岩土工程的重要组成部分，承担着控制河流流量、蓄水、防洪、发电、灌溉等任务，对保障水资源的合理分配和利用、促进地区经济发展具有至关重要的意义[7]。利用光纤传感技术对大坝进行变形、渗漏等监测，能够及时发现大坝及其周围环境可能存在的异常情况和潜在安全隐患，从而提前采取预防和应对措施，避免或减少因险情造成的损失和人员伤亡[8]。

7.1.1　大坝变形监测

变形监测是大坝工程中重要的监测内容，通过对大坝进行变形监测，可以及时发现坝身结构的微小变化，从而排除安全隐患[8]。光纤因具有极高灵敏性和超长的使用寿命而在大坝变形监测中得到了广泛应用。一些学者利用光纤传感技术研发了新型变形传感器并安装在大坝混凝土内部用以测量变形[9-11]。如图 7.1 所示，研究人员利用 FBG 技术研制了一种圆棒式新型传感器，将两根这种传感器埋入大坝模型，以测量其内部的变形，从而反映出包括坝体内部和地基深处的水平位移和竖向沉降的分布[12]。一些大坝长距离变形监测同样也用到了光纤传感技术，例如美国的威努斯基（Winooski）水电站大坝埋设了约 6.4 km 的传感光纤，用于监测大坝的健康状况[13]。此外，瑞士的 Schiffenen 大坝、土耳其的比雷吉克（Birecik）大坝和约旦的瓦拉（Wala）大坝，也有类似的监测应用。

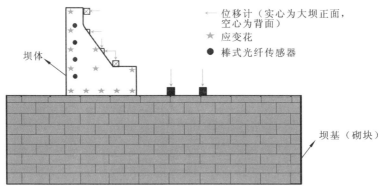

图 7.1　大坝剖面及监测点布置图

7.1.2　大坝渗漏监测

渗漏是大坝工程普遍存在的问题，特别是在受上下游水位差影响显著的区域。这种现象不仅会降低大坝结构的稳定性，严重时甚至可能导致溃堤[14]。因此，对大坝渗漏进行实时监测就显得尤为关键。在这一领域，一些学者提出了利用光纤技术来监测堤坝渗漏的方法，如图 7.2 所示，将光纤长期嵌入堤坝结构中，通过实时测量坝身温度变化来间接监测渗漏情况，并将监测结果与人工检查结果相互对照，以验证其准确性[15-16]。然而，大坝结构与水体之间的温差通常并不明显，这可能会给监测结果带来一定的误差。为了克服这一难题，研究人员提出了改进的监测方法，通过将线路热源和传感光纤相结合，根据测得的温度变化来精准定位泄漏位置[17]。此外，其他研究团队也进行了类似的实验[18-19]，这些研究均有力证明了光纤传感技术对大坝渗漏监测的准确性和可靠性。

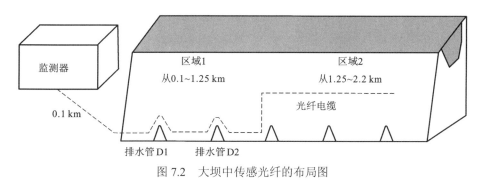

图 7.2　大坝中传感光纤的布局图

7.2　基坑工程

基坑工程作为创建地下空间的工程，涉及建造建筑物的地下室、地下通道、地铁站等地下工程结构。由于基坑工程具有较大风险性，在施工过程中通常需要在施工现场建造基坑支护结构，以确保施工安全并顺利进行土方开挖和地下工程的建造[20-24]。利用光纤传感技术对基坑支护结构和加固构件进行监测，可以为提升基坑的安全性提供重要的数据支撑。

7.2.1　支护结构的变形监测

基坑工程中的支护结构作为一种临时措施，其安全储备较小，应用分布式光纤监测技术对支护结构的变形进行监测，可以实现长距离精准监测，有效预防结构失效，从而保障施工作业和周边环境的安全[23,25-26]。在这方面，一些学者将 U 形应变传感光缆和温度补偿传感光缆固定在地下连续墙的钢筋笼上。随后，将装有仪器的钢筋笼放入槽孔中，利用 BOFDA 技术成功地监测了地下连续墙的水平变形[27]。为充分验证其监测结果的可靠性，有研究人员采用相同方法将传感光纤安装在地下连续墙和顶梁钢筋笼中，并将监测结果与钢筋计和测斜仪的监测结果进行了比较验证，进一步证实了该监测方法的准确性[28]。图 7.3 展示了地下连续墙和顶梁钢筋笼中的光纤布局[27-28]。

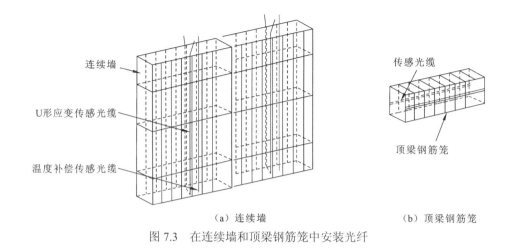

（a）连续墙　　　　　　　　　　　（b）顶梁钢筋笼

图 7.3　在连续墙和顶梁钢筋笼中安装光纤

7.2.2　GFRP 抗浮锚的性能监测

在基坑加固中，锚索是常见的构件之一。当面对高水位情况时，为了应对潜在的浮力，建造抗浮锚就显得尤为重要。相较于传统的钢锚，玻璃纤维增强塑料（GFRP）锚因具有卓越的高抗拉强度、轻量化和高耐腐蚀性等优势，已成为传统钢锚的理想替代品[29-30]。有学者将 FBG 传感器和应变仪安装在特定的凹槽中，通过对现场拉拔试验期间这两个传感器所测得的应变数据以及锚的载荷传递机制进行深入的比较分析，得出了详细的结果[31-32]，如图 7.4 所示。这些测量数据与其他研究人员进行的试验结果十分吻合[33-35]，进一步证实了这种监测锚应变的方法的可行性。

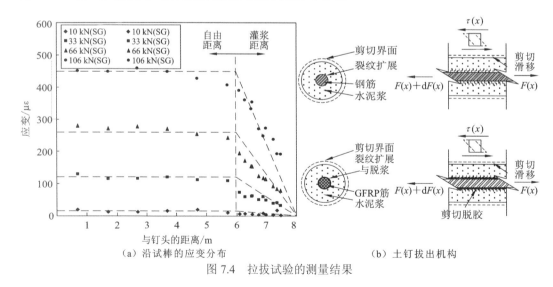

（a）沿试棒的应变分布　　　　　　　　　（b）土钉拔出机构

图 7.4　拉拔试验的测量结果

图 7.5 展示的是另一种在 GFRP 抗浮锚中安装 FBG 传感器的新方法[36]，该方法通过将 FBG 传感器嵌入 FRP 锚中并固定在板的中心，以确保传感器精准安装在锚的中心轴

上。这种方法的优势在于不会对 GFRP 锚杆结构造成任何损伤且具备良好的耐久性及高精度的监测能力，因此非常适用于 GFRP 锚杆的健康监测工作。一些研究团队[37-38]已经成功采用了这种先进的安装技术，并进行了类似的拉拔试验。试验的最终结果也充分证明了这种方法的可行性和有效性。

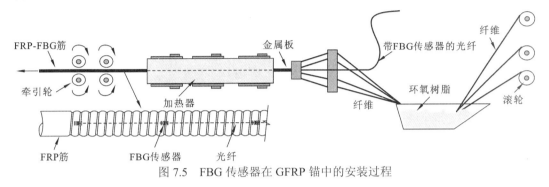

图 7.5　FBG 传感器在 GFRP 锚中的安装过程

7.3　海洋工程

　　海洋工程的健康监测涵盖了多个方面，主要包括码头和海洋平台桩基的监测，海底隧道监测（详见第 6 章），海堤及堤坝监测等。由于海上建筑中的钢筋长期处于潮湿环境下，容易产生锈蚀，进而影响建筑结构的强度和稳定性。因此，海水侵蚀作用监测成为海洋工程健康监测的重点。钢筋的锈蚀往往会导致其体积发生变化。通过将 FBG 传感器拉伸缠绕在钢筋周围[39]，可以测量钢筋腐蚀过程中传感器的应变变化，进而反映出钢筋的锈蚀程度，如图 7.6（a）所示。然而，钢筋长时间的弯曲会影响传感器的使用寿命，且固定监测点也存在滑移或脱落的现象，从而影响测量精度。为此，有学者提出了另一种监测方法，即将 FBG 应变传感器沿直径方向分别安装在两根平行紧密排列的棒 S1 和 S2 的端部，如图 7.6（b）[40]所示，由于只是通过端部进行测量，这种设计很好地解决了上述问题[41]。有学者还通过将传感光缆缠绕在钢筋周围，利用分布式传感技术监测光缆的应变变化，并通过数值模拟研究了该方法监测钢筋腐蚀的可能性[42]。此外，这些先进的传感技术还可用于监测海洋盐度[43]、海水离子浓度[44]及海水 pH[45]等参数。

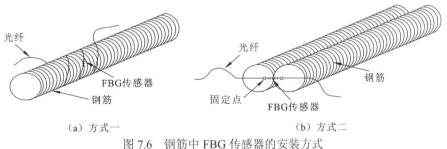

（a）方式一　　　　　　　　　　　　　　（b）方式二

图 7.6　钢筋中 FBG 传感器的安装方式

7.4 管道工程

大多数的管道缺陷和环境载荷可能会导致泄漏事故和次生灾害，如滑坡和地面沉降等。经验表明，对管道进行严格的检查可以大幅节约维修成本，避免因泄漏引发的灾难性事故[46]。根据传感器的位置[47]，埋地管道监测技术可分为内埋式和外埋式两大类。这些技术大多基于点传感器，无法提供连续剖面。由于管道工程大多属于长距离工程，分布式、连续、实时的自动化监测方案对管道工程的安全监测就显得尤为重要[48]。

近年来，光纤传感技术，尤其是分布式光纤传感技术，因其卓越性能在管道监测领域备受青睐[49-50]，由于光缆上的每一点都对机械应变、温度、振动信号十分敏感[51-52]，运用该技术可以及早对管道的应变集中和结构失效情况进行预警。已有研究表明，沿着管道纵向安装的光缆可用于监测管道的轴向伸长（或压缩）及弯曲变形[53]，而环向光缆则有助于评估截面变形，尤其是扁平化行为[54]。此外，由于埋地管道的结构响应主要取决于周围土体，运用光纤传感技术对管道周围的土体进行变形监测对预测管道的承载能力和评估性能也具有重要意义。例如，通过光缆监测结果所揭示的上覆土的破坏几何形态，可以评估管道的抗拔能力[55]。而平行于管道的光缆则有利于估计地面在管道水平的沉降槽形状，进而用于估算施加在管道上的土体阻力[56]，如图7.7[55-56]所示。

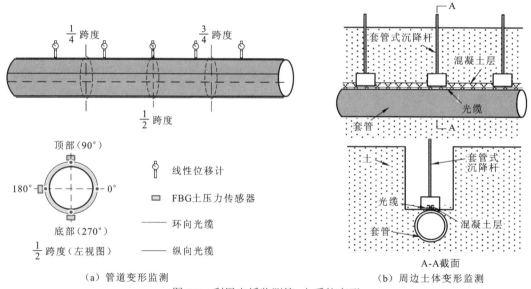

图7.7 利用光纤监测管-土系统变形

过去的几十年中，基于光纤的分布式温度传感技术在管道泄漏监测中得到了广泛的应用。通过分析传感光缆的原始数据，可以精确地定位由泄漏引起的热点或冷点[57-58]。此外，基于光纤传感的分布式声传感技术近年来也开始被应用于管道缺陷或泄漏监测[50,59]。

参 考 文 献

[1] 刘晓燕. 光纤传感技术在大坝渗漏检测中的应用[J]. 黑龙江水利科技, 2020, 48(9): 145-147.

[2] 宋国政. 基于分布式光纤传感技术的基坑监测[J]. 建筑技术开发, 2021, 48(17): 150-151.

[3] 朱鸿鹄, 张诚成, 裴华富, 等. GFRP 土钉拉拔特性研究[J]. 岩土工程学报, 2012, 34(10): 1843-1849.

[4] 孙照雄. 基于分布式光纤传感的管道健康状态监测研究[D]. 哈尔滨: 哈尔滨工程大学, 2024.

[5] Yin J, Li Z W, Liu Y, et al. Toward establishing a multiparameter approach for monitoring pipeline geohazards via accompanying telecommunications dark fiber[J]. Optical Fiber Technology, 2022, 68: 102765.

[6] 樊亮. 基于光纤传感技术的海洋装备设施腐蚀监测研究[C]//第九届海洋材料与腐蚀防护大会暨第三届钢筋混凝土耐久性与设施服役安全大会论文集, 烟台, 2023: 29.

[7] 李献斌. 水利工程水库大坝碾压混凝土加固施工技术研究[J]. 水利科技与经济, 2022, 28(12): 148-152.

[8] 曾红, 杨莉, 李川, 等. 大坝混凝土裂缝分布式光纤远程实时监测系统及工程应用[J]. 水利与建筑工程学报, 2015, 13(4): 72-75, 106.

[9] Kronenberg P, Casanova N, Inaudi D, et al. Dam monitoring with fiber optics deformation sensors[C]// Proceedings of SPIE - The International Society for Optical Engineering. 1997, 3043.

[10] Zhu H H, Yin J H, Zhang L, et al. Monitoring internal displacements of a model dam using FBG sensing bars[J]. Advances in Structural Engineering, 2010, 13(2): 249-261.

[11] 董建华, 谢和平, 张林, 等. 光纤光栅传感器在重力坝结构模型试验中的应用[J]. 四川大学学报(工程科学版), 2009, 41(1): 41-46.

[12] 朱鸿鹄, 殷建华, 张林, 等. 大坝模型试验的光纤传感变形监测[J]. 岩石力学与工程学报, 2008, 27(6): 1188-1194.

[13] Bhalla S, Yang Y W, Zhao J, et al. Structural health monitoring of underground facilities-technological issues and challenges[J]. Tunnelling and Underground Space Technology, 2005, 20(5): 487-500.

[14] 周箫韵. 综合物探法在某水库工程大坝渗漏探测中的应用[J]. 水利技术监督, 2023, 31(5): 157-159.

[15] Vogt T, Schneider P, Woernle L H, et al. Estimation of seepage rates in a losing stream by means of fiber-optic high-resolution vertical temperature profiling[J]. Journal of Hydrology, 2010, 380(1-2): 154-164.

[16] Khan A A, Vrabie V, Mars J I, et al. Automatic monitoring system for singularity detection in dikes by DTS data measurement[J]. IEEE Transactions on Instrumentation and Measurement, 2010, 59(8): 2167-2175.

[17] Coté A, Carrier B, Leduc J, et al. Water leakage detection using optical fiber at the Peribonka Dam[C]//International Symposium on Field Measurements in Geomechanics, 2007: 1-12.

[18] Caid D S, Tang H, Guo Y S. Distributed optical fiber in high RCC arch dam project[J]. Applied Mechanics and Materials, 2013, 312: 639-643.

[19] Zhou H, Pan Z, Liang Z, et al. Temperature field reconstruction of concrete dams based on distributed

optical fiber monitoring data[J]. KSCE Journal of Civil Engineering, 2019, 23(5): 1911-1922.

[20] 中华人民共和国住房和城乡建设部. 建筑基坑支护技术规程: JGJ 120-2012[S]. 北京: 中国建筑工业出版社, 2012.

[21] 中华人民共和国住房和城乡建设部. 建筑基坑工程监测技术标准: GB 50497-2019[S]. 北京: 中国计划出版社, 2019.

[22] 中华人民共和国住房和城乡建设部. 城市轨道交通工程监测技术规范: GB 50911-2013[S]. 北京: 中国建筑工业出版社, 2013.

[23] 陈治法, 杨帆, 张训玉, 等. 复杂环境下基坑加固补强设计与施工[J]. 地质装备, 2024, 25(2): 44-48.

[24] Han H, Shi B, Yang Y, et al. Ultra-weak FBG sensing for identification and analysis of plastic zone of soil caused by supported excavation[J]. Engineering Geology, 2023, 317: 107061.

[25] Han H, Shi B, Zhang L, et al. Deep displacement monitoring and foundation base boundary reconstruction analysis of diaphragm wall based on ultra-weak FBG[J]. Tunnelling and Underground Space Technology, 2021, 117: 104158.

[26] 刘天翔, 朱鸿鹄, 程刚, 等. 地下连续墙受力变形光纤监测与数值模拟研究[J]. 防灾减灾工程学报, 2024 (1): 222-233.

[27] Ren B K, Zhu H H, Shen Y, et al. Deformation monitoring of ultra-deep foundation excavation using distributed fiber optic sensors[J]. IOP Conference Series: Earth and Environmental Science, 2021, 861(7): 072057.

[28] Qi J Q, Wang B J, Wang X, et al. Application of optical-fiber sensing to concrete support and continuous wall strain monitoring[J]. IOP Conference Series: Earth and Environmental Science, 2019.

[29] 刘军, 刘鹏, 张举, 等. 基坑 GFRP 筋锚杆支护施工技术研究[J]. 施工技术(中英文), 2022, 51(12): 88-92.

[30] Xu D S, Yin J H. Analysis of excavation induced stress distributions of GFRP anchors in a soil slope using distributed fiber optic sensors[J]. Engineering Geology, 2016, 213: 55-63.

[31] Zhu H H, Yin J H, Yeung A T, et al. Field pullout testing and performance evaluation of GFRP soil nails[J]. Journal of Geotechnical and Geoenvironmental Engineering, 2011, 137(7): 633-642.

[32] 李国维, 戴剑, 倪春, 等. 大直径内置光纤光栅玻璃纤维增强聚合物锚杆梁杆黏结试验[J]. 岩石力学与工程学报, 2013, 32(7): 1449-1457.

[33] Pei H F, Yin J H, Zhu H H, et al. Performance monitoring of a glass fiber-reinforced polymer bar soil nail during laboratory pullout test using FBG sensing technology[J]. International Journal of Geomechanics, 2013, 13(4): 467-472.

[34] Li G W, Hong C Y, Dai J, et al. FBG-based creep analysis of GFRP materials embedded in concrete[J]. Mathematical Problems in Engineering, 2013(17): 657-675.

[35] Zhang C C, Zhu H H, Xu Q, et al. Time-dependent pullout behavior of glass fiber reinforced polymer (GFRP) soil nail in sand[J]. Canadian Geotechnical Journal, 2015, 52(6): 671-681.

[36] Yan K, Yang J C, Zhang Y, et al. Safety performance monitoring of smart FBG-based FRP anchors[J]. Safety Science, 2020, 128: 104759.

[37] Bai X Y, Liu X Y, Zhang M Y, et al. Stress transfer properties and displacement difference of GFRP antifloating anchor[J]. Advances in Civil Engineering, 2020(4): 1-18.

[38] Kou H L, Guo W, Zhang M Y. Pullout performance of GFRP anti-floating anchor in weathered soil[J]. Tunnelling and Underground Space Technology, 2015, 49(6): 408-416.

[39] Fuhr P L, Huston D R. Corrosion detection in reinforced concrete roadways and bridges via embedded fiber optic sensors[J]. Smart Materials & Structures, 1999, 7(2): 217.

[40] Gao J, Wu J, Li J, et al. Monitoring of corrosion in reinforced concrete structure using Bragg grating sensing[J]. NDT & E International, 2011, 44(2): 202-205.

[41] Chen Y Z, Tang F J, Tang Y, et al. Mechanism and sensitivity of Fe-C coated long period fiber grating sensors for steel corrosion monitoring of RC structures[J]. Corrosion Science, 2017, 127(10): 70-81.

[42] Lv H F, Zhao X F, Zhan Y L, et al. Damage evaluation of concrete based on Brillouin corrosion expansion sensor[J]. Construction and Building Materials, 2017, 143(15): 387-394.

[43] Wang S S, Yang H J, Liao Y P, et al. High-sensitivity salinity and temperature sensing in seawater based on a microfiber directional coupler[J]. IEEE Photonics Journal, 2016, 8(4): 1-9.

[44] Wade S A, Wallbrink C D, McAdam G, et al. A fibre optic corrosion fuse sensor using stressed metal-coated optical fibres, Sensor[J]. Sensors and Actuators B: Chemical, 2008, 131(2): 602-608.

[45] Chiang C C, Hu C H, Ou C H. pH value detection with CLPFG sensor[J]. Applied Mechanics and Materials, 2013, 284-287: 2157-2161.

[46] Glisic B. Sensing solutions for assessing and monitoring pipeline systems[M]//Sensor Technologies for Civil Infrastructures. Amsterdam: Elsevier, 2014: 422-460.

[47] Liu H. Pipeline engineering[M]. Boca Raton, FL, USA: Lewis Publishers, 2003.

[48] 孙梦雅, 施斌, 段新春, 等. 基于 FBG 的管道渗漏监测可行性及其影响因素试验研究[J]. 防灾减灾工程学报, 2019, 39(5): 715-723.

[49] Wang D Y, Zhu H H, Wang B J, et al. Performance evaluation of buried pipe under loading using fiber Bragg grating and particle image velocimetry techniques[J]. Measurement, 2021, 186: 110086.

[50] Zhu H H, Liu W, Wang T, et al. Distributed acoustic sensing for monitoring linear infrastructures: Current status and trends[J]. Sensors, 2022, 22(19): 7550.

[51] Soga K, Luo L Q. Distributed fiber optics sensors for civil engineering infrastructure sensing[J]. Journal of Structural Integrity and Maintenance, 2018, 3(1): 1-21.

[52] Sun M, Shi B, Zhang D, et al. Pipeline leakage monitoring experiments based on evaporation-enhanced FBG temperature sensing technology[J]. Structural Control and Health Monitoring, 2021, 28(3): e2691.

[53] Ni P, Moore I D, Take W A. Distributed fibre optic sensing of strains on buried full-scale PVC pipelines crossing a normal fault[J]. Géotechnique, 2018, 68(1): 1-17.

[54] Li H J, Zhu H H, Li Y H, et al. Experimental study on uplift mechanism of pipeline buried in sand using high-resolution fiber optic strain sensing nerves[J]. Journal of Rock Mechanics and Geotechnical Engineering, 2022, 14(4): 1304-1318.

[55] Li H J, Zhu H H, Wu H Y, et al. Experimental investigation on pipe-soil interaction due to ground

subsidence via high-resolution fiber optic sensing[J]. Tunnelling and Underground Space Technology, 2022, 127(9): 1-14.

[56] Vorster T E B, Soga K, Mair R J, et al. The use of fibre optic sensors to monitor pipeline response to tunneling[C]//GeoCongress, 2006: Geotechnical Engineering in the Information Technology Age, 2006, 33.

[57] Niklès M, Vogel B H, Briffod F, et al. Leakage detection using fiber optics distributed temperature monitoring[C]//Smart Structures and Materials: Proceedings of SPIE-The International Society for Optical Engineering, 2004, 5384: 18-25.

[58] Li H J, Zhu H H, Tan D Y, et al. Detecting pipeline leakage using active distributed temperature Sensing: Theoretical modeling and experimental verification[J]. Tunnelling and Underground Space Technology, 2023, 135: 105065.

[59] Stajanca P, Chruscicki S, Homann T, et al. Detection of leak-induced pipeline vibrations using fiber-Optic distributed acoustic sensing[J]. Sensors, 2018, 18(9): 2841.

第 *8* 章

数据处理与分析

　　近年来随着通信、计算机、机械等学科的发展，传感器设备及数据采集系统已有长足的发展，科技的进步加速大数据时代的到来，推动了"第四次工业革命"的发展，基于数据驱动的规律探索与决策已然成为科学研究的新内涵。由于岩土工程具有较高的力学非线性及现场环境不确定性等复杂特性，传统的监测数据分析方法往往仅停留于直观判断、经验阈值判断等方法上，存在主观性强、经验依赖性强、耗时、低精度等问题。此外，传统监测目标单一、数据共享性和可获取性低，监测数据未被充分挖掘，因此无法通过监测数据准确量化岩土工程变形、劣化、失稳、破坏过程的内在机理。

　　随着计算机算力的提升，基于统计方法、类脑模拟的机器学习和深度学习算法得到了普及和应用，这些方法通常基于大数定理、非线性网络以任意精度逼近任意方程的数学定理，通过改变模型结构、参数配置及优化目标等内容，能够适用于多种高维非线性数据的分类、回归、概率统计问题。完全基于数据的分析方法有助于减少工程师的工作量，从而实现监测数据的实时更新分析，为岩土工程安全性评估提供保障。同时，严格的数学理论保证了模型的鲁棒性，在获取更高精度分析结果的同时为相近工程分析提供结论参考，最大限度发挥数据优势[1]。

　　本章按照数据分析流程进行监测数据处理算法介绍：首先提出用于监测数据降噪及平滑处理算法，最大程度降低现场复杂环境对监测指标的影响；接着介绍线性、非线性监测指标相关性分析方法，用于量化各物理量之间的诱发关系，便于分析模型的建立；同时还介绍无监督聚类算法，用于挖掘数据内在隐式关系，便于充分理解监测数据产生原因及岩土工程相应变化机理；最后介绍常用机器学习模型及深度学习模型用于监测指标的预测分析，并通过两个实际工程案例详细介绍数据分析算法使用及结论分析。

8.1 数据预处理

8.1.1 数据降噪处理

由于传感设备及信号传输等智能监测过程中均存在一定的干扰因素，加之现场环境复杂，监测数据通常会伴有噪声信息，所以对监测数据的分析，数据降噪必不可少。目前常用的降噪方法包括小波变换、奇异谱分解、滑动平均窗口法、卡尔曼滤波法等。通常来说，岩土工程中面临的监测数据以具有一定的趋势和周期信息的时间序列呈现出来，因此能够同时实现降噪和分解的预处理算法往往更适用于工程监测分析。奇异谱分析（singular spectral analysis，SSA）法是基于矩阵的奇异值对信息的贡献度有所差异这一特点对时间序列进行分解与重构的算法，相比于小波变换等信号处理方法，SSA 具有原理简便、计算收敛、阈值选择清晰、同时实现数据降噪与趋势分析等优势[2,3]，因此在无法明确小波基的选择、降噪阈值等模型参数的工程背景下，SSA 是具有良好通用性的数据预处理算法。

SSA 主要包括两个阶段：矩阵分解和序列重构。每个阶段又可以分为 2 个步骤：矩阵分解包括时间序列分解嵌入形成轨迹矩阵和奇异值分解；序列重构包括分组和对角元素均值化。嵌入的目的是将输入时间序列转化为轨迹矩阵，设原始时间序列为 $F=(f_1, f_2, \cdots, f_N)$，设 L 为窗口长度，$1 < L < N$。F 的轨迹矩阵为

$$X = \left[X_1, X_2, \cdots, X_K \right] = \begin{bmatrix} f_1 & \cdots & f_K \\ \vdots & & \vdots \\ f_L & \cdots & f_N \end{bmatrix} \tag{8-1}$$

式中：$X_i=(f_i, \cdots, f_{i+L-1})$ 具有 L 滞后期的向量，令 $S=XX^{\mathrm{T}}$ 为对称半正定阵，其特征值表示为 $\gamma_1, \cdots, \gamma_L$，对应的特征向量 $U_1, \cdots, U_L$。矩阵 X 的右特征向量 V_i 及单元矩阵 E_i 由下式计算得到

$$V_i = X^{\mathrm{T}} U_i / \sqrt{\gamma_i}, \quad i=1, \cdots, m \tag{8-2}$$

$$E_i = \sqrt{\gamma_i} U_i V_i, \quad X = \sum_{i=1}^{m} E_i \tag{8-3}$$

将 S 的特征值由大到小排列，计算出特征值的累积贡献率 P_i，并以此作为噪声（小于 5%）、趋势（大于 95%）、周期信息（5%～95%）的提取阈值，将对应特征值计算的单元矩阵 E_i 进行分组加和，获得序列重组所需的信息矩阵。最后，对角平均的目的是将每个重组信息矩阵转换为长度为 N 的子序列。设 e_{ij} 为 E 的一个元素，$L^*=\min(L, K)$，$K^*=\max(L, K)$。若 $L < K$，$e_{ij}=e_{ij}^*$，否则 $e_{ij}=e_{ji}^*$，通过反对角化计算，即可将 E_i 转换为序列 $Y=(y_1, y_2, \cdots, y_N)$，完成预处理操作：

$$y_k = \begin{cases} \dfrac{1}{k}\sum_{m=1}^{k} e_{m,k-m-1}^* \\[2mm] \dfrac{1}{L^*}\sum_{m=1}^{L^*} e_{m,k-m-1}^* \\[2mm] \dfrac{1}{N-k-1}\sum_{k-1-K^*}^{N-k-1} e_{m,k-m-1}^* \end{cases} \tag{8-4}$$

8.1.2 数据平滑性处理

实际岩土工程监测通常具有动态不确定性，原始数据的扰动、突变，不能准确反映力学机理。基于原始监测数据的建模分析可能与实际滑坡变化过程不相符。为了降低奇异数据的影响，增强历史数据的规律性，需要对数据进行平滑性处理。本小节主要介绍滑动平均法、对数变换法、幂函数变换法、平均缓冲算子法、变权缓冲算子法等缓冲算子法，对原始数据进行强化或弱化处理，减小光滑比、提高数据光滑度，突出规律性并提升所建预测模型的精度。

1. 滑动平均法

滑动平均法是常用的平滑处理方法，设原始数据（如位移监测）为 $x^0(i)$，$y^0(i)$ 是平滑处理后的数据[4]。滑动平均公式为

$$\begin{cases} y^{(0)}(i) = \dfrac{x^{(0)}(i-1) + 2x^{(0)}(i) + x^{(0)}(i+1)}{4}, \quad i = 2,3,\cdots,n-1 \\[3mm] y^{(0)}(1) = \dfrac{3x^{(0)}(1) + x^{(0)}(2)}{4} \\[3mm] y^{(0)}(n) = \dfrac{x^{(0)}(n-1) + 3x^{(0)}(n)}{4} \end{cases} \tag{8-5}$$

2. 对数变换法

$$y^0(k) = c\ln x^0(k) + d \tag{8-6}$$

式中：$c \geq \max\{x^0(k)\}$，$x^0(k) > e$。

3. 幂函数变换法

$$y^0(k) = \left[x^0(k)\right]^{-a} \tag{8-7}$$

式中：a 为常数。

4. 缓冲算子法

基于"新息优先"原则的缓冲算子，通过对历史信息进行处理改造、充分利用最新

信息，弱化数据的随机波动性，突出数据规律性，反映系统的真实发展趋势[5]。

设数列 $XD=[x^0(1), x^0(2), \cdots, x^0(n)]$ 为缓冲数列，D 为缓冲算子，可分为弱化缓冲算子和强化缓冲算子。

平均弱化缓冲算子为

$$x^0(k)d = \frac{1}{n-k+1}\sum_{i=k}^{n}x^0(i) \tag{8-8}$$

变权弱化缓冲算子为

$$x^0(k)d = \lambda x^0(n) + (1-\lambda)x^0(k), \quad k=1,2,\cdots,n \tag{8-9}$$

式中：$\lambda \in [0,1]$ 为可变权重。

平均强化缓冲算子为

$$x^0(k)d = \frac{(n-k+1)\left[x^0(k)\right]^2}{\sum_{i=k}^{n}x^0(i)} \tag{8-10}$$

变权强化缓冲算子为

$$x^0(k)d = \frac{\left[x^0(k)\right]^2}{\lambda x^0(n) + (1-\lambda)x^0(k)} \tag{8-11}$$

式中：$\lambda \in [0,1]$ 为可变权重。

利用上述方式对处理后的数据进行光滑性分析。设非负数列 $\{x^0(k), k=1,2,\cdots,n\}$，$y^0(k)$ 是其对应的经过变换处理后的数据。光滑比 $\rho(k)$ 表示为

$$\rho(k) = \frac{x^0(k)}{\sum_{i=1}^{k-1}x^0(i)} = \frac{x^0(k)}{x^1(k-1)}, \quad k=2,3,\cdots,n \tag{8-12}$$

式中：光滑比 $\rho(k)$ 为 k 的点调函数。

对于原始非负递增数列，若存在：

$$\frac{y^0(k)}{y^1(k-1)} \leqslant \frac{x^0(k)}{x^1(k-1)} \tag{8-13}$$

则说明序列 $Y^0=[y^0(1), y^0(1), \cdots, y^0(n)]$ 比 $X^0=[x^0(1), x^0(1), \cdots, x^0(n)]$ 更光滑。

8.2 数据相关性分析

随着传感技术的不断发展，岩土工程监测也从单一指标的局部监测向多源多指标的监测体系发展，因此监测数据除具有明显的时间序列所特有的自相关性之外，不同指标间也存在一定的相关性，同时由于工程及岩土自身高度非线性，监测数据间的相关性往往呈现非线性特征。合理的相关性分析不但能为决策者提供定性决策的依据，还能提高数据预测模型的性能，最大化监测数据信息使用。

8.2.1　自相关性分析

自相关（auto-correlation）函数主要表征的是信号与自身延迟副本之间的相关关系，是滞后期 τ 的函数，反映了信号的周期性，用于查找数据中的重复模式[6-7]。无论是针对土木工程还是地质灾害的监测预警，监测信息通常以时间序列的形式展现出来，反映了岩土体或结构体在外界荷载作用下的损伤或劣化过程。考虑降雨、水位升降、列车等荷载通常具有一定的周期性，对单一监测指标的自相关分析能够有效地辨别对监测内容影响最大的外部荷载及其周期规律[8]。

通常来说，将监测数据看作随机过程，记为 X_t，即在任意时间 t，该过程都有均值 μ_t 和方差 σ_t，那么在时间 t_1 和 t_2 之间的自相关函数可定义为

$$R_{XX}(t_1, t_2) = E(X_{t1} X_{t2}^*) \tag{8-14}$$

式中：E 为期望运算；上标 $*$ 表示共轭复数。

对监测数据进行去均值（趋势）处理，同时假定随机过程方差 σ_t 不随时间发生变化时，$x_t = X_t - \mu_t$ 为广义平稳随机过程，其自相关函数仅取决于 t_1 与 t_2 间的差值，即时滞期 τ：

$$R_{XX}(\tau) = E(X_t X_{t-\tau}^*) \tag{8-15}$$

对应的自相关协方差和自相关系数分别为

$$C_{xx}(\tau) = E\left[(x_t - \mu)(x_{t-\tau} - \mu)^*\right] = E(x_t x_{t-\tau}^*) - \mu\mu^* \tag{8-16}$$

式中：μ 和 σ^2 分别为 x_t 的均值和方差。由于通常难以预知监测数据的周期性，或者监测数据存在多组周期性，即无法确定自相关性较大的时滞期 τ 结果，所以需要对所有时滞期进行计算并依据工程需要选择最大的结果。然而当时间序列较长且序列蕴含的周期信息较长时，上述方法具有较高的时间复杂度，不利于工程使用。为此，引入维纳-欣钦定理（Wiener-Khinchine theorem），通过一次傅里叶变换与傅里叶逆变换求取所有时滞期的自相关结果，降低算法使用成本。具体计算如下：

$$S_{xx}(f) = F(x_t) F^*(x_t) = \int_{-\infty}^{+\infty} x_t \mathrm{e}^{-2\mathrm{i}\pi f} \mathrm{d}t \int_{-\infty}^{+\infty} x_t \mathrm{e}^{-2\mathrm{i}\pi f} \mathrm{d}t \tag{8-17}$$

$$R_{xx}(\tau) = F^{-1}(S_{xx}(f)) = \int_{-\infty}^{+\infty} S_{xx}(f) \mathrm{e}^{2\mathrm{i}\pi f \tau} \mathrm{d}f \tag{8-18}$$

式中：$\tau \in \{1, \cdots, L\}$，$L$ 为整个监测数据长度；F 为快速傅里叶变换；F^{-1} 为逆傅里叶变换；$S_{xx}(f)$ 代表数据的频域结果。

8.2.2　互相关性分析

相较于自相关性分析，数据互相关性分析主要研究的是不同监测指标之间的相关性大小，其中比较常见的方法包括互相关性系数法（皮尔逊相关系数法）、最大互信息系数（maximal information coefficient，MIC）法[9-10]。二者主要区别在于皮尔逊相关系数法仅能描述两变量 X 与 Y 间的线性相关性，对于如二次函数型的非线性相关性，皮尔逊相关系数通常会给出一个较小的结果，方法本身具有较低的鲁棒性，而 MIC 能够同时分析

线性和非线性关系，且对数据噪声不敏感，已被广泛应用于如滑坡监测的数据分析中。

对于皮尔逊相关性，计算时只需将不同时滞期的 X 替换成 X、Y 变量即可，具体计算公式及相关性定性判断结果如下所示。相关性分类结果如表 8.1 所示。

$$\rho_{X,Y} = \frac{E\left[\left(X - \mu_X\right)\left(Y - \mu_Y\right)\right]}{\sigma_Y \sigma_X} \tag{8-19}$$

表 8.1 相关性分类结果

相关系数 $\rho_{X,Y}$	X 与 Y 相关程度
1.0～0.8	极强相关
0.8～0.6	强相关
0.6～0.4	中等程度相关
0.4～0.2	弱相关
0.2～0.0	极弱相关或无相关

最大互信息系数法的基本原理利用了互信息（mutual information）的概念来描述两个随机变量间的相互依赖程度，具体来说，相比于相关系数，最大互信息系数法主要通过随机变量联合分布 $p(X,Y)$ 与边际分布的乘积 $p(X)p(Y)$ 间的相似程度进行相关性描述，互信息由 $I(X,Y)$ 描述：

$$I(X,Y) = \int p(X,Y) \log_2 \frac{p(X,Y)}{p(X)p(Y)} \mathrm{d}X\mathrm{d}Y \tag{8-20}$$

由式（8-21）可以看出，当且仅当 X、Y 相互独立，互信息 $I(X,Y)=0$，意味着当两个变量中的任意一个变量结果已知时，不会对另一个变量提供任何有用信息。为了便于求解互信息中涉及的联合概率积分，同时保证相关性描述恒正有界性，最大互信息系数法对互信息中的随机变量进行二维空间离散并根据离散网格数进行归一化处理：

$$\mathrm{MIC}(X,Y) = \max_{a \cdot b < B} \frac{I(X,Y)}{\log_2 \min(a,b)} \tag{8-21}$$

式中：a、b 分别为在变量 X、Y 两个变量方向上划分网格个数；B 为模型参数。

8.2.3　层次贝叶斯分析

对于岩土力学数据（如土体抗剪强度、内摩擦角、剪切波速、小应变刚度等），通常具有场地异质性，即对某一工程场地/局部钻孔而言，所属的岩土参数相比于其他地区/钻孔具有更高的相关性。如果忽略这一局部相关性，将所有数据进行总体分析，会得到一个新的描述岩土数据总体的相关性表达。因此，提出一个能够同时分析多层（两层）相关性的方法，对岩土数据分析至关重要。层次贝叶斯模型（hierarchical Bayesian model）是一种基于严格概率理论的贝叶斯元分析模型，适合对这种多级信息结构进行建模，以改进参数估计。层次贝叶斯模型采用多变量正态分布为基础模型，对岩土数据相关性进行定量建模，因此层次贝叶斯分析方法主要目标是估计出多变量正态分布的均值和方差[11-13]。

对于任意工程场地/局部钻孔，可以假设所属的岩土参数服从一个独立的多变量正态分布模型，由其均值、协方差向量 $(\boldsymbol{\mu}_s, \boldsymbol{C}_s)$ 所刻画。对于一般数据集所整理的岩土参数，由于这些参数通常来自不同的场地/钻孔，可以利用场地异质性将总体数据集拆分成多个局部小数据集，并用对应的均值和协方差向量 $(\boldsymbol{\mu}_i, \boldsymbol{C}_i)$ 进行刻画。这里的 $(\boldsymbol{\mu}_s, \boldsymbol{C}_s)$ 与 $(\boldsymbol{\mu}_i, \boldsymbol{C}_i)$ 取值不同，但是独立同分布的，并受到一个共同的共轭先验控制，具体先验方程如表 8.2 所示，层次贝叶斯模型的分析流程如图 8.1 所示。

表 8.2　层次贝叶斯模型共轭先验

统计参数	似然函数	共轭先验函数	统计参数设计
$\boldsymbol{\mu}_s, \boldsymbol{\mu}_i, i = 1, \cdots, M$	$N(\boldsymbol{\mu}_{i(s)} / \boldsymbol{\mu}_0, \boldsymbol{C}_0)$	$N(\boldsymbol{\mu}_0 / \boldsymbol{\mu}_{\mu 0}, \boldsymbol{C}_{\mu 0})$	$\boldsymbol{\mu}_{\mu 0} = (0, \cdots, 0)^{\mathrm{T}} \in \mathbf{R}^{n \times 1}$ $\boldsymbol{C}_{c0} = \mathrm{diag}(10^4) \in \mathbf{R}^{n \times n}$
		$IW(\boldsymbol{C}_0 / \boldsymbol{\Sigma}_{c0}, v_{c0})$	$\boldsymbol{\Sigma}_{c0} = 4 \times \mathrm{diag}\left(\dfrac{1}{a_1}, \cdots, \dfrac{1}{a_n}\right)$ $v_{c0} = n + 1$ $IG(a_i / a, \beta), \quad i = 1, \cdots, n$ $\alpha = 0.5, \quad \beta = 10^{-4}$
$\boldsymbol{C}_s, \boldsymbol{C}_i, i = 1, \cdots, M$	$IW(\boldsymbol{C}_{i(s)} / \boldsymbol{\Sigma}_0, v_0)$	$W(\boldsymbol{\Sigma}_0 / \boldsymbol{\Sigma}_{\Sigma_0}, v_{\Sigma_0})$	$\boldsymbol{\Sigma}_{\Sigma_0} = \mathrm{diag}(10^4) \in \mathbf{R}^{n \times n}$ $v_{\Sigma_0} = n + 2$
		$v_0 \propto \dfrac{\prod_{i=1}^{M} \lvert \boldsymbol{C}_i \rvert^{-0.5 v_0} \lvert \boldsymbol{\Sigma}_0 \rvert^{0.5}}{2^{\frac{Mn v_0}{2}}}$	$v_0 \geqslant n$

注：IW 为逆威沙特分布函数；W 为威沙特分布函数；v_0 的先验是均匀分布的；IG 为逆伽马分布函数；n 为所关心岩土参数种类数量；M 为一般数据集中的场地数。

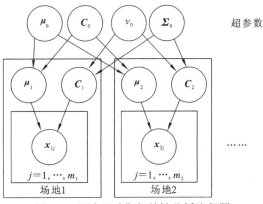

图 8.1　层次贝叶斯相关性分析流程图

在相关性分析过程中，需要根据一般数据集的分类结果（基于场地的）建立吉布斯采样（Gibbs samping）模拟[14]，用于推断场地均值向量和场地协方差向量所属控制分布的均值与方差，即表中的 $\boldsymbol{\mu}_0$，$\boldsymbol{C}_0$，$\boldsymbol{\Sigma}_0$，v_0。当确定了这些超参数后，即可利用表 8.2 中的似然函数去估计所关心的目标场地的多变量正态分布的均值与方差。最后利用蒙特卡罗模拟的方法对目标场地的岩土参数进行采样，完成相关性分析，同时利用多变量正态分布的条件分布方程，即可建立不同岩土参数之间的概率预测模型，实现数据的不确定性描述。

在实际工程应用中，通常所收集的岩土数据是不服从多变量正态分布的，且岩土参数的边际分布通常也不严格服从标准正态分布，这一问题极大限制了层次贝叶斯模型的应用。为了有效利用岩土参数场地异质性，获得更加可靠有效的参数相关性分析结果，数据的非线性正态化是有必要的，这里介绍两种常见的数据正态化方法。

1. Box-Cox 变换

Box-Cox 变换公式为

$$y^{(\lambda)} = \begin{cases} \dfrac{y^{\lambda}-1}{\lambda}, & \lambda \neq 0 \\ \ln y, & \lambda = 0 \end{cases} \tag{8-22}$$

Box-Cox 变换是一种广义幂变换方法，可以明显地改善数据的正态性和方差齐性，y 为连续变量，且要求取值为正（若取值为负则需要对原始数据加上一个常数使其为正）[15]。λ 为变换参数，不同的 λ 对应不同的变换方式，当 $\lambda=0$ 时相当于对数变换，$\lambda=2$ 时等同于平方变换，$\lambda=1$ 时等同于线性变换，相当于没有进行变换，$\lambda=1/2$ 时等同于平方根变换，$\lambda=-1$ 时等同于倒数变换。通过求解 λ 值即可确定具体的变换方式，λ 值的估计方法可采用最大似然估计。

2. Johnson 非线性变换

Johnson 变换会从变量的三个分布系列中选择一个最优函数，它们可以轻松地变换为标准正态分布[16]。这些分布被标记为 SB、SL 和 SU，其中 B、L 和 U 分别指有界限变量、对数正态分布的变量和无界限变量。具体分布方程如下，以 x 为变换后的数据，y 为待变换的非正态数据：

$$\frac{X - b_X}{a_X} = \kappa\left(\frac{Y - b_Y}{a_Y}\right) = \kappa(Y_n) \tag{8-23}$$

式中：κ 是 X 与 Y 的变换方程，$Y_n=(Y-b_Y)/a_Y$。

对于 SU 分布有变换方程为

$$\kappa(Y_n) = \sinh^{-1} Y_n = \ln\left(Y_n + \sqrt{1 + Y_n^2}\right) \tag{8-24}$$

对于 SB 分布有变换方程为

$$\kappa(Y_n) = \ln\left(\frac{Y_n}{1-Y_n}\right) \tag{8-25}$$

对于 SL 分布有变换方程为

$$\kappa(Y_n) = \ln Y_n \tag{8-26}$$

除上述变换方程外，应用 Johnson 变换还需要遵循如下算法流程。

（1）确定分布分位数如 $z=0.6$，0.7，0.8 等，这会直接影响非线性变换结果，建议取值为 0.7。

（2）使用标准正态累积分布函数 ϕ。因此对于 $z=0.7$，可以确定 4 个百分位数为 $p_a=\phi(-2.1)=0.018$，$p_b=\phi(-0.7)=0.242$，$p_c=\phi(0.7)=0.758$，$p_d=\phi(2.1)=0.982$。对于 z 的取值采样的经验规则是确保样本量大于 $10/p_a$。如果不满足此规则，则 z 值应该相应降低。对于标准正态分布取 $z=0.7$，则 $10/p_a=556$，因此，分析的样本至少需要 550 组。

（3）计算与这 4 个百分位对应的 Y 值，即 y_a、y_b、y_c 和 y_d 直接从样本经验累积密度函数中提取。

（4）根据 y_a、y_b、y_c 和 y_d 计算三个参数：$m=y_d-y_c$，$n=y_b-y_a$，$p=y_c-y_b$。

（5）最后，如果 $mn/p^2>1$，将 Johnson 分布识别为 SU，如果 $mn/p^2<1$，将 Johnson 分布识别为 SB，如果 $mn/p^2=1$，则为 SL。

确定了上述参数后，即可根据以下公式计算 Johnson 分布参数，进行非线性变换：

$$a_X = 2z/\cosh^{-1}\left\{0.5[m/p+n/p]\right\}, \quad a_X > 0 \tag{8-27}$$

$$b_X = a_X \sinh^{-1}\left\{[n/p-m/p]/[2(D-1)]^{0.5}\right\}, \quad a_X > 0 \tag{8-28}$$

$$a_Y = 2P(D-1)^{0.5}/\left\{[m/p+n/p-2][m/p+n/p+2]^{0.5}\right\}, \quad a_Y > 0 \tag{8-29}$$

$$b_Y = [0.5(y_c+y_d)]+[p(n/p-m/p)]/[2(m/p+n/p-2)] \tag{8-30}$$

其中，式（8-28）～式（8-31）对应 SB 分布。

$$a_X = z/\cosh^{-1}\left\{0.5[(1+m/p)(1+n/p)]^{0.5}\right\}, \quad a_X > 0 \tag{8-31}$$

$$b_X = a_X \sinh^{-1}\left\{(p/n-p/m)[(1+p/m)(1-p/n)-4]^{0.5}/[2(D^{-1}-1)]\right\} \tag{8-32}$$

$$a_Y = p\{[(1+p/m)(1+p/n)-2]^2-4\}^{0.5}/(D^{-1}-1), \quad a_Y > 0 \tag{8-33}$$

$$b_Y = [0.5(y_c+y_d)-(a_y/2)+p(p/n-p/m)/[2(D^{-1}-1)] \tag{8-34}$$

其中，式（8-32）～式（8-35）对应 SU 分布。

$$a_X = 2z/\ln(m/p) \tag{8-35}$$

$$b_X^* = a_X \ln\{(m/p-1)/[p(m/p)^{0.5}]\} \tag{8-36}$$

$$b_Y = [0.5(y_c+y_d)-0.5p(p/m+1)/(m/p-1) \tag{8-37}$$

其中，式（8-36）～式（8-38）对应 SU 分布。

8.3 基于数据驱动的数据分析模型

8.3.1 无监督聚类模型

随着监测技术的发展，越来越多的岩土工程数据被获取，在大数据环境下，发展合理的数据分析模型成为岩土工程监测中不可或缺的一环。目前常见的分析模型为数据驱动模型，即通过挖掘数据自身规律进行相应决策和预警预报，根据所处理问题的不同，模型一般被分为两类：有监督学习模型和无监督学习模型。其中，有监督学习模型主要负责处理数据的回归、分类任务，其特点是模型需要有明确的目标值作为学习对象；而无监督学习模型主要负责对数据的分布、规律等信息在部分先验已知的前提下进行深度挖掘，不具有明确的学习对象[17]。目前针对监测数据的分析主要用于指标预测和风险评级，因此关于有监督学习的数据驱动模型的研究成果较多，而无监督学习模型应用较少。合理地利用无监督学习模型对数据进行规律挖掘能够有效地提高有监督学习模型的性能，这里主要介绍无监督聚类算法和有监督统计模型和深度学习模型，用于序列监测数据的分析。

K 均值聚类算法是一类基于数据间相似度的对高维数据进行无监督分类的经典算法，具有原理简单、计算高效、超参数少等优点，同时采用不同定义的相似度能够扩展 K 均值算法的适用范围，使模型具有普适性。对于数值型监测数据，建议采用欧拉距离描述数据相似性，例如对于二维监测数据 (x,y)，第 i 点与第 j 点间的相似性为

$$d_{ij} = \sqrt{(x_i - x_j)^2 + (y_i - y_j)^2} \tag{8-38}$$

当指定分类数目 K 后，算法会随机在数据中选择 K 个数据作为 K 个簇的中心，再计算其余数据对 K 个中心的距离，并按照最小结果分别归类。每完成一次计算，就依据每个簇的数据利用平均法更新簇中心，继续下一轮分类，直至各簇中心分量的更新量小于阈值，从而完成聚类任务。该算法仅包含 K 作为模型的超参数，且 K 值大小直接影响最终聚类结果。为了避免人为主观因素并充分利用数据原始信息，建议采用轮廓系数进行参数选择。轮廓系数旨在将某个对象与自己的簇的相似程度和与其他簇的相似程度做比较。轮廓系数最高的簇的数量表示簇的数量的最佳选择，其取值范围为[-1,1]，值越大，聚类效果越好：

$$S = \frac{b-a}{\max(a,b)} \tag{8-39}$$

式中：a 为某个样本与其所在簇的其他样本的平均距离；b 为某个样本与其他所属簇样本的平均距离，同时考虑了内聚度和分离度两种评判标准，是一种常用于评价无监督分类好坏的指标。

通过聚类算法，可以将繁杂的数据进行归类整合，放大数据特征，再对每一类数据进行相关性或有监督模型建模，从而获得相应的指标预测或决策结果。

8.3.2 灰色模型——回归分析

灰色模型是一类基于灰色理论进行数据挖掘和预测的统计学模型,具有适应小样本、模型原理简便、可操作性强等优点。本小节详细介绍传统灰色模型和改进的灰色幂模型,用于监测数据的预测回归任务[18-19]。假设 $X^{(0)}=\{x^{(0)}(1),x^{(0)}(2),\cdots,x^{(0)}(n)\}$ 为原始时间序列数据,则一次累加生成序列和均值序列可表达为

$$X^{(1)}=\left\{x^{(1)}(1),x^{(1)}(2),\cdots,x^{(1)}(n)\right\},\quad x^{(1)}(k)=\sum_{i=1}^{k}x^{(0)}(i),\quad k=1,2,\cdots,n \tag{8-40}$$

$$Z^{(1)}(k)=0.5(x^{(1)}(k)+x^{(1)}(k-1)) \tag{8-41}$$

定义灰色幂模型: $x^{(0)}(k)+az^{(1)}(k)=b(z^{(1)}(k))^a$,其中参数 $\hat{a}=[a,b]^{\mathrm{T}}$ 通过如下的最小二乘法计算获得:

$$\hat{a}=(\boldsymbol{B}^{\mathrm{T}}\boldsymbol{B})^{-1}\boldsymbol{B}^{\mathrm{T}}\boldsymbol{Y},\quad \boldsymbol{B}=\begin{bmatrix} -z^{(1)}(2) & (z^{(1)}(2))^{\alpha} \\ -z^{(1)}(3) & (z^{(1)}(3))^{\alpha} \\ \vdots & \vdots \\ -z^{(1)}(n) & (z^{(1)}(n))^{\alpha} \end{bmatrix},\quad \boldsymbol{Y}=\begin{bmatrix} x^{(0)}(2) \\ x^{(0)}(3) \\ \vdots \\ x^{(0)}(n) \end{bmatrix} \tag{8-42}$$

其中 a 和 b 分别为灰色模型的发展系数和灰色输入,据此估计的白化方程和预测方程分别为

$$\hat{x}^{(1)}(k)=\left\{\left[(x^{(1)}(1))^{1-\alpha}-\frac{b}{a}\right]\exp\left[-(1-\alpha)a(k-1)\right]+\frac{b}{a}\right\}^{\frac{1}{1-\alpha}} \tag{8-43}$$

$$\begin{cases} \hat{x}^{(0)}(1)=x^{(0)}(a) \\ \hat{x}^{(0)}(k)=\hat{x}^{(1)}(k)-\hat{x}^{(1)}(k-1),\quad k=2,3,\cdots,n \end{cases} \tag{8-44}$$

相对于传统灰色模型,NGM(1,1,k)模型的提出实现了误差的减小,使灰色预测模型具有更强的鲁棒性。考虑白化微分方程和灰微分方程匹配性的无偏 NGM(1,1,k,c)被提出。

$X^{(1)}$ 是非齐次指数序列 $X^{(0)}$ 的 1-AGO 序列,对任意 $x^{(0)}(k)\geqslant 0$。$Z^{(1)}$ 与上述定义相同,为 $X^{(1)}$ 紧邻均值生成背景值,则有

$$x^{(0)}(k)+az^{(1)}(k)=kb+c \tag{8-45}$$

称为非齐次指数离散函数的灰色预测模型,NGM(1,1,k,c)。其中 $z^{(1)}(k+1)=\dfrac{1}{2}[x^{(1)}(k+1)+x^{(1)}(k)]$,利用最小二乘法求参数:

$$[a,b,c]^{\mathrm{T}}=(\boldsymbol{B}^{\mathrm{T}}\boldsymbol{B})^{-1}\boldsymbol{B}^{\mathrm{T}}\boldsymbol{Y}_N \tag{8-46}$$

$$\boldsymbol{B}=\begin{bmatrix} -z^{(1)}(2) & 2 & 1 \\ -z^{(1)}(3) & 3 & 1 \\ \vdots & \vdots & \vdots \\ -z^{(1)}(n) & n & 1 \end{bmatrix},\quad \boldsymbol{Y}_N=\begin{bmatrix} x^{(0)}(2) \\ x^{(0)}(3) \\ \vdots \\ x^{(0)}(n) \end{bmatrix} \tag{8-47}$$

对 $x^{(1)}(t)$ 建立一阶微分方程为

$$\frac{\mathrm{d}x^{(1)}}{\mathrm{d}t}+ax^{(1)}=bt+c \tag{8-48}$$

称为 NGM(1,1,k,c)模型的白化微分方程。如果按照传统灰色模型的方法，以灰微分方程求得参数值，将其代入白化微分方程的解中，求得时间相应函数，则灰微分方程和白化微分方程间的跳跃性问题会使模型误差增大，不能达到提高精度和扩大适用范围的作用。邓聚龙教授指出灰色模型的白化型不能与其定义型相矛盾，这启发了改进白化微分方程及其参数使之与灰微分方程相匹配的思想。这里提出的无偏 NGM(1,1,k,c)模型，就是通过重建白化微分方程参数，使白化微分方程与灰微分方程匹配，去除模型固有偏差的方法。构建无偏 NGM(1,1,k,c)模型白化微分方程如下：

$$\frac{\mathrm{d}x^{(1)}}{\mathrm{d}t} + mx^{(1)} = st + r \tag{8-49}$$

其通解为

$$x^{(1)}(k) = Ce^{-mk} + \frac{s}{m}k - \frac{s}{m^2} + \frac{r}{m} \tag{8-50}$$

$$x^{(0)}(k) = C(1-e^m)e^{-mk} + \frac{s}{m} \tag{8-51}$$

将式（8-51）、式（8-52）代入 NGM(1,1,k,c)模型的灰微分方程，使方程与灰微分方程匹配，整理可得

$$Ce^{-mk}\left[(1-e^m) + \frac{a(1+e^m)}{2}\right] + \frac{as}{m}k + \frac{s}{m} - \frac{as}{2m} + a\left(\frac{r}{m} - \frac{s}{m^2}\right) = bk + c \tag{8-52}$$

进一步整理得

$$m = \ln\left(\frac{2+a}{2-a}\right), \quad s = \frac{mb}{a}, \quad r = \frac{mc}{a} - \frac{s}{a} + \frac{s}{2} + \frac{s}{m} \tag{8-53}$$

以 $x^{(1)}(1)\big|_{t=1} = x^{(0)}(1)$ 为初始条件，则可得到无偏 NGM(1,1,k,c)模型的时间响应函数为

$$\hat{x}^{(1)}(k) = \left(x^{(0)}(1) - \frac{s}{m} + \frac{s}{m^2} - \frac{r}{m}\right)e^{-m(k-1)} + \frac{s}{m}k - \frac{s}{m^2} + \frac{r}{m} \tag{8-54}$$

预测值为

$$\hat{x}^{(0)}(k) = \hat{x}^{(1)}(k) - \hat{x}^{(1)}(k-1)$$
$$= (1-e^m)\left(x^{(0)}(1) - \frac{s}{m} + \frac{s}{m^2} - \frac{r}{m}\right)e^{-m(k-1)} + \frac{s}{m}, \quad k = 2,3,\cdots,n \tag{8-55}$$

式中：a、b、c 为 NGM(1,1,k,c)模型的待估灰参数；m、s、r 为无偏 NGM(1,1,k,c)模型的待估灰参数；C 为微分方程待估系数。NGM(1,1,k,c)模型克服了传统灰色模型建模过程中存在的固有缺陷，具有无偏性，能够很好地模拟和预测非齐次指数序列。无偏 NGM(1,1,k,c)及其优化改进模型，相比于传统灰色GM(1,1)模型和灰色 Verhulst 模型，适用性更广，预测精度更高。

8.3.3　深度学习——神经网络

处理时间序列数据的神经网络通常包括反向传播神经网络（backpropagation neural

network，BPNN）、循环网络（recurrent neural network，RNN）及卷积网络（convolutional neural network，CNN）[20-22]。循环网络是一种能够考虑序列数据相关性的，具有循环计算单元拓扑结构的深度学习模型，常用于自然语言处理（natural language processing，NLP）、时间序列预测分类、异常值检测等问题中，是监测数据非线性定量描述的首选模型。但由于常规 RNN 模型计算单元中采用 sigmoid 非线性函数，对较长的时间序列建模存在梯度消失和历史信息记忆期较短的问题，所以目前常用的 RNN 模型为长短期记忆（long short-term memory，LSTM）神经网络和门控循环单元（gated recurrent unit，GRU），二者的共同之处在于引入了门控机制来更新历史状态信息，保证信息的完整性，同时采用 tanh 函数减缓梯度消失等问题。GRU 相比于 LSTM 模型结构更加简单，模型参数更少，因此 GRU 在模型训练上速度更快，但缺点是在不合理的超参数配置下易在训练数据上产生过拟合行为，尤其是在岩土工程数据较少的情况下，GRU 的超参数选择需要慎重。对于 RNN 类模型，一般读入的数据是序列数据，对于每个时间步，模型计算单元进行一次前向计算，同时保存当前时间步的数据高维信息，便于下一步计算使用，LSTM 与 GRU 模型的具体计算公式如下。信息流程如图 8.2 所示。

$$h_t = \sigma\left(w_h x_t + u_h h_{t-1} + b_h\right) \tag{8-56}$$

$$y_t = \sigma\left(w_y h_t + b_y\right) \tag{8-57}$$

$$i_t = \sigma\left(w_i\left[h_{t-1}, x_t\right] + b_i\right) \tag{8-58}$$

$$f_t = \sigma\left(w_f\left[h_{t-1}, x_t\right] + b_f\right) \tag{8-59}$$

$$o_t = \sigma\left(w_o\left[h_{t-1}, x_t\right] + b_o\right) \tag{8-60}$$

$$r_t = \sigma\left(w_r\left[h_{t-1}, x_t\right] + b_r\right) \tag{8-61}$$

$$z_t = \sigma\left(w_z\left[h_{t-1}, x_t\right] + b_z\right) \tag{8-62}$$

$$h_t = \left(1 - z_t\right) \times h_{t-1} + z_t \times \tanh(w\left[r_t * h_{t-1}, x_t\right] + b_h \tag{8-63}$$

式中：x_t 为当前时间步的输入；y_t 为当前时间步的输出；h_t 为当前时间步的隐藏状态输出；h_{t-1} 为前一个隐藏状态输出；w_h 为与当前输入 x_t 相乘的权重，b_h 为偏置项，u_h 为与前一个隐藏状态 h_{t-1} 相乘的权重；σ 为 sigmoid 激活函数；C_t 为 LSTM 单元当前时间步的记忆单元；C_{t-1} 为 LSTM 单元前一个时间步的记忆单元；f_t 为 LSTM 单元当前时间步的遗忘门；w_f、b_f 分别为遗忘门的权重和偏置项；i_t 为 LSTM 单元当前时间步的更新门；w_i、b_i 分别为更新门的权重和偏置项；o_t 为 LSTM 单元当前时间步的输出门；w_o、b_o 分别为更新门的权重和偏置项；r_t 为 GRU 单元当前时间步的重置门，w_r、b_r 分别为重置门的权重和偏置项；z_t 为 GRU 单元当前时间步的更新门，w_z、b_z 分别为更新门的权重和偏置项。

卷积网络相比于循环网络，更适用于处理具有空间相关性的问题，同时由于卷积网络采用池化（pooling）和降采样操作，一定程度上实现了连续数据间的平均化处理，所以卷积网络具有更加优异的抗噪能力及高维特征提取能力。对时间序列而言，可以将时间看作一个固定维度，当使用卷积核在时间维度上进行滑动提取特征时，卷积网络也可以用于时间序列的预测，这种特殊的卷积网络被称为一维卷积网络（1-D CNN），广泛

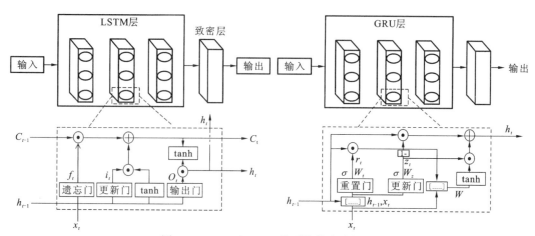

图 8.2　LSTM 与 GRU 模型的信息流程图

应用于时间序列等问题的特征提取处理[23]。标准的一维卷积网通常由卷积层、激活层、归一化层及池化层组成,其中卷积层本质上是一个与输入张量具有相同维度的卷积矩阵,用于提取相邻时间输入数据的高维特征。激活层本质就是对提取出的特征进行非线性变换,常用的激活函数有 tanh、sigmoid、relu 等。池化层与卷积层操作类似,通过 0、1矩阵对数据进行平均或最大值提取,同时根据矩阵尺寸的不同对原始高维数据进行降维处理,保证模型收敛,图 8.3 展示了卷积网络在时间维度上的卷积过程。

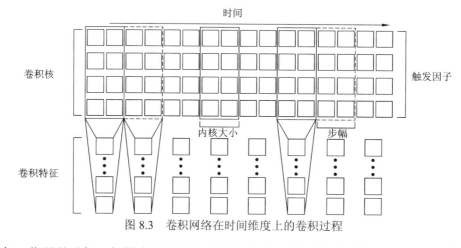

图 8.3　卷积网络在时间维度上的卷积过程

归一化层是对每一批样本进行正态标准化操作,保证数据分布始终处于 0 附近,从而避免梯度消失或梯度爆炸等问题,具体计算公式为

$$\mu_B = \frac{1}{m} \sum_{i=1}^{m} x_i \tag{8-64}$$

$$\sigma_B^2 = \frac{1}{m} \sum_{i=1}^{m} (x_i - \mu_B)^2 x_i \tag{8-65}$$

$$\hat{x}_i = (x_i - \mu_B) \Big/ \sqrt{\sigma_B^2 + \varepsilon} \tag{8-66}$$

$$y_i = \gamma \hat{x}_i + \beta \equiv BN_{\gamma,\beta}(x_i) \tag{8-67}$$

式中：x_i 为第 i 个输入张量；y_i 为归一化后的张量；$\hat{x}_i$ 经过均值 μ_B 和方差 σ_B^2 标准化后的输入张量；γ 和 β 为两个可学习的参数。

8.3.4　支持向量机模型

支持向量机（support vector machine，SVM）主要用来研究小样本、非线性和高维模式识别等问题。SVM 是一种通过监督学习方法划分样本数据的广义线性分类器，并可通过将低维空间上的非线性数据转化为高维空间上的线性数据来处理非线性分类与回归问题，具有很强的鲁棒性和泛化性[24]。

支持向量回归机（support vector regression，SVR）作为 SVM 的拓展，是对给定数据进行回归分析的新应用。SVR 分为线性回归和非线性回归两种[25]。

假定样本训练集：$T = \{(x_1, y_1), (x_2, y_2), \cdots, (x_n, y_n)\}$，$x$ 为输入量，y 为相应的输出量。n 为训练样本数。对于线性回归问题，构建回归函数：

$$f(x) = \omega \cdot x + b \tag{8-68}$$

在给定的精度 ε 下，考虑时间拟合误差，引入惩罚参数 C 和松弛因子 $\xi_i, \xi_i^* \geqslant 0$，则凸二次优化问题变为

$$\min_{\omega, b} \frac{1}{2} \|\omega\|^2 + C \sum_{i=1}^{n} \left(\xi_i + \xi_i^* \right) \tag{8-69}$$

$$\text{s.t.} \begin{cases} y_i - \omega \cdot x_i - b \leqslant \varepsilon + \xi_i \\ \omega \cdot x_i + b - y_i \leqslant \varepsilon + \xi_i^* \\ i = 1, 2, \cdots, n \end{cases} \tag{8-70}$$

惩罚参数 C 控制了回归函数的拟合精度。引入拉格朗日乘子构造拉格朗日函数：

$$\begin{aligned} L = \frac{1}{2} \|\omega\|^2 + C \sum_{i=1}^{n} \left(\xi_i + \xi_i^* \right) - \sum_{i=1}^{n} \alpha_i \left[\varepsilon + \xi_i + y_i - (\omega \cdot x_i) - b \right] \\ - \sum_{i=1}^{n} \alpha_i^* \left[\varepsilon + \xi_i^* + y_i - (\omega \cdot x_i) - b \right] - \sum_{i=1}^{n} \left(\mu_i \xi_i + \mu_i^* \xi_i^* \right) \end{aligned} \tag{8-71}$$

利用 KKT（Karush-Kuhn-Tucker）条件得到最优解回代入拉格朗日函数中，并根据对偶性使函数最大化：

$$m - \frac{1}{2} \sum_{i,j=1}^{n} \left(\alpha_i - \alpha_i^* \right) \left(\alpha_j - \alpha_j^* \right) (x_i \cdot x_j) + \sum_{i=1}^{n} y_i \left(\alpha_i - \alpha_i^* \right) - \varepsilon \sum_{i=1}^{n} \left(\alpha_i + \alpha_i^* \right) \tag{8-72}$$

$$\text{s.t.} \begin{cases} \sum_{i=1}^{n} \left(\alpha_i - \alpha_i^* \right) = 0 \\ 0 \leqslant \alpha_i, \alpha_i^* \leqslant C \end{cases} \tag{8-73}$$

推导出回归函数的表达式为

$$f(x) = \omega \cdot x + b = \sum_{i=1}^{n} \left(\alpha_i - \alpha_i^* \right) (x_i \cdot x) + b \tag{8-74}$$

对于非线性回归问题，SVR 的基本思想是利用决策函数将非线性函数问题转化为线性函数问题（图 8.4）。通过引入核函数 K 将非线性数据转变为线性数据，再利用线性回

归的方法进行处理，得到回归函数：

$$f(x) = \sum_{i=1}^{n} \left(\alpha_i - \alpha_i^* \right) K\left(x \cdot x_i \right) + b \tag{8-75}$$

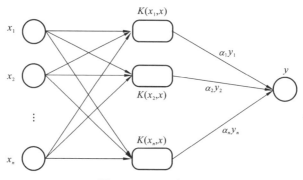

图 8.4　SVM 过程图

核函数 K 是特征转换函数。实现将低维数据向高维特征空间映射的核函数不止一个，核函数的选择恰当与否直接影响 SVR 模型的计算效率和精度的好坏。常用的核函数有线性核函数、多项式核函数、高斯核函数、Sigmoid 核函数等。

线性核函数为

$$K\left(x_i, x_j \right) = x_i \cdot x_j \tag{8-76}$$

多项式核函数为

$$K\left(x_i, x_j \right) = \left(\gamma x_i \cdot x_j + c \right)^d \tag{8-77}$$

高斯核函数为

$$K\left(x_i, x_j \right) = \exp\left(-\gamma x_i - x_j^{\,2} \right) \tag{8-78}$$

Sigmoid 核函数为

$$K\left(x_i, x_j \right) = \tanh\left(\gamma x_i \cdot x_j + c \right) \tag{8-79}$$

式中：γ、c、d 都需要调参定义。

核函数形式多样，但受目前技术水平的限制，关于核函数选取理论意义研究尚不充足，无法客观、快速有效地选取合适的函数。只能采用试凑法、经验选择或交叉验证等方法进行选择，主观因素的加入对 SVR 模型的精度造成一定的影响，也是模型需要进一步改进的地方。

由于支持向量理论在处理非线性问题上具有较好的精确性、适用性，所以，基于支持向量回归机模型通过选取恰当的核函数对滑坡位移非线性数据进行分析，来研究滑坡变形规律和预测滑坡未来变化趋势取得了很大的进展[26]。

8.3.5　序列-序列的编码-解码神经网络

序列-序列的编码-解码神经网络（sequence-to-sequence encoder-decoder neural network，seq2seq）是一种用于建立多步递归向前预测的深度学习网络，该网络构建于基本循环神经网络计算单元之上，以基本循环网络如 LSTM/GRU 为计算单元，构建输入序列与输出序列之间的非线性映射。相比于一般循环网络而言，序列-序列网络采用了编码器加解码器的结构，如图 8.5 所示。其中编码器主要用于将已知输入序列经过多步循环迭代，编码为固定维度向量 context vector（上下文张量），便于解码器从中读取序列信息。而解码器主要用于建立新的序列输入与 context vector 之间的相关性，并利用新序列间相关性进行输出的递归预测。

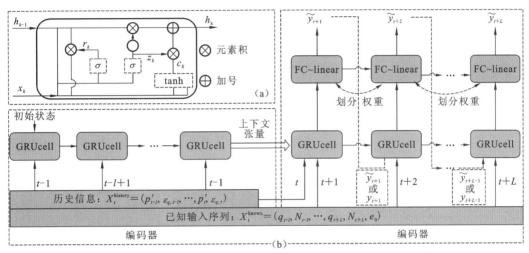

图 8.5　基于编码-解码结构的序列-序列学习网络

采用这一新型网络结构，能够充分挖掘输入序列及输出序列之间的时序相关性信息，除此之外，这一网络结构也可以允许深度学习模型在训练过程中进行输入的控制，使之成为生成式模型（generative model），更好地适应如土体应力应变关系预测这种长序列递归预测问题。具体来说，对于常规的循环网络，通常只考虑向前一步预测过程，即利用循环网络建立 $t-1$ 与 t 时刻数据间的非线性关系。这种单步预测法在常规短期预测问题或短序列应力应变预测问题中表现较好。但当所处理的问题需要进行超期多步预测时，这种单步预测法由于在训练过程中无法充分关联超期相关性，导致在预测过程中存在较大的误差，且多步预测的连续递归本质迫使使用人员连续多次地调用单步预测模型，存在严重的误差累积问题，造成多步预测结果出现较大的偏离甚至错误趋势。此外，单步预测模型在训练阶段，通常需要始终以已知/真实的数据作为模型输入进行网络参数优化。而在实际使用过程中，模型的输入通常也是研究者所关心的预测值，因此是未知的。这种在使用阶段和训练阶段存在的模型输入间的不一致性，会严重降低模型的鲁棒性，从而导致训练的模型不可靠。

序列-序列网络由于采用了编码器与解码器结构，使得网络在训练过程中，能够更容易地将历史已知序列与未来待预测序列分开处理。通常编码器读取的是历史已知序列，这一部分与传统循环网络模型的构建别无二致，即直接将高维时间序列输入循环网络进行递归预测。而解码器由于负责网络的输出，即预测任务，所以在这一结构中，可以采用计划采样这种学习方式对模型的输入内容进行控制。具体来说，当解码器完成了 t 时刻的预测任务后，通过预先设定的概率 p 进行 $t+1$ 时刻网络输入的选择，即解码器在做 $t+1$ 时刻的预测时，会根据不同的概率大小考虑真实的输入以及 t 时刻的预测结果，使得网络在训练阶段不但考虑了真实输入对网络训练过程的约束，又看到了模型自迭代结果，从而将模型的预测误差考虑在模型的输入内。经过计划采样训练的解码器模型，通常在使用阶段（网络测试阶段）对模型输入的误差更不敏感，从而提高模型预测结果的稳定性，提升模型的鲁棒性。

对于计划采样学习概率 p 的选择，会随着处理问题难易程度的不同进行变化。该方法的核心思想是：在神经网络训练初期，由于网络权值的随机初始化，网络通常难以描述输入输出序列间的非线性映射，需要在这一阶段更多依靠真实输入快速缩小模型梯度下降方向的范围，使模型快速收敛。在网络训练后期，由于网络权值已被真实值所优化，此时的网络已经具有了一定的输入输出非线性映射能力，此时将网络更多地依靠自迭代生成的结果，使网络在梯度空间内看到更多的梯度方向，进行局部最优解的搜寻，从而实现网络的最终优化。由于在这一过程中模型的输入具有相对较大的不确定性，网络损失梯度方向更加复杂，但总体保持下降趋势，相比于完全使用真实结果训练的网络而言，此时的网络参数给出的损失相对较大，避免了模型由于训练样本过少而产生的过拟合问题，进一步提高模型的鲁棒性。目前常见的概率大小有以下三种方式：

线性衰减：

$$\text{prob}_k = \max(\chi, a - bk), \quad 0 \leqslant \chi < 1 \tag{8-80}$$

指数衰减：

$$\text{prob}_k = a^k, \quad a < 1 \tag{8-81}$$

反 Sigmoid 衰减：

$$\text{prob}_k = \frac{a}{a + \exp(k/a)}, \quad a \geqslant 1 \tag{8-82}$$

式中：χ 为所允许的最小的概率值，通常取 0.1；k 为网络训练迭代次数；a 和 b 为两个模型参数，控制着概率下降曲线的形状及速率，由研究人员自行确定。这里的概率 prob_k 指的是选用真实值作为模型输入的概率，从上述三个方程可以看出，在整个模型训练阶段，真实值选用比例逐渐降低，利用不同的方程可以保证模型从完全真实输入的训练模式向完全自生成训练模式光滑过渡，避免训练过程中出现梯度弥散，保证模型最终收敛至稳定值。

8.4 工程应用

8.4.1 三峡地区某边坡

利用上述数据分析方法，对坡表 GNSS 数据进行监测数据的分析，为滑坡稳定性监测提供实时预警模型。如图 8.6 所示，该滑坡位于湖北省秭归县，长江南岸，三峡大坝以西 56 km 处。该滑坡为扇形逆行滑坡，覆盖面积为 0.42 km²，最大长度为 780 m，宽度为 430 m，平均厚度为 30 m。滑坡向 N 20°E 方向倾斜，预计体积为 1 260×10⁴ m³。

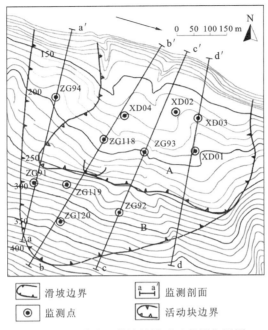

图 8.6　三峡地区某边坡地形及监测位置图

由于长江沿岸居民的安全受到严重威胁，自 2003 年 6 月以来，对三峡地区某滑坡进行了专业监测以提供灾害预警。根据现场调查和监测资料，该滑坡可分为两个块体，即活动块体 A 和相对稳定块体 B。滑动体主要由碎裂岩、粉砂质泥岩和砾石土组成。在不同深度处观察到两个滑动面，如图 8.7 所示。初始滑动面深度超过 30 m，而次级滑动面在 12～21.2 m 的深度范围内发育。基岩主要为侏罗系粉砂岩、粉砂质泥岩、石英砂岩，

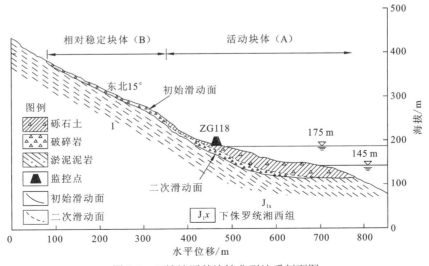

图 8.7　三峡地区某边坡典型地质剖面图

倾角 15°，倾角 36°。滑坡上安装了 11 个 GNSS 站，采用位于滑坡中心和 A 区的 ZG118 监测站数据来表征滑坡的行为。

考虑库水驱动型滑坡受到降雨、库水位等外界环境因素影响，易产生周期性变化的位移，同时随着时间的延长，滑坡体逐渐劣化，会产生不可逆的累积塑性变形，因此滑坡位移通常由监测的噪声、非线性周期位移、非线性趋势位移三部分组成。为了能够更好地挖掘各部分时间序列数据的内在规律，首先利用奇异谱分析（singular spectrum analysis，SSA）对原始监测数据进行分析。图 8.8 为 ZG118 监测站的位移、库水位、降雨量时间序列数据。

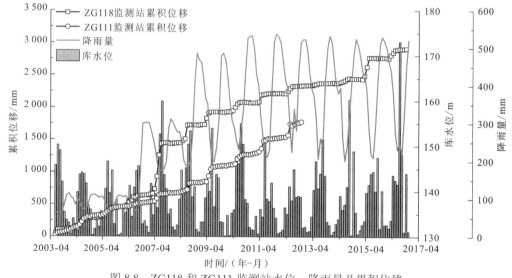

图 8.8　ZG118 和 ZG111 监测站水位、降雨量及累积位移

通过多次试验确定 SSA 分组所需特征值的累积贡献率为 85% 和 99%，即有序特征值贡献率小于 85% 的单元矩阵被分组为趋势项，贡献率在 85%～99% 的单元矩阵被分组为周期项，其余被分组为噪声矩阵，图 8.9 为位移监测数据的分析结果，可以看出 SSA 能够在给定分解阈值的前提下有效地区分数据中的趋势、周期、噪声信息，是一个行之有效的数据预处理方法，通过丢弃噪声信息，保留趋势、周期信息，能够进一步提高数据驱动模型的性能。

由于滑坡体整体稳定性是随时间发生变化的，不同劣化程度的滑坡体对外界降雨、库水位等影响因素的敏感程度是不同的，而滑坡趋势位移恰好能够反映滑坡体的整体性，所以在搭建预测模型前需要通过无监督算法对趋势位移进行时间跨度划分，为后续进一步相关性分析做铺垫，以保证分析结果体现滑坡稳定的时变性。本小节采用基于轮廓系数优化的 K 均值聚类算法，图 8.10 展示了 ZG118 监测无监督聚类结果。可以看出轮廓系数为 3 时取最大值，即在 2003～2016 年，滑坡稳定性总体经历了三个阶段，第一阶段为 2003 年 7 月～2006 年 7 月，随着三峡库区的蓄水，滑坡起滑。第二阶段为 2006 年 8 月～2008 年 8 月，这一阶段三峡库区最大蓄水高度到达峰值，滑坡体下缘均处于水位以下，饱和土体强度降低，使得滑坡稳定性急剧劣化。第三阶段为 2008 年 9 月～2016 年

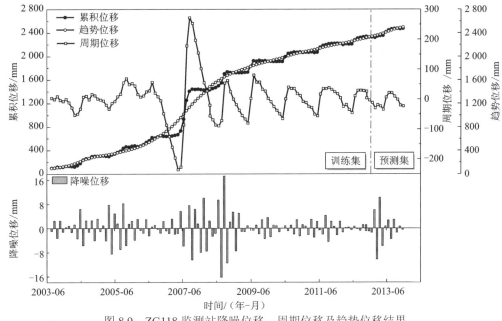

图 8.9　ZG118 监测站降噪位移、周期位移及趋势位移结果

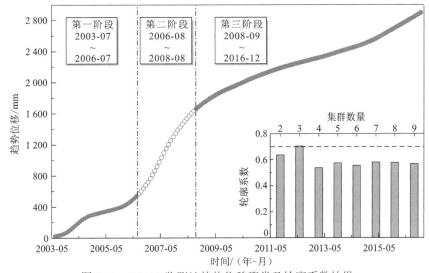

图 8.10　ZG118 监测站趋势位移聚类及轮廓系数结果

12 月，这一阶段三峡库区正式投入运营，人工调节的库水位波动范围保持恒定，滑坡进入了恒速滑移阶段。上述结果表明，基于轮廓系数的 K 均值算法能够有效地处理序列数据概率分布随时间变化的规律，聚类结果与三峡库水位运营调节密切相关，说明白水河滑坡主要受库水位的影响。

选用 2015 年 12 月～2016 年 12 月为期一年的滑坡位移数据作为测试集来验证模型的可靠性及预测结果的合理性，即利用数据驱动模型学习并拟合 2003～2015 年所有监测数据，对 2015～2016 年的趋势位移及周期位移进行预测，实现滑坡监测预警超前预报工作。为了比较不同方法之间的性能差异，选择回归问题中常用的误差指标：均方根误差（root mean square error，RMSE）、平均绝对误差（mean absolute error，MAE）：

$$\mathrm{RMSE} = \sqrt{\frac{1}{m}\sum_{i=1}^{m}\left(x_i - \hat{x}_i\right)^2} \tag{8-83}$$

$$\mathrm{MAE} = \frac{1}{m}\sum_{i=1}^{m}\left|x_i - \hat{x}_i\right| \tag{8-84}$$

式中：x_i 为真实值；$\hat{x}_i$ 为预测值；m 为数据个数。

对于趋势位移，由于其影响因素有限且变化相对稳定，采用灰色模型来进行超前预报。为了扩展灰色模型的应用范围，采用灰色幂模型来进行趋势位移预测。为了避免传统多项式及灰色模型拟合过程中存在人为主观选择模型的问题，这里采用粒子群优化（particle swarm optimization，PSO）算法优化模型的幂指数，实现趋势位移实时更新预测。图 8.11 和表 8.3 对比了多项式回归模型、幂模型拟合指数和预测效果，可以看出虽然所有的模型在训练数据上均有良好的拟合效果，但在趋势外推上，性能差异明显，因此主观的模型选择对最终的预测效果影响较大。相比于其他模型，幂模型由于通过 PSO 算法进行优化，拟合和预测过程中完全不受主观影响（无须确定多项式系数个数），且预测精度能够匹配最佳的三次多项式结果，所以基于优化算法的幂模型更适用于滑坡趋势分析。

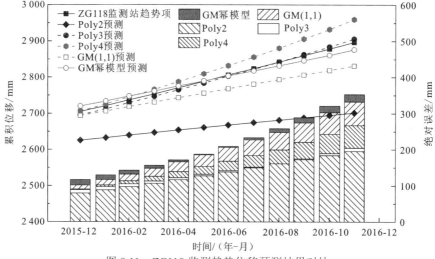

图 8.11　ZG118 监测趋势位移预测结果对比

表 8.3　拟合系数和预测误差

名称	二次多项式	三次多项式	四次多项式	灰色幂模型
a	—	—	1.14×10^{-5}	α
b	—	1.92×10^{-3}	-7.0×10^{-5}	
c	-3.35×10^{2}	-2.84×10^{-1}	-1.73×10^{-1}	-0.027
d	1.32×10	2.18×10	1.97×10	
e	1.73×10^{3}	1.67×10^{3}	1.67×10^{3}	

名称	二次多项式	三次多项式	四次多项式	灰色幂模型
RMSE	139.5	6.2	33.1	11.7
MAE	134.6	5.6	27.0	10.1

注：多项式表达为 $y=ax^4+bx^3+cx^2+dx+e$；α 代表灰色幂模型的幂指数。

受外界降雨、库水位等驱动因素作用的影响，滑坡周期位移通常具有高度的非线性及复杂的相关性，因此常用的多项式回归模型、皮尔逊相关性分析模型难以适用。为了获得更好的机器学习模型，需要通过相关性分析确定模型最优输入。库水驱动型滑坡周期位移的相关影响因素主要包括：库水位、库水位升降速率、降雨量、累积降雨量，具体因素见表 8.4。

表 8.4　三峡滑坡周期位移预测常见影响因素

影响因素	候选变量			
库水位	$r(t)$	$r(t-1)$	$r(t-2)$	$r(t-3)$
降雨量	$p(t)$	$p(t-1)$	$p(t-2)$	$p(t-3)$
库水位升降速率	$v(t)$	$v(t-1)$	$v(t-2)$	—
累积降雨量	$p(t)+p(t-1)$			

注：t 为时间，单位为月。

由于滑坡体稳定性呈现时变特性，周期位移的诱发因素也具有相同的特点，为了考虑时变性，基于 K 均值对时间的划分结果，利用 MIC 研究不同时段内周期位移与影响因素间的非线性相关性，图 8.12 所示为不同滞后期的 MIC 结果。可见，不同因素与周期位移间的相关性随滑坡稳定性变化而变化，如第二阶段的库水位、库水位升降速率与周期位移相关性最大，而第一阶段降雨量与周期位移相关性最大。第二阶段滑坡稳定性劣化正是由水位提升至历史最大值所致，所以库水位在该阶段与位移相关性最大的结果

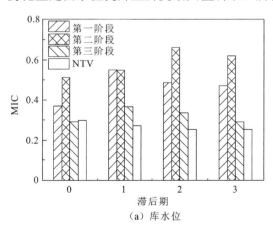

（a）库水位

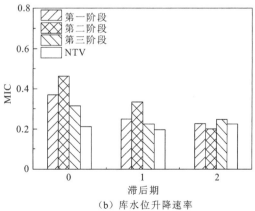

（b）库水位升降速率

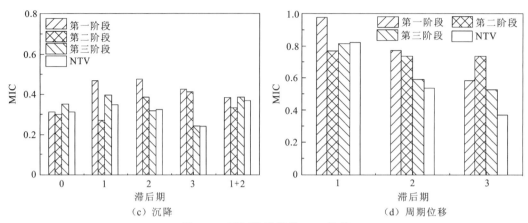

图 8.12　不同滞后期的 MIC 结果

是合理的。第一阶段库水位较低，对滑坡体影响较小，所以降雨量成为滑坡主控因素，上述相关性分析结果具有一定的合理性。

通过构造考虑和不考虑影响因素时变性的两组机器学习模型输入，如表 8.5 所示，通过对比不同的输入构造来分析诱发因素时变性是否能够提升数据驱动模型的预测性能。

表 8.5　数据驱动模型输入方案对比

方案 1	第一阶段			第二阶段			第三阶段	
库水位	t		$t-2$	$t-2$		$t-3$	$t-1$	$t-3$
库水位升降速率	t		$t-1$	t		$t-1$	t	$t-2$
降雨量	$t-1$	$t-2$	$t-3$	$t-2$	$t-3$	acc	t	$t-1$	acc
周期位移	$t-1$		$t-2$	$t-1$		$t-2$	$t-1$	$t-2$
方案 2	未考虑时变性							
库水位	t						$t-1$	
库水位升降速率	t						$t-2$	
降雨量	$t-1$			$t-2$			$t-3$	
周期位移	$t-1$						$t-2$	

注：acc 代表累积降雨。

此外，为了说明深度学习模型对非线性相关性优异的学习能力，本小节又比较了 SVR 和 1-DCNN 在一年时间内的周期位移预测的精度。利用 PSO，基于训练数据对 SVR 进行超参数寻优，对方案 1 而言，SVR 最优超参数结果为：$C=1.0$，$\varepsilon=9.6\times10^{-3}$，对方案 2 而言，SVR 最优超参数结果为：$C=1.1$，$\varepsilon=9.2\times10^{-3}$。表 8.6 展示了不同输入方案下 SVR 在优化与非优化参数设置下的预测误差，可以看出无论在哪一种参数配置下，考虑影响因素时变特性的输入均能提升模型的预测精度，同时无论在哪一种输入方案，基于 PSO

优化的超参数均能提升模型性能，因此，SVR 模型考虑 PSO 参数优化和时变性输入能够有效提供滑坡周期位移超前预测。

表 8.6　SVR 在不同输入方案及参数配置下的误差对比

方案	参数优化		参数非优化	
	训练数据	测试数据	训练数据	测试数据
方案 1	20.90（11.07）	14.38（11.05）	20.77（11.57）	15.35（11.14）
方案 2	23.15（12.22）	15.38（12.51）	23.22（11.89）	15.83（13.10）

注：括号内外结果分别为 MAE 和 RMSE。

表 8.7 展示了 1-D CNN 的预测结果，其误差变化规律与 SVR 变化类似，均验证了考虑影响因素时变性的必要性。

表 8.7　1-D CNN 在不同方案下的误差对比

方案	训练数据集		测试数据集	
	RMSE/mm	MAE/mm	RMSE/mm	MAE/mm
方案 1	9.27	6.64	9.97	8.29
方案 2	9.19	6.72	15.95	12.49

图 8.13 所示为 SVR 和 1-D CNN 二者的预测结果对比。可见，SVR 在一年的位移预测上模型精度变化波动较大，尤其在 2016 年 7 月和 8 月（雨季），模型低估了位移值，这对滑坡预报预警来说是致命的，因此为了提供实时稳定的滑坡位移预报模型，建议使用 1-D CNN 等深度学习框架。

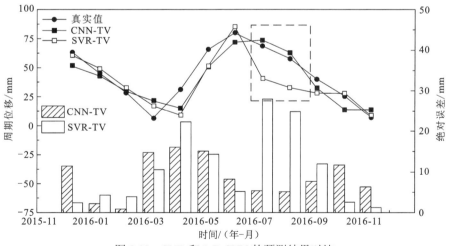

图 8.13　SVR 和 1-D CNN 的预测结果对比

通过对不同数据分析模型的组合应用，获得了如图 8.14 所示的累积位移预测预报结果。预测值与监测值匹配良好，充分说明上述分析方法对监测数据的信息挖掘与超前预报预警是合理可行的。

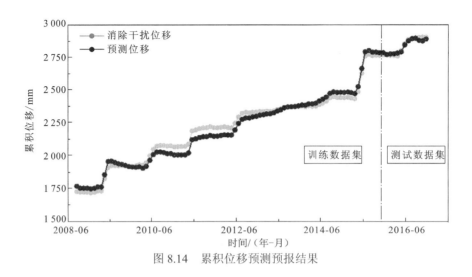

图 8.14　累积位移预测预报结果

8.4.2　金沙江某水电站边坡

金沙江某水电站的大坝位于峡谷地带，极易受暴雨、地震等恶劣环境因素影响，进而影响大坝边坡稳定性。对该片区域进行监测，可以有效防止滑坡等地质灾害等发生，保障区域安全性。基于 WNN-SVR 预测模型的构建，以金沙江某水电站为工程背景，探究边坡变形规律，预测边坡位移，并与其他模型预测结果进行对比，验证优化模型的优越性。

小波神经网络（wavelet neural network，WNN）在 BP 神经网络的基础上，通过传统的神经网络的结构性改造，形成松散型或紧致型的 WNN。前者通过小波变换初步处理待分析数据，以串联的方式连接神经网络；后者则是将隐含层中 Sigmoid 激活函数替换为小波函数，以伸缩因子代替输入层和输出层之间的权值，以平移因子代替隐含层的阈值，形成与神经网络高度耦合的结构形式。WNN 结合了小波变换和 BP 神经网络的优点，减少了 BP 神经网络在结构设计中的盲目、不确定性，具有更强的学习适应能力，收敛速度更快，并能同时考虑全局和局部的特征，计算精度更高（图 8.15）。

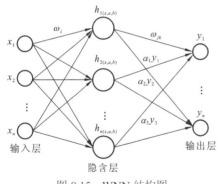

图 8.15　WNN 结构图

小波变换是对传统信号理论中傅里叶变换的一种改良。它继承了传统傅里叶变换和窗口傅里叶变换的精华，且克服傅里叶变换时频局域性差和窗口傅里叶变换窗口单一自适应差的缺点，具有同时表征时频两域的特性。基于尺度伸缩和平移变换，获得数据局部特征，能够达到多尺度、多分辨率分析的效果，并被誉为信号分析的"数字显微镜"。常见的小波变换有连续小波变换（continuous wavelet transform，CWT）和离散小波变换

（discrete wavelet transform，DWT）。

小波函数在空间 $L^2(R)$ 上满足：

$$C_\psi = \int_{R^*} \frac{|\bar{\psi}(\omega)|^2}{|\omega|} \mathrm{d}\omega < \infty \tag{8-85}$$

$$\int_{-\infty}^{+\infty} \psi(\omega)\mathrm{d}\omega = 0 \tag{8-86}$$

式中：R^* 为非零实数集合；$\psi(\omega)$ 为小波母函数，简称母小波；$\bar{\psi}(\omega)$ 为它的傅里叶变换。通常母小波 $\psi(\omega)$ 的定义域是紧支撑型的，在很小的区间外数值为零，具有速降特征，可以快速锁定空间局部。

对母小波伸缩和平移得到一组小波基函数，如连续小波函数 $h_x(a,b)$

$$h_x(a,b) = |a|^{-1/2} \psi\left(\frac{t-b}{a}\right) \tag{8-87}$$

式中：$a>0$，为伸缩因子；b 为平移因子。小波变换利用母小波宽度的伸缩来获得频率信息，通过母小波的平移获得时间信息。

对信号 $x(t)$ 的连续小波变换为

$$W_f(a,b) = |a|^{-1/2} \int_{-\infty}^{+\infty} x(t)\psi\left(\frac{t-b}{a}\right)\mathrm{d}t \tag{8-88}$$

设 $X=[x_1,x_2,\cdots,x_m]$ 为 WNN 的输入样本，$Y=[y_1,y_2,\cdots,y_m]$ 是对应的输出样本。选择 Morlet 母小波作为激励函数：

$$\psi(x) = \cos(1.75x)\mathrm{e}^{-\frac{x^2}{2}} \tag{8-89}$$

隐含层第 j 个节点的输出为

$$h_j(x,a,b) = \psi\left(\frac{\sum\limits_{i=1}^{m} \omega_{ij}x_i - b_j}{a_j}\right), \quad j = 1,2,\cdots,s \tag{8-90}$$

输出层第 k 个节点的输出为

$$y(k) = \sum\limits_{j=1}^{s} \omega_{jk}h_j(x,a,b), \quad k = 1,2,\cdots,n \tag{8-91}$$

式中：m、s、n 分别为输入层、隐含层、输出层的节点数；ω_{ij} 和 ω_{jk} 分别是输入层到隐含层、隐含层到输出层的连接权值。

WNN-SVR 模型，首先通过遗传算法 GA 优化参数的支持向量回归模型对原始数据进行拟合预测，然后用原始数据减去拟合值得到残差数列，利用小波神经网络处理复杂数据、提取局部特征信息的突出能力对残差数列进行拟合预测，获得修正残差数列。最后将此残差数列的拟合预测结果与支持向量机预测结果进行补偿，作为最终拟合预测值。

对此边坡 TPO1-DFW 监测点 40 期位移数据进行分组。将边坡前 35 期监测数据作为训练样本，接着预测后 5 期位移。首先利用智能算法优化寻参的支持向量回归模型进行训练，通过比较此处选择遗传算法优化寻参的支持向量回归模型，即 GA-SVR 模型。在训练样本中，选取 1～30 期数据作为输入量，6～35 期数据作为输出量进行训练，得到 6～35 期共 30 期数据的拟合值，用训练好的 GA-SVR 模型，预测未来 5 期的位移。然后用原始位移值减去对应拟合所得的 30 期位移值，得到残差数列。运用小波神经网络（WNN）模型训练残差数列，得到 11～35 共 25 期数据的拟合值，结果如图 8.16 所示，并预测未来 5 期的残差值。最后将 WNN 拟合预测结果与 GA-SVR 模型的拟合预测结果相加，得到新的拟合曲线和未来 5 期的位移数据，结果如图 8.17 和图 8.18 所示。

图 8.17 显示了 GA-SVR 模型和所提出的 WNN-SVR 模型的拟合曲线。从中可以看出，WNN-SVR 模型的拟合效果更符合实际的监测数值。并且通过计算可知，在对 11～35 期位移的拟合中，GA-SVR 模型均方误差（mean square error，MSE）等于 0.618 9，平均相对误差（mean relative error，MRE）为 2.79%；而 WNN-SVR 模型的均方误差 MSE 为 0.484 9，平均相对误差 MRE 为 2.53%。WNN-SVR 模型的拟合效果优于 GA-SVR 模型，说明小波神经网络的引入达到了优化的目的。

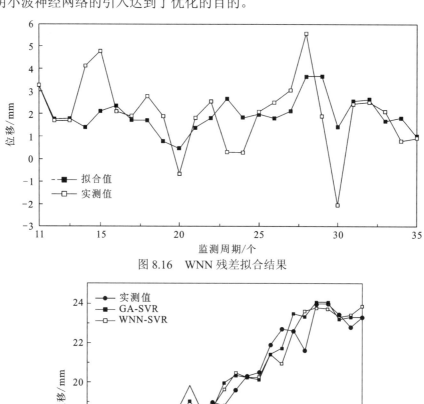

图 8.16　WNN 残差拟合结果

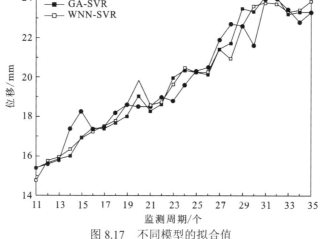

图 8.17　不同模型的拟合值

再分别利用这两种模型预测未来 5 期的位移情况，结果见表 8.8。此时，WNN-SVR 模型预测的均方误差 MSE 和平均相对误差 MRE 分别为 0.737 0 和 2.29%，明显小于 GA-SVR 模型的 0.888 4 和 3.66%，表明改进模型的预测精度更高。

表 8.8　不同模型预测值

实测值/mm	GA-SVR 预测值		WNN-SVR 预测值	
	预测值/mm	相对误差/%	预测值/mm	相对误差/%
23.4	22.403 9	4.26	23.205 1	0.83
23.2	22.403 9	3.43	22.598 2	2.59
24.4	22.893 1	6.18	22.592 4	7.41
23.8	23.290 1	2.14	23.814 0	0.06
23.5	22.965 7	2.27	23.368 0	0.56
平均相对误差%	1.54		2.29	

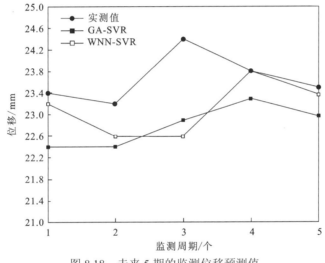

图 8.18　未来 5 期的监测位移预测值

综上可知，WNN-SVR 模型不管在拟合还是在预测方面都优于未改进的 GA-SVR 模型，基于小波神经网络改进的支持向量回归模型考虑更多局部特征，在非线性、复杂数据的处理和分析上更具有优势，精确性高、适应性强，可以作为深入探究边坡发展变化规律的一种手段。

8.4.3　云贵高原某水电站边坡

改进的灰色模型对未来趋势预测能力较强，能够刻画规律较强的齐次指数序列或非齐次指数序列，但不能反映数据细节特征。支持向量机非线性拟合效果较好，能够较真实地描述已知信息变化特征，但预测数据未来发展变化趋势的能力通常较差，特别是对边坡进行未来多期变形预测时，精度更低。小波神经网络优化的支持向量回归模型弥补了支持向量模局部信息处理的不足，提高了预测精度。但在单一因素时间序列的预测中，基于支持向量机或神经网络的训练和预测，其输入和输出样本选择的科学合理性存在争议，训练和预测具有很大的不确定性。而利用 WNN 对 GA-SVR 模型的残差数列进行拟合预测进一步加大了模型的不确定性，尤其是当预测范围较大时缺陷更明显。针对上述单一模型的局限性，采用更精确的组合预测模型分析边坡变形。本小节提出结合 PSO-SVR 模型、PSO-NGM 模型和 WNN 模型的组合模型，并根据最优组合法确定各个模型的权重。该组合模型的拟合预测值为

$$s = \omega_1 \hat{y}_1 + \omega_2 \hat{y}_2 + \omega_3 \hat{y}_3 \tag{8-92}$$

式中：$\hat{y}_1$、$\hat{y}_2$、$\hat{y}_3$ 分别为三种模型对应的拟合预测值；ω_1、ω_2、ω_3 为各自所分配的权重。

云贵高原某水电站进口段的风化剥蚀严重、裂隙发育的强卸荷高边坡，分析 C2-XH-M-01-D3 监测点连续 1 年共 32 期的沉降位移变化情况。其中以前 27 期数据为训练样本，预测边坡后 5 期的沉降位移。首先分别利用 PSO-SVR 模型、PSO-NGM 模型和 WNN 模型对训练样本进行拟合，结果如图 8.19 所示。其中 PSO-SVR 模型最佳参数为 best$C$=601.303 9，best$g$=3.273 1；PSO-NGM 模型利用 PSO 算法所获得的数据变权缓冲系数 λ=2.73×10^{-4}，背景值权重系数 η=0.397 1、k=0.589 8；WNN 隐含层节点数目为 8。

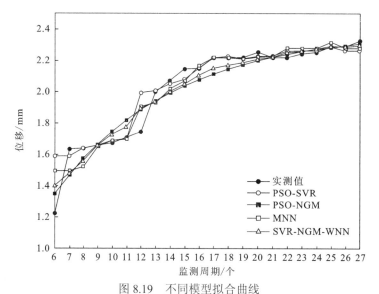

图 8.19 不同模型拟合曲线

SVR-NGM-WNN 最优加权组合模型系统误差矩阵：

$$\boldsymbol{E} = \begin{bmatrix} 0.208\,5 & 0.101\,1 & 0.157\,3 \\ 0.101\,1 & 0.131\,1 & 0.104\,9 \\ 0.157\,3 & 0.104\,9 & 0.154\,9 \end{bmatrix} \tag{8-93}$$

$$\boldsymbol{R} = \begin{bmatrix} 1,1,1 \end{bmatrix}^{\mathrm{T}} \tag{8-94}$$

最优权重列向量为

$$\boldsymbol{K}_0 = \frac{\boldsymbol{E}^{-1}\boldsymbol{R}}{\boldsymbol{R}^{\mathrm{T}}\boldsymbol{E}^{-1}\boldsymbol{R}} = \left[0.034\,5, 0.659\,0, 0.306\,5\right]^{\mathrm{T}} \tag{8-95}$$

则拟合预测值为

$$s = 0.034\,5\hat{y}_1 + 0.659\,0\hat{y}_2 + 0.306\,5\hat{y}_3 \tag{8-96}$$

表 8.9 为不同模型的拟合精度，从中可知 PSO-SVR 模型、PSO-NGM 模型和 WNN 模型的最大 RMSE 仅为 0.097 3 mm，最大 MRE 为 3.39，最小 R^2 为 0.894 7。三种单一模型均很好地满足了精度要求，基于这三种模型利用最优加权组合法构造的 SVR-NGM-WNN 最优加权组合模型的 RMSE、MRE、R^2 分别为 0.074 5 mm、3.23%、0.938 3，较大限度地融合了三种模型的优势，明显提高了拟合精度。

表 8.9　不同模型拟合精度对比

模型	RMSE/mm	MRE/%	R^2
PSO-SVR	0.097 3	2.84	0.894 7
PSO-NGM	0.077 2	3.39	0.933 8
WNN	0.083 9	3.23	0.921 8
SVR-NGM-WNN	0.074 5	3.23	0.938 3

基于最优加权组合法对 PSO-SVR 模型、PSO-NGM 模型和 WNN 模型进行组合，该组合模型对边坡未来 5 期位移数据进行预测，并与其他模型进行对比。预测结果如表 8.10 所示。其中，SVR-NGM-WNN 最优加权组合模型平均相对误差只有 0.45%，明显小于其他单一模型。并且组合模型的预测曲线最接近实际位移曲线，精确性更高，能够更好地描述位移变化趋势。不同模型拟合曲线见图 8.20。

表 8.10　预测结果分析

实测值/mm	PSO-SVR 模型		PSO-NGM 模型		WNN 模型		SVR-NGM-WNN 模型	
	拟合值/mm	相对误差/%	拟合值/mm	相对误差/%	拟合值/mm	相对误差/%	拟合值/mm	相对误差/%
2.332	2.278 9	2.28	2.323 5	0.36	2.309 7	0.96	2.317 7	0.61
2.338	2.287 5	2.16	2.331 8	0.26	2.322 2	0.68	2.327 3	0.46
2.355	2.321 9	1.40	2.339 2	0.67	2.367 5	0.53	2.347 3	0.33
2.365	2.321 9	1.82	2.345 7	0.81	2.367 5	0.11	2.351 6	0.57
2.365	2.364 4	0.02	2.351 5	0.57	2.414 7	2.10	2.371 3	0.27
平均相对误差%		1.54		0.54		0.87		0.45

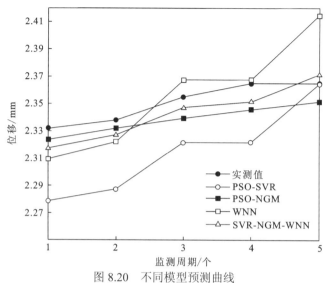

图 8.20　不同模型预测曲线

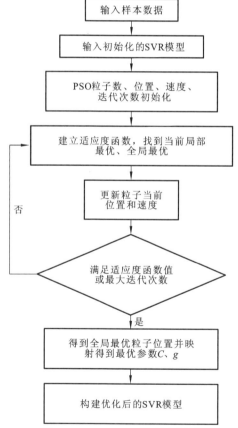

图 8.21　PSO-SVR 模型流程图

8.4.4　云南某水电站边坡

滑坡的位移预测具有非线性特征，需要在支持向量机中引入核函数将问题转化为线性问题再进行分析。这里利用径向基核函数（radial basis function，RBF），此时核参数 g 和惩罚系数 C 的选取决定 SVR 模型的预测效果的好坏。通过调整 C 的值，防止欠拟合和过拟合的发生；核参数 g 控制数据在映射空间的分布特征，决定支持向量的数目，控制模型学习、训练的速度。因此，通过恰当的方式确定模型最佳参数显得尤为重要。

PSO 算法具有容易实现、学习能力强、收敛速度快的优点，因此利用 PSO 算法搜索 SVR 模型参数，可以快速高效地获得最优参数组合，提高预测精度。将 SVR 模型的惩罚系数 C 及核参数 g 转换为符合 PSO 算法的相应粒子，根据 PSO 算法的流程搜索 SVR 模型的最优参数。具体流程如图 8.21 所示。

云南某水电站附近一高陡危险边坡进行分析，根据设置在边坡裂缝上的 M3-8 监测点位移数据，利用 PSO-SVR 模型对边坡位移进行预测，探究其变形规律和未来发展趋势。对 M3-8 监测点 2013 年 1～10 月，每 7 天为一周期共 40 期位移数据进行分析，将前 36 期数据作为学习训练集，预测后 4 期位移数据。利用支持向量机进行单一因素时间序列的预测时，为达到预测未来数据的目的，需要有选择地确定输入量和输出量。在训练样本中，选取 1～32 期数据作为输入量，5～36 期数据作为输出量进行训练，得到 5～36 共 32 期训练数据的拟合值，训练结果见图 8.22。可看出 SVR 模型和 PSO-SVR 模型的曲线拟合结果与实测值的变化规律相似。SVR 模型根据初设的 C、g 取值范围、步长不同，计算时间不同，范围越大，步长越小，计算时间越长，经常需要几个小时才能得出结果。利用传统 SVR 模型搜索最佳的拟合结果，此时惩罚系数和核参数的最优值 best$C$=4，best$g$=0.062 5，交叉验证均方误差 MSE 为 0.030 6，可决系数 R^2 为 0.904 4，平均相对误差 MRE 为 3.12%。PSO-SVR 模型在 $C \in [10^{-2}, 10^3]$、$g \in [10^{-4}, 10^3]$ 范围内搜索出的最佳的结果为 best$C$=432.254 8、best$g$=0.097 8，交叉验证均方误差 MSE 为 0.030 0，可决系数 R^2 为 0.900 8，但平均相对误差 MRE 下降到 2.99%，拟合预测精度有所提高，并且只需要几十秒就可以得出计算结果，显著减少了计算时间，方便对模型对参数进行调优。由上述训练结果可知，PSO-SVR 模型略优于传统 SVR 模型。

为进一步分析所建 PSO-SVR 预测模型的优越性，需要评估模型对未来趋势的预测能力，避免出现过拟合。根据训练和预测的结果，综合评价模型的建模效果（图 8.22 和表 8.11）。

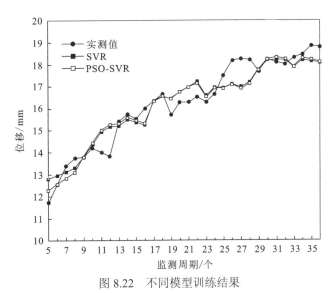

图 8.22　不同模型训练结果

表 8.11　拟合结果

实测值/mm	SVR 模型		PSO-SVR 模型	
	拟合值/mm	相对误差/%	拟合值/mm	相对误差%
11.73	12.797 1	9.10	12.310 9	4.95
12.55	12.957 9	3.25	12.585 0	0.28
13.38	13.123 2	1.92	12.850 3	3.96
13.74	13.292 5	3.26	13.106 7	4.61

实测值/mm	SVR 模型		PSO-SVR 模型	
	拟合值/mm	相对误差/%	拟合值/mm	相对误差%
13.78	13.816 6	0.27	13.816 9	0.27
14.20	14.361 0	1.13	14.451 8	1.77
14.01	14.931 4	6.58	15.040 0	7.35
13.83	15.182 8	9.78	15.282 3	10.50
15.42	15.210 8	1.36	15.308 8	0.72
15.74	15.506 0	1.49	15.583 8	0.99
15.53	15.372 3	1.02	15.460 2	0.45
16.01	15.245 9	4.77	15.341 9	4.17
16.33	16.363 5	0.21	16.363 5	0.21
16.65	16.586 0	0.38	16.568 6	0.49
15.70	16.440 2	4.71	16.433 8	1.67
16.27	16.772 3	3.09	16.743 3	2.91
16.27	16.990 9	4.43	16.953 0	4.20
16.52	17.206 6	4.16	17.166 5	3.91
16.28	16.558 3	1.71	16.512 9	1.61
16.63	16.950 1	1.92	16.913 4	1.70
17.50	16.950 1	3.14	16.913 4	3.35
18.18	17.119 3	5.83	17.079 3	6.05
18.24	16.956 9	7.03	16.920 0	7.24
18.21	17.193 2	5.58	17.153 0	5.80
17.68	17.762 7	0.47	17.756 4	0.43
18.22	18.185 5	0.19	18.256 7	0.20
18.10	18.221 7	0.67	18.302 1	1.12
18.00	18.203 6	1.13	18.279 1	1.55
18.30	17.876 7	2.31	17.886 2	2.26
18.45	18.209 6	1.30	18.287 0	0.88
18.84	18.136 9	3.73	18.196 4	3.42
18.79	18.075 7	3.80	18.121 6	3.56
平均相对误差/%		3.12		2.99

分别利用训练好的 SVR 模型和 PSO-SVR 模型预测边坡未来 4 期的位移，结果如表 8.12 所示。

表 8.12　预测结果

实测值/mm	SVR 模型		PSO-SVR 模型	
	预测值/mm	相对误差/%	预测值/mm	相对误差/%
18.45	18.257 7	1.04	18.347 8	0.55
18.89	18.347 0	2.87	18.462 9	2.26
18.85	18.573 1	1.47	18.768 4	0.43
18.76	18.544 6	1.15	18.728 7	0.17
平均相对误差/%		1.63		0.85

在预测集中，SVR 模型的交叉验证均方误差 MSE 为 0.009 0，平均相对误差 MRE 为 1.63%。PSO-SVR 模型的交叉验证均方误差 MSE 为 0.004 0，平均相对误差 MRE 仅 为 0.85%。表明在拟合结果差不多的情况下，基于 PSO 算法优化寻参的 SVR 模型的预 测精度明显高于传统 SVR 模型，并且所用计算时间更短。其综合建模效果明显优于 SVR 模型，能够对滑坡位移进行较为准确的预测，可以为灾害防治和人员财产转移疏散提供 指导。

参 考 文 献

[1] 胡中功, 李静. 群智能算法的研究进展[J]. 自动化技术与应用, 2008, 27(2): 13-15.

[2] 袁坚, 肖先赐. 非线性时间序列的高阶奇异谱分析[J]. 物理学报, 1998, 47(6): 897-905.

[3] 王解先, 连丽珍, 沈云中. 奇异谱分析在 GPS 站坐标监测序列分析中的应用[J]. 同济大学学报(自然 科学版), 2013, 41(2): 282-288.

[4] 裴益轩, 郭民. 滑动平均法的基本原理及应用[J]. 火炮发射与控制学报, 2001, 22(1): 21-23.

[5] 崔立志, 刘思峰, 吴正朋. 关于新的弱化缓冲算子的研究及其应用[J]. 控制与决策, 2009, 24(8): 1252-1256.

[6] 陈彦光. 基于 Moran 统计量的空间自相关理论发展和方法改进[J]. 地理研究, 2009, 28(6): 1449-1463.

[7] 张松林, 张昆. 全局空间自相关 Moran 指数和 G 系数对比研究[J]. 中山大学学报(自然科学版), 2007, 4: 93-97.

[8] 王佳, 朱鸿鹄, 叶霄, 等. 考虑时滞效应的库区滑坡位移预测: 以新铺滑坡为例[J]. 工程地质学报, 2022, 30(5): 1609-1619.

[9] 谭泗桥, 张席, 李钎, 等. 基于最大互信息系数的信息推送模型构建[J]. 吉林大学学报(工学版), 2018, 48(2): 558-563.

[10] 张振中, 郭傅傲, 刘大明, 等. 基于最大互信息系数和小波分解的多模型集成短期负荷预测[J]. 计 算机应用与软件, 2021, 38(5): 82-87.

[11] 杜元伟, 石方园, 杨娜. 基于证据理论/层次分析法的贝叶斯网络建模方法[J]. 计算机应用, 2015, 35(1): 140-146.

[12] 范敏, 石为人. 层次朴素贝叶斯分类器构造算法及应用研究[J]. 仪器仪表学报, 2010, 31(4):

776-781.

[13] 何淇淇, 林刚, 周杰, 等. 基于变分贝叶斯层次概率模型的非刚性点集配准[J]. 计算机学报, 2021, 44(9): 1866-1887.

[14] 张志远, 杨宏敬, 赵越. 基于吉布斯采样结果的主题文本网络构建方法[J]. 计算机工程, 2017, 43(6): 150-157.

[15] 吴刘仓, 黄丽, 戴琳. Box-Cox 变换下联合均值与方差模型的极大似然估计[J]. 统计与信息论坛, 2012, 27(5): 3-8.

[16] 李长江, 邓文平, 曹元元, 等. 基于Box-Cox 变换与Johnson 变换非正态过程能力分析[J]. 齐齐哈尔大学学报(自然科学版), 2015, 31(1): 66-70.

[17] 李晓黎, 刘继敏, 史忠植. 基于支持向量机与无监督聚类相结合的中文网页分类器[J]. 计算机学报, 2001, 24(1): 62-68.

[18] 刘思峰, 蔡华, 杨英杰, 等. 灰色关联分析模型研究进展[J]. 系统工程理论与实践, 2013, 33(8): 2041-2046.

[19] 李晴文, 裴华富, 宋怀博, 等. 基于熵权法优化组合的 PSO-SVR-NGM 边坡位移预测[J]. 工程地质学报, 2023, 31(3): 949-958.

[20] 周飞燕, 金林鹏, 董军. 卷积神经网络研究综述[J]. 计算机学报, 2017, 40(6): 1229-1251.

[21] Zhang L, Shi B, Zhu H H, et al. A machine learning method for inclinometer lateral deflection calculation based on distributed strain sensing technology[J]. Bulletin of Engineering Geology and the Environment, 2020, 79(7): 3383-3401.

[22] Zhu H H, Azarafza M, Akgün H. Deep learning-based key-block classification framework for discontinuous rock slopes[J]. Journal of Rock Mechanics and Geotechnical Engineering, 2022, 14(4): 1131-1139.

[23] Pei H F, Meng F H, Zhu H H. Landslide displacement prediction based on a novel hybrid model and convolutional neural network considering time-varying factors[J]. Bulletin of Engineering Geology and the Environment, 2021, 80(10): 7403-7422.

[24] 丁世飞, 齐丙娟, 谭红艳. 支持向量机理论与算法研究综述[J]. 电子科技大学学报, 2011, 40(1): 2-10.

[25] 祁亨年. 支持向量机及其应用研究综述[J]. 计算机工程, 2004, 30(10): 6-9.

[26] Han H M, Shi B, Zhang L. Prediction of landslide sharp increase displacement by SVM with considering hysteresis of groundwater change[J]. Engineering Geology, 2021, 280: 105876.